suhrkamp taschenbuch
wissenschaft 197

Stephan Körner studierte in Prag und Cambridge und lehrt seit 1952 als Professor an der Universität Bristol. Bekannt wurde er durch seine erkenntnis- und wissenschaftstheoretischen Arbeiten: *Conceptional Thinking; Kant; The Philosophy of Mathematics* und *Experience and Conduct.*

Das zuerst 1966 auf englisch unter dem Titel *Experience and Theory* erschienene Werk von Stephan Körner macht wissenschaftliche Theorien als distinkte, identifizierbare und kommunizierbare Gedankensysteme zum Gegenstand. Körner analysiert die allgemeine Struktur wissenschaftlicher Theorien und ihre Beziehungen zur Erfahrung. Er geht vom vorwissenschaftlichen empirischen Diskurs aus und versucht, den Reichtum und die Anpassungsfähigkeit natürlicher Sprache im Zusammenhang des empirischen Denkens aufzuzeigen. Da jede deduktive Vereinheitlichung eines Erfahrungsbereichs eo ipso eine Modifikation des empirischen Sprechens und eine Idealisierung seiner Inhalte ist, untersucht er weiterhin das logisch-mathematische Gerüst wissenschaftlicher Theorien. Körner zeigt, wie die logische Lücke zwischen Theorie und Erfahrung durch Identifizierung der einen mit den anderen Aussagen überbrückt werden kann. Schließlich prüft er die Relevanz wissenschaftlicher Theorien für nichtwissenschaftliche Auffassungen, vor allem für moralische und religiöse Überzeugungen.

# Stephan Körner
# Erfahrung und Theorie

## Ein wissenschaftstheoretischer Versuch

Übersetzt von
Eberhard Bubser

Suhrkamp

Titel der Originalausgabe
*Experience and Theory*
© Stephan Körner 1966

suhrkamp taschenbuch wissenschaft 197
Erste Auflage 1977
© der deutschen Ausgabe:
Suhrkamp Verlag Frankfurt am Main 1970
Suhrkamp Taschenbuch Verlag
Alle Rechte vorbehalten
Druck: Nomos Verlagsgesellschaft, Baden-Baden
Printed in Germany
Umschlag nach Entwürfen von
Willy Fleckhaus und Rolf Staudt

Das ist die Eigenschaft der Dinge:
Natürlichem genügt das Weltall kaum;
Was künstlich ist, verlangt geschlossnen Raum.

(Goethe, Faust II, 2. Akt)

# Inhalt

Zweiter Teil

DIE DEDUKTIVE VEREINHEITLICHUNG DER ERFAHRUNG

# Vorwort

Wissenschaftliche Theorien sind etwas, was vom Menschen erst vor verhältnismäßig kurzer Zeit erschaffen worden ist. Um so eindrucksvoller macht sich ihr Vorhandensein als Quelle intellektuellen und ästhetischen Genusses, als Werkzeug, das uns erlaubt, den Gang der Natur vorherzusagen und zu ändern, und als Ursache des sozialen Wandels bemerkbar. Als distinkte, identifizierbare und kommunizierbare Gedankensysteme bilden sie nicht nur das Ergebnis sondern auch einen angemessenen Gegenstand des Forschens. Das Hauptziel der Untersuchung, die hier in Angriff genommen wird, besteht darin, die allgemeine Struktur wissenschaftlicher Theorien, ihre Beziehungen zur Erfahrung und – in gewissem Umfang – ihre Beziehungen zu nichtwissenschaftlichen Systemen und Denkweisen darzustellen.

Die wechselseitige Verknüpfung dieser Gegenstände ließ es geraten erscheinen, das Buch in drei Teile aufzugliedern, ohne damit jedoch die vorwegnehmende Betrachtung von Punkten auszuschließen, die erst später genauer erörtert werden. Um das Verständnis zu erleichtern und Verweise zu sparen, habe ich im zweiten Teil kurz einige wohlbekannte metamathematische Resultate erklärt. Ich hoffe, daß diese Erläuterungen für den allgemein philosophisch interessierten Leser von Nutzen sein werden, ohne den Fachmann allzusehr zu irritieren.

Im ersten Teil geht es hauptsächlich um den empirischen Diskurs, die Aussagen, die man macht, bevor man den verschiedenartigen Einschränkungen, die einem durch das logisch-mathematische Gerüst wissenschaftlicher Theorien auferlegt werden, unterworfen ist. Es wird eine logische Theorie entwickelt, von der man zwar nicht behaupten kann, daß sie dem Reichtum und der Anpassungsfähigkeit jeder entwickelten und sich entwickelnden natürlichen Sprache Genüge tut, die aber dennoch einiges Licht auf gewisse Züge des empirischen Denkens wirft, die für gewöhnlich unbemerkt bleiben oder aus dem Blick verloren werden. Indem sie die Aufmerksamkeit auf die Unterschiede zwischen empirischem und theoretischem

Denken lenkt, ermöglicht sie ein besseres Verständnis dafür, wie
diese Bereiche miteinander zusammenhängen bzw. nicht zusammenhängen. Diese Logik ist außerdem auch für eine unabhängige
Analyse des empirischen Denkens von Nutzen. Zumindest versetzt
sie einen in die Lage, sich von einem neuen Ansatzpunkt aus einer
Lösung jener notorisch widerspenstigen Probleme zu nähern, die
den logischen Status der empirischen Kontinuität und jene allgemeinen Sätze betreffen, die in einem unbehaglichen Schwebezustand
zwischen dem logisch Notwendigen und dem Kontingenten zu ver-
harren scheinen.

Der zweite Teil beschäftigt sich mit einer Untersuchung des logisch-
mathematischen Gerüsts wissenschaftlicher Theorien; insbesondere
soll er zeigen, daß und wie jede deduktive Vereinheitlichung eines
Erfahrungsbereichs durch die klassische elementare Logik – die
Aussagenlogik und die Quantorenlogik mit Identität – *eo ipso* eine
Idealisierung oder Modifikation des empirischen Denkens ist. Und
wenn das Gerüst der klassischen Logik zu einem umfassenderen
formalen System erweitert wird, erzwingt man damit weitere und
radikalere Modifikationen der empirischen Prädikate, Aussagen
und Individuen. Als Hauptergebnis folgt aus diesem Teil unseres
Arguments die These, daß empirisches und theoretisches Denken
– eben weil das letztere eine Idealisierung des ersteren ist – logisch
unverbunden sind.

Im dritten Teil zeige ich zunächst, wie die logische Lücke zwischen
Theorie und Erfahrung durch Identifizierung theoretischer mit empirischen Aussagen überbrückt wird. Danach betrachte ich die ein-
schränkenden Bedingungen, unter denen solche Identifizierungen
zulässig sind. Die Klärung dieser Dinge wird durch die Kritik an
verschiedenen verbreiteten Auffassungen über die Art und Weise,
wie Theorien durch Experiment und Beobachtung getestet werden,
unterstützt. Um die Beziehung zwischen wissenschaftlichen Theorien und nichtwissenschaftlichen Auffassungen – insbesondere
moralischen und religiösen Überzeugungen – klarzustellen, ana-
lysiere ich – soweit dies notwendig ist – die Begriffe des Bewußt-
seinsphänomens, des Handelns, der Wahl und der moralischen Freiheit. Es werden die Gründe aufgeführt, aus denen man die Ablehnung eines mit einer bestimmten Form des Determinismus unver-
träglichen Freiheitsbegriffs durch Locke und seine empiristischen

Nachfolger verwerfen sollte. Ich schließe mit der These, daß die Wissenschaft mit dem Glauben an die moralische Freiheit (in einem volleren Sinn, als ihn dieses Wort bei Locke hat) verträglich ist und auch mit vielen wichtigen (wenngleich nicht allen) religiösen Überzeugungen.

In der hier vorliegenden Arbeit werden einige Ideen weiterentwickelt, die ich bereits vor mehr als zehn Jahren veröffentlicht habe. Das, was ich hier sage, überschneidet sich jedoch kaum mit dem, was ich in *Conceptual Thinking* ausgeführt habe. Von ein oder zwei kurzen Abschnitten abgesehen, die in ihrem Kontext unumgänglich sind, habe ich Wiederholungen zu vermeiden gesucht und bin nur dort auf die Probleme des früheren Buches eingegangen, wo meine gegenwärtige Behandlung – wie ich hoffe – einen Fortschritt mit sich gebracht hat. Einiges von dem hier vorgelegten Material ist jedoch bereits in Zeitschriftenaufsätzen von mir behandelt worden, und ich möchte den Herausgebern von *Mind*, *The Monist* und *The British Journal for the Philosophy of Science* für die freundliche Erlaubnis danken, diese Aufsätze heranzuziehen.

Mein aufrichtiger Dank gebührt an dieser Stelle auch dem Herausgeber und den Verlegern der *International Library of Philosophy and Scientific Method*, meinem Freunde Professor J. C. Shepherdson, der die logisch-mathematischen Teile des Buchs im Manuskript durchgesehen hat, und Professor J. W. Scott, der seinen Stil verbessert hat. Als Zeichen des Dankes für all ihre Hilfe widme ich dieses Buch meiner Frau.

Erster Teil

# Die Differenzierung der Erfahrung

# I
## Schemata des empirischen Differenzierens

Der erste Teil dieser Untersuchung wird sich fast ausschließlich mit
den Begriffen des empirischen Individuums, der empirischen Klasse
bzw. Relation, und des empirischen Kontinuums befassen. Diese
drei Begriffe haben einen zweifachen Anspruch auf unsere Aufmerksamkeit. Zum einen spielen sie insofern eine fundamentale
Rolle im empirischen Diskurs als sie auf unsere Umwelt anwendbar
sind und wir – indem wir sie auf die Welt anwenden – differenzieren, was wir dort finden. Zum anderen sind sie wegen ihrer allgemeinen Anwendbarkeit besonders geeignet, uns einem der Ziele
dieser Untersuchung näherzubringen, nämlich dem Aufweis, daß –
und wie – die deduktive Vereinheitlichung der Erfahrung das Ersetzen empirischer Begriffe durch nichtempirische erzwingt; kurz gesagt:
daß – und wie – die deduktive Vereinheitlichung des empirischen
Sprechens seine Modifikation bzw. Idealisierung mit sich bringt.
Es gibt – wenigstens *prima facie* – mehr als eine Art, die Welt in
empirische Individuen, Klassen-*cum*-Relationen und Kontinua zu
zerlegen. Betrachten wir z. B. die Kategorie des individuellen
(physischen) Dings und die Kategorie individueller (physischer)
Prozesse. Wenn wir herausfinden wollen, ob eine Person die Welt
mit Hilfe einer dieser Kategorien differenziert, müssen wir zunächst feststellen, ob die fragliche Kategorie anwendbar ist. Man
kann nicht behaupten, daß jemand eine unanwendbare Kategorie
anwende, ebensowenig wie man behaupten kann, daß er einen
Kuchen in kugelförmige Würfel zerschneidet. Zweitens müssen wir
feststellen, daß diese Person die fragliche Kategorie tatsächlich
gewohnheitsmäßig oder wenigstens gelegentlich anwendet. Denn
die bloße Anwendbarkeit einer Kategorie impliziert nicht, daß
sie auch tatsächlich von jemandem verwendet wird, ebensowenig
wie die bloße Möglichkeit, einen Kuchen in keilförmige Schnitte
zu zerlegen, impliziert, daß irgend jemand diese Methode auch
wirklich anwendet. Es kann also vorkommen, daß eine Person sowohl die Kategorie des individuellen Dings als auch die Kategorie
individueller Prozesse beim Differenzieren der Welt verwendet,

während eine andere Person vielleicht nur eine der beiden gebraucht. Wenn man so zugesteht, daß sich Schemata des empirischen Differenzierens hinsichtlich der in ihnen vorkommenden Begriffe vom empirischen Individuum unterscheiden können, konzediert man *ipso facto* auch, daß sie sich hinsichtlich ihrer Begriffe von empirischen Klassen und Relationen unterscheiden können. Daß die Verwendung unterschiedlicher Begriffe von empirischen Individuen, Klassen und Relationen auch unterschiedliche Begriffe vom Kontinuum zur Folge hat, wird sich später noch zeigen.

Obgleich ich hier nur einige sehr allgemeine Züge empirischer Individuen, Klassen-cum-Relationen und Kontinua untersuchen will, empfiehlt es sich, dabei mehr als bloß *ein* Schema des empirischen Differenzierens vor Augen zu haben. Ich werde deshalb in diesem Kapitel eine Anzahl solcher Schemata skizzieren, deren Ansätze sich in der Umgangssprache, in der Physik und in der Metaphysik finden, einige Fragen diskutieren, die sich angesichts der Vielfalt wirklicher und möglicher Schemata stellen, einige Schlüsse im Hinblick auf die Grenzen dieser Untersuchung ziehen und den Bereich, über den sie sich erstreckt, abstecken.

## 1. Das Dingschema

Das Dingschema mit seinen mannigfaltigen Variationen beruht auf dem Unterschied zwischen zwei Arten von Individuen, nämlich beweglichen Dingen und unbeweglichen Raumbereichen. Dieses Schema ist zwar höchst allgemein, aber nicht notwendigerweise allumfassend, und wenn man es zum Zweck des empirischen Differenzierens verwendet, ist dies vollkommen verträglich mit der Annahme, daß es Individuen gibt, die weder Dinge noch Raumbereiche sind, etwa Geräusche, und möglicherweise auch Erinnerungen und Gedanken. Und es kann durchaus vorkommen, daß zweifelhaft ist, ob etwas – z. B. ein Regenbogen – ein Ding ist. Der Kürze und Einfachheit halber werde ich mich darauf beschränken, eine ziemlich exklusive und radikale Version dieses Schemas zu diskutieren, die nur Dinge und Raumbereiche als Individuen zuläßt.

Wenn es darum geht, diese beiden Arten von Individuen genauer zu klassifizieren, bemerkt man einen deutlichen Kontrast zwischen

Raumbereichen und Dingen. Raumbereiche werden ausschließlich –
oder in weniger radikalen Varianten des Schemas doch hauptsächlich – als von Dingen ausgefüllt oder nicht ausgefüllt klassifiziert.
Diese beiden komplementären Klassen sind jedoch nicht scharf
voneinander getrennt, und es gibt Grenzfälle. Wenn z. B. ein Ding
sich von einem Raumbereich in einen anderen bewegt, gibt es bei
diesem Vorgang Phasen, wo man mit gleichem Recht sagen kann,
daß es sich noch in diesem Bereich befindet oder sich nicht mehr in
ihm befindet, bzw. daß es ihn bereits verlassen oder noch nicht verlassen hat.

Bei Dingen hingegen ist das Ausfüllen bzw. Einnehmen von Raumbereichen nicht das einzige, was sie haben, bekommen und verlieren
können; sie können außerdem die Mitgliedschaft in einer außer-
ordentlichen Vielfalt von Klassen besitzen, erwerben oder verlieren, bei denen so etwas wie ein »Ausfüllen« oder »Platz nehmen«
nicht erforderlich ist, und ebenso können sie zahlreiche nichträum-
liche Beziehungen zu anderen Dingen haben. Anders als ein Raumbereich, kann ein Ding ebenso hart oder härter sein als ein anderes
Ding, ebenso dunkel oder dunkler als ein anderes Ding; es kann
schön sein, lebendig, usw. Dinge unterscheiden sich auf ungeheuer –
vielleicht unerschöpflich – viele Weisen, während sich Raumbereiche, wenn überhaupt, nur indirekt voneinander unterscheiden,
vermöge der Dinge, die sich in ihnen befinden.

Wenn man das Dingschema einführt, erkennt oder erschafft man
einen Unterschied zwischen zwei Arten von Veränderung, nämlich
der qualitativen (nichträumlichen) Veränderung und der Bewegung, und zwischen zwei Arten von Dauer, nämlich der qualitativen Stabilität und der Ruhe. Aber diese Unterscheidung verwischt
sich, wenn man die Trennung der Teile eines Dings voneinander
betrachtet, eine Veränderung, zu der immer Bewegungen gehören,
und die wenigstens manchmal qualitativ ist. Außerdem kann das
Zerlegen von etwas in voneinander getrennte Teile unter bestimmten Bedingungen das Ende der Individualität dieses Dings bedeuten, d. h. einfach: das Ende des Dings.

Das Schema bewegter Dinge schließt durch die Art, wie es unsere
Umwelt in leere Bereiche und Bereiche zerlegt, die von Dingen besetzt sind, welche ihre Positionen und andere Qualitäten und Relationen ändern, mehr oder weniger deutlich den Begriff eines empi-

rischen Kontinuums ein. Erstens gibt es einen kontinuierlichen Zusammenhang der Bereiche, durch die sich ein Ding bewegt oder
bewegen könnte. Es gibt in diesem Schema keine Lücken im Raum,
selbst wenn wir leere Raumbereiche als Lücken zwischen Dingen
verstehen. Wenn etwas eine Lücke ist, heißt das nicht, daß es Lücken
hat. Zweitens muß die Bewegung eines Dings – von isolierten Dis-
kontinuitäten abgesehen – kontinuierlich sein. Es ist eine Diskon-
tinuität in der Bewegung eines Körpers, wenn er anhält und sich
nach einer Weile wieder in Bewegung setzt. Aber wenn er sich einmal bewegt, ist oder erscheint (was in diesem Kontext auf das
gleiche hinauskommt) seine Bewegung kontinuierlich. Drittens
steht, sofern ein Ding aus Teilen besteht, jeder Teil in einem kontinuierlichen Zusammenhang mit einem anderen Teil. Viertens er-
fordert das Schema bewegter Dinge den Unterschied zwischen
kontinuierlichen und diskontinuierlichen qualitativen Veränderungen (oder läßt ihn doch zumindest zu), so zum Beispiel den Übergang von einem Härtegrad zu einem anderen, wobei es zwischen
den beiden eine wahrnehmbare Lücke geben kann oder nicht, oder
auch den Umschlag einer Farbe in eine andere, bei dem entweder
alle Zwischenschattierungen durchlaufen werden oder nicht, usw.

Das Schema bewegter Dinge, das ich hier in den gröbsten Umrissen
zu skizzieren versuche, scheint ein besonders geeignetes Beispiel für
eine Methode des empirischen Differenzierens zu sein. Es ist uns
vertraut, weil es mehr oder weniger den Gewohnheiten entspricht,
die wir in früher Kindheit erworben haben und denen wir folgen,
wenn wir die Welt erfassen und über sie sprechen. Es gewinnt weiteres Ansehen durch den Umstand, daß sich in ihm eine grobe aber
erkennbare Antizipation der klassischen Mechanik findet, und überdies gibt es philosophische Argumente, nach denen es nicht nur angewandt wird – und also *a fortiori* ein mögliches Schema ist –, sondern
sogar das einzig mögliche ist.

Die voraufgegangene kurze Darstellung ist in vielen Hinsichten
unvollständig. So ist z. B. nichts über die Rolle gesagt worden, die
die Zeit in diesem Schema spielt, obgleich die qualitative Veränderung ebenso wie die Bewegung die Begriffe des Zeitablaufs und
zeitlicher Intervalle einschließt. Der Grund dafür ist einfach, daß
der Zeitbegriff in allen Schemata, die hier zur Sprache kommen
werden, auf ungefähr die gleiche Weise auftritt.

Man könnte einwenden, daß die Darstellung des Schemas nicht präzise genug sei. Das ist durchaus möglich. Andererseits aber könnte das Verlangen nach größerer Präzision auch auf ein Übersehen des Unterschieds zwischen Präzision bei der Beschreibung des Schemas und Präzision des Schemas selbst zurückzuführen sein. Als Methode des empirischen Differenzierens ist das Schema bewegter Dinge – anders als die klassische Mechanik oder einige Systeme der realistischen Ontologie – kein Präzisionsinstrument. Wenn man es durch Idealisierungen und definitorische Setzungen präziser machen wollte, würde das zu einer Fehlbeschreibung führen. Außerdem würde man die Funktion des Scharfe-Grenzen-Ziehens mißverstehen, wenn man sich ihr vorläufiges Fehlen nicht eingestehen würde.

Und überdies führt das Schema bewegter Dinge von sich aus zu einer weiteren Differenzierung der Erfahrung (oder legt sie doch zumindest nahe), insbesondere zu einer Differenzierung zwischen Dingen, deren Bewegung durch den Beobachter (oder durch die Handlungen anderer Menschen bzw. anderer Kräfte) bewirkt wird, und solchen, bei denen dies nicht der Fall ist. Die Begriffe »eine Bewegung bewirken« usw. sind natürlich nicht präzise. Aber man versteht die Unterscheidung, zumindest insoweit sie den uns aus der theoretischen Physik geläufigen Unterschied zwischen Kinematik und Dynamik vorwegzunehmen scheint.

Schließlich könnte man noch einwenden, daß nur ein Metaphysiker und niemand, der die Umgangssprache normal gebraucht, die Individualität ausschließlich für Dinge und Raumbereiche reservieren und sich auf die Kunstgriffe einlassen würde, die notwendig sind, um z. B. Blitzen oder Geräuschen den Status des Individuums vorzuenthalten. Nur Metaphysiker – vielleicht einige Physiker – würden behaupten wollen, daß es geräuschmachende Dinge und blitzende Dinge gibt, aber keine »dinglosen« Geräusche bzw. »dinglosen« Blitze. Nun ist es aber so, daß sich das Schema der Dinge ebensogut, wie man es zur konzisen Form einer umfassenden Ontologie konzentrieren kann, auch zu einem bequemen, nichtexklusiven Schema ausweiten läßt, das zahlreiche Ausnahmen und Qualifikationen zuläßt.

Diese und ähnliche Einwände und die Art von Antworten, zu denen sie führen, deuten die vielfältigen Richtungen an, in denen das Schema entwickelt werden könnte, bis es wirklichen oder mög-

lichen Denk- und Sprechgewohnheiten entspricht. Was immer die
Verdienste einer solchen Ausarbeitung auch sein mögen, und wie
langweilig oder vergnüglich sie auch für unterschiedliche philosophische Temperamente ausfallen könnte: sie ist jedenfalls nicht erforderlich, solange nur einige gemeinsame Züge der vielen, mehr oder
weniger extremen Varianten des Schemas betrachtet werden sollen.

### 2. Das Situationsschema

Nach dem Dingschema sind Bewegung und Ruhe von Dingen und
ihre qualitative Veränderung bzw. Dauer fundamental voneinander verschieden. Die Anwendung des Schemas verhindert Versuche – oder ermutigt sie doch wenigstens nicht –, die Bewegung der
qualitativen Veränderung anzugleichen, etwa das Verschwinden
eines Dings in der Ferne einem allmählichen Wandel seiner Farbe.
Aber für sich genommen schließt die Unterscheidung der beiden
Typen von Veränderungen, denen Dinge unterworfen sein können,
nicht die Möglichkeit einer Veränderung aus, bei der es sich nicht
um eine Veränderung von Dingen handelt.
Wenn wir – aus Gewohnheit oder einem anderen Grunde – annehmen, daß jede Veränderung die Veränderung eines oder mehrerer
Dinge ist, dann impliziert etwa die Aussage, daß es in einem bestimmten Raumbereich warm ist oder wärmer wird, daß sich in
diesem Raumbereich eines oder mehrere Dinge befinden, die warm
sind oder wärmer werden. Wenn solche Dinge nicht auffindbar
sind, müssen wir entweder die Annahme fallenlassen oder aber die
Bedeutung des Ausdrucks »Ding« verändern, indem wir sehr kleine,
möglicherweise unsichtbare Dinge zulassen. Das bedeutet natürlich,
daß danach Aussagen über Dinge nicht mehr notwendigerweise Beschreibungen dessen sind, was wir wahrnehmen.
Wenn wir jedoch das Dingschema verwenden ohne anzunehmen,
daß es auf jede Veränderung passen muß, dann können wir neben
der Ortsveränderung und der qualitativen Veränderung von Dingen noch eine andere Art von Veränderung zulassen, und entsprechend neben der qualitativen und der örtlichen Dauer noch eine
andere Art von Dauer. Wir könnten z. B. unsere Umwelt so differenzieren, daß sich Qualitäten in Raumbereichen befinden oder

diese durchdringen, unabhängig davon, ob diese Bereiche nun von Dingen ausgefüllt sind oder nicht. In diesem Falle wäre die Aussage, daß es in einem bestimmten Bereich warm ist oder wärmer wird, vollkommen verträglich damit, daß es in diesem Bereich keine Dinge gibt. Solche Aussagen beschreiben Situationen ohne in ihnen situierte Dinge.

Sobald man sich einmal die Möglichkeit vergegenwärtigt hat, daß sich unsere Umwelt nicht nur im Hinblick auf Dinge differenzieren läßt, die als Träger von Qualitäten und Relationen Raumbereiche erfüllen, sondern auch im Hinblick auf Qualitäten und Relationen, die ihre Situation in dinglosen Raumbereichen haben, ist man versucht, diese letztere Methode des empirischen Differenzierens – das Situationsschema, wie ich es nennen werde – auszuweiten, bis sie so umfassend wie möglich wird. Der Hauptreiz, der einen dazu bringen könnte, dieser Versuchung zu erliegen, ist die Einfachheit bzw. begriffliche Ökonomie eines solchen Schemas, in dem Dinge als fundamentale Individuen entbehrlich werden, und in dem der Unterschied zwischen qualitativer Veränderung und Bewegung nicht mehr fundamental sein würde.

Wenn es einem auf begriffliche Ökonomie im allgemeinen und die Eliminierung der Dingkategorie im besonderen ankäme, könnte man wie folgt argumentieren: Nehmen wir an (was vielleicht etwas zu generös ist), uns wäre vollkommen klar, welche Charakteristika etwas besitzen muß, um sich als Ding zu qualifizieren, und fragen wir uns weiter, was ein Ding, oder ein Ding einer bestimmten Art, zu einem individuellen Ding bzw. zu einem individuellen Ding dieser Art macht. Darauf impliziert das Dingschema die folgende Antwort: der Umstand, daß das Ding jederzeit einen individuellen Raumbereich einnimmt. Das ist natürlich auch die Antwort aller Metaphysiker, die das Dingschema als umfassende Ontologie betrachten.

Mit anderen Worten: wenn wir den Ort, den der individuelle Hund Fido zu einem bestimmten Zeitpunkt innehat, eliminieren, behalten wir nur solche Qualitäten und Relationen, die viele verschiedene Hunde charakterisieren könnten. Jeder von ihnen wäre jedoch dann und nur dann ein distinktes Individuum, wenn er zu einer bestimmten Zeit einen bestimmten Raumbereich einnähme. Das Dingschema individuiert vermittels der Bereiche, in denen sich die Dinge befinden.

Aber wenn nun individuelle Dinge sozusagen *abzüglich* ihrer räumlichen Lokalisierung nichts weiter sind als Mengen von Qualitäten
und Relationen, könnten wir uns fragen, warum wir die Welt nicht
– statt sie in Dinge zu zerlegen, die als Träger von Eigenschaften
und Relationen Raumbereiche einnehmen – nach Qualitäten von
und Relationen zwischen Raumbereichen differenzieren. Die Antwort könnte sehr wohl sein, daß diese Methode des empirischen
Differenzierens uns zwar nicht vertraut, aber dennoch möglich ist,
und daß vieles für sie spricht.

Man könnte vielleicht versuchen, sich den Gebrauch dieser letzteren Methode auf etwa die folgende Weise anzugewöhnen: Wenn
im Dingschema »Fido« der Name eines individuellen Hundes und
»Neufundländer« der Name einer Hundeart ist, dann sei »Fido-
heit« der Name für die Menge aller Charakteristika von Fido, sein
*principium individuationis*, d. h. sein Einnehmen eines bestimmten
Raumbereichs zu einer bestimmten Zeit ausgenommen. Entsprechend sei »Neufundländerkeit« der Name für die Menge aller
Charakteristika von Neufundländern, ihr *principium individuationis* wiederum ausgenommen.

Auf diese Weise kann man Eigenschaften und Relationen von Dingen als Eigenschaften und Relationen von Raumbereichen rekonstruieren. Die Dingheit, als bestimmte Menge von Qualitäten von
und Relationen zwischen Bereichen, würde uns dabei noch an die
Dinge erinnern und möglicherweise eine wichtige Kategorie bleiben.
Aber ein bißchen Vorstellungskraft, wenn möglich mit einem Blick
auf die Feldtheorien der theoretischen Physik verbunden, sollte
genügen, um uns davon zu überzeugen, daß der Dingbegriff durchaus obsolet werden könnte.

Wo es keine Dinge gibt, gibt es auch keine Dinge, die sich bewegen.
Statt eines Dings, das sich aus einem Raumbereich in einen benachbarten bewegt, haben wir nun den Verlust der Dingheit durch einen
Raumbereich und ihren Erwerb durch einen anderen. Um eine
*façon de parler* der Physik auszuborgen: man könnte vielleicht
sagen, daß – während ein Ding sich durch den Raum »bewegt« –
eine Qualität, bzw. eine Menge von Qualitäten oder Relationen wie
die Dingheit, sich im Raum »fortpflanzt«. Das Ersetzen sich be-
wegender Dinge durch sich fortpflanzende Dingheiten assimiliert
die Bewegung der qualitativen Veränderung. Aber das bedeutet

nicht, daß das Situationsschema darum ein weniger leistungsfähiges oder gröberes Differenzierungsinstrument wäre als das Dingschema.

Man betrachte z. B. eine Lichtquelle, die sich durch benachbarte Raumbereiche bewegt. Das Dingschema erlaubt hier nur die Unterscheidung von zwei Möglichkeiten. Erstens: ein erleuchtetes (lichtausstrahlendes usw.) Ding bewegt sich durch diese Bereiche; zweitens: zwei oder mehr Dinge, die sich in benachbarten Bereichen befinden, leuchten nacheinander auf und verlöschen. Im Situationsschema würde der erste Fall im groben benachbarten Bereichen entsprechen, die nacheinander sowohl die Dingheit als die Qualität des Erleuchtetseins erwerben und verlieren; im zweiten Falle würden benachbarte Bereiche, die alle von Dingheit besetzt sind, nacheinander die zusätzliche Qualität des Erleuchtetseins erwerben und verlieren. Das Situationsschema läßt jedoch noch eine weitere Möglichkeit zu, nämlich daß die Qualität des Erleuchtetseins nacheinander von Bereichen erworben und verloren wird, die von der Dingheit nicht besetzt sind, d. h. die Möglichkeit, daß sich ein Aufleuchten durch Bereiche fortpflanzt, in denen es weder Dinge noch Dingheit gibt.

Man könnte hier geneigt sein zu bemerken, daß die Annahme, das *gleiche* Ding habe sich durch den Raum bewegt, weniger schwierig ist als die Annahme, die *gleiche* Qualität (z. B. die Dingheit) habe sich durch ihn fortgepflanzt. Aber manchmal finden wir es doch natürlicher zu sagen, dies sei dieselbe Welle (deren Bewegung wir beobachtet haben), als dies sei das gleiche Ding, auch wenn sich alle seine Bestandteile inzwischen völlig verändert haben. Wenn wir dem Dingschema folgend sagen, daß sich zwei Dinge in allem entsprechen, außer der Bahn, auf der sie sich bewegen, müßten wir dem Situationsschema folgend sagen, daß sich eine Spezies der Dingheit auf zwei verschiedenen Bahnen fortpflanzt. In jedem Falle ist die Bahn das Individuationsprinzip.

Das Situationsschema kommt nicht ohne den Begriff des Individuums aus. Es gibt in ihm jedoch nur eine Art von Individuen, nämlich Bereiche, in denen sich etwas befindet oder nicht befindet, und zwar keine Dinge, sondern Qualitäten und Relationen. Und wie im Dingschema gibt es bei diesen komplementären Klassen von Bereichen – den ausgefüllten und den leeren – Grenzfälle.

Überdies gibt es in diesem Schema offensichtlich Klassen von – und Relationen zwischen – Individuen, ebenso wie den Begriff der empirischen Kontinuität. Denn die Fortpflanzung einer Qualität kann, ebenso wie die Bewegung eines Dings, kontinuierlich oder nicht kontinuierlich sein, und die Bereiche, durch die sie sich fortpflanzt, müssen einen kontinuierlichen Zusammenhang bilden. Und schließlich kann man beobachten, daß jede qualitative Veränderung ein und desselben Bereichs entweder kontinuierlich oder diskontinuierlich vonstatten geht.

Das Situationsschema ist uns vielleicht weniger vertraut als das Dingschema. Aber es ist in gewissen Sprachgewohnheiten angelegt und läßt eine Vielzahl von Abwandlungen zu. Die Darstellung, die ich hier gegeben habe, ist ebenso unvollständig wie die des Dingschemas und gibt ohne Zweifel Anlaß zu ähnlichen Einwänden, die aber dann auch auf ähnliche Weise zu beantworten wären.

### 3. Andere Schemata

Wie bereits gezeigt wurde, können das Dingschema und das Situationsschema bei verschiedenen Anlässen entweder als einander ausschließende Ontologien oder aber als Methoden des empirischen Differenzierens verwendet werden, die sich nicht den Rang streitig machen. Man kann sich ohne Schwierigkeit vielfältige Kombinationen dieser beiden Schemata vorstellen. Z. B. könnte man zwischen Qualitäten und Relationen unterscheiden, die (a) nur Dingen angehören, die (b) sowohl Dingen als auch Raumbereichen angehören können, und die (c) nur Raumbereichen angehören. Nach diesem Schema könnte die Qualität des Farbigseins ebenso einem Baum angehören wie einem dinglosen Bereich, in dem sich etwa ein Regenbogen befindet. Die Qualität, windig zu sein, könnte einem Raumbereich angehören, aber nicht einem Ding. Es ist als historisches oder anthropologisches Faktum durchaus vorstellbar, daß etwas ähnliches wie das eben skizzierte kombinierte Schema die ursprüngliche unter Menschen übliche Methode des empirischen Differenzierens gewesen ist, aus der sowohl das Dingschema wie das Situationsschema durch eine willkürliche Anstrengung der Spekulation bzw. der Vorstellungskraft abgeleitet worden sind.

Neue Methoden des empirischen Differenzierens werden möglich, wenn wir jeden Raumbereich als durch eine bestimmte Qualität mit einem mehr oder minder großen Grad von Intensität ausgefüllt betrachten. Wir können z. B. in jedem Raumbereich die Tendenz annehmen, Dingen – oder einem bestimmten Standardding – einen Anstoß zu geben, der ihnen eine bestimmte Beschleunigung in einer bestimmten Richtung verleiht. Wenn man sich eine oder mehrere solcher allgegenwärtiger Qualitäten zum Dingschema hinzugefügt denkt, ergibt sich ein Schema, das sowohl vom Dingschema als auch vom Situationsschema verschieden ist. Es unterscheidet sich vom ersteren dadurch, daß weder die von Dingen besetzten noch die dinglosen Bereiche leer sind, und vom letzteren dadurch, daß es Dinge als Individuen zuläßt. Den Umstand, daß nach ihm jeder Raumbereich von einer oder mehreren Qualitäten – wenn auch mit unterschiedlichen Intensitätsgraden – erfüllt ist, kann man als eine bloße Abwandlung oder Verfeinerung des Situationsschemas betrachten.

Das Schema der »Dinge in Feldern«, wie man es nennen könnte, ist keineswegs weithergeholt und exzentrisch, sondern eine leicht erkennbare Antizipation einer Form der klassischen Dynamik, die eine funktionelle Beziehung zwischen Partikeln bestimmter Masse, ihrer Beschleunigung und ihrer Position zu bestimmten Zeitpunkten in dem Kraftfeld, in dem sie sich befinden, formuliert.

Das einschlägige idealisierte Bild der klassischen Mechanik wird durch die folgenden Gleichungen ausgedrückt:

$$m\frac{d^2x}{dt^2} = X; \; m\frac{d^2y}{dt^2} = Y; \; m\frac{d^2z}{dt^2} = Z$$

$X$, $Y$, $Z$ sind hier die Komponenten der in dem Punkt mit den (cartesischen) Koordinaten $x$, $y$, $z$ zur Zeit $t$ wirkenden Kraft, und $m$ ist die Masse des betrachteten Partikels.

Ein ähnlicher Gedankengang wie der, der vom Dingschema zum Situationsschema geführt hat, führt vom Schema der Dinge in Feldern zu einem Schema dingloser oder reiner Felder. Beim ersten Schritt ersetzt man die individuellen Dinge im Feld durch die Qualität der Dingheit, d. h. durch Dinge *abzüglich* ihrer individu- ierenden raumzeitlichen Lokalisierung. Beim zweiten Schritt wird die Dingheit als eine Qualität konzipiert, die mit unterschiedlicher Intensität jeden Bereich des Raums erfüllt. Was im Dingschema offensichtlich ein Ding ist, wird unter dem Blickwinkel des Schemas reiner Felder zu einer ziemlich dichten lokalen Kondensation der Dingheit.

Dieses Schema reiner Felder hat wiederum ein idealisiertes Gegenstück in der Physik, das auf die Möglichkeit zurückgeht, nicht nur die Kraft als gleichmäßig über den Raum verteilt zu betrachten, sondern auch den Begriff der Masse diskreter Partikel durch den Begriff der Massedichte zu ersetzen, die – ebenso wie die Kraft – zu einer Funktion von $X, Y, Z, t$ wird und als eine Art von (skalarem) Feld bekannt ist.

Die Schemata der Dinge in Feldern und der reinen Felder verwenden natürlich wiederum die Begriffe des empirischen Individuums, empirischer Klassen-cum-Relationen und empirischer Kontinua. Die Frage, ob eine Qualität einen Bereich mit einer bestimmten Intensität erfüllt, läßt – wie die analogen »Befindlichkeitsfragen« der anderen Schemata – nicht immer eine eindeutig affirmative oder negative Antwort zu. Der Begriff der kontinuierlichen Abstufung der Intensität einer Qualität – ihrer mehr oder weniger verdichteten bzw. verdünnten Erfüllung eines Bereichs – kennzeichnet eine neue Verwendungsart des Begriffs »empirisches Kontinuum«.

Man kann noch ein weiteres Schema empirischen Differenzierens konstruieren, wenn man den gesamten Raum als von einem einzigen »Ding«, einer dauernden Substanz erfüllt betrachtet, die keinen Raum für eine Vielzahl vergänglicher Dinge läßt. Ihre Stelle wird von erkennbaren Konfigurationen eingenommen, die vor diesem Hintergrund entstehen und sich nach einer Weile wieder in ihm auflösen. Dieses Schema erinnert uns an physikalische Theorien, deren dauernde Substanz ein »Äther« ist, der gewisse Modifikationen erfahren kann, wie etwa Wellenpakete, die sich durch ihn »fortpflanzen« – im Gegensatz zu »bewegen«. Es erinnert uns auch an Spinozas Ontologie mit ihrer einen, ewigen Substanz, deren Attributen und vergänglichen Modifikationen oder *modi*, wenngleich Spinozas Substanz auch nicht den Raum erfüllt, sondern räumliche Ausdehnung als eines ihrer unendlich vielen Attribute besitzt. Dieses Schema unterstreicht die dem fließenden Wasser gleiche Vergänglichkeit selbst der relativ beständigen Züge unserer Umwelt. Hinter Spinozas »*per modum intelligo substantiae affectiones, sive id, quod in alio est, per quod etiam concipitur*« verbirgt

sich Goethes »*Seele des Menschen, wie gleichst du dem Wasser!*
*Schicksal des Menschen, wie gleichst du dem Wind!*«
Es wäre der Mühe wert, noch weitere Schemata des empirischen
Differenzierens zu skizzieren und durch Vergleich und Gegenüber-
stellung zu zeigen, daß sie nicht nur verschiedene Arten des Wahr-
nehmens und Denkens, sondern auch verschiedene Weisen des Füh-
lens konstituieren. Die Ansatzpunkte für solche Schemata würden
sich wieder in den natürlichen Sprachen (man vergleiche z. B. die
unterschiedliche Verwendung des Verbs im Lateinischen, Russischen, Englischen und Hebräischen), in metaphysischen Systemen
und den (idealisierenden) Wissenschaften finden. Aber die Schemata,
die wir bisher betrachtet haben – das Dingschema, das Situationsschema, das Schema der Dinge in Feldern, das Schema der reinen
Felder und schließlich das Schema einer raumerfüllenden Substanz
– repräsentieren nicht nur eine für unsere Zwecke hinreichende
Mannigfaltigkeit, sondern verweisen auch deutlich genug auf weitere Möglichkeiten.

### 4. Über die Vielfalt der Schemata

Die vorausgegangene Skizze verschiedener Schemata des empirischen Differenzierens sollte zeigen, daß mehr als ein solches Schema
denkbar ist, und daß es keinen Grund für die Annahme gibt, es
könnten in Zukunft keine neuen Schemata erfunden oder entdeckt
werden, deren Züge im Augenblick noch nicht vorhersehbar sind.
Betrachten wir einige der Konsequenzen, die aus der Annahme folgen, daß sich die Welt durch zwei verschiedene Schemata des empirischen Differenzierens erfassen läßt, etwa durch ein realistisches
Schema bewegter Dinge und das Spinozistische Schema einer Substanz mit ihren Attributen und Modifikationen. (Es könnte dabei
nützlich sein, eine auf den ersten Blick sehr fernliegende aber doch
nicht ganz unpassende Analogie heranzuziehen, bei der »die Welt«
durch »einen Kuchen« ersetzt wird, »Schemata des empirischen
Differenzierens« durch »Methoden, einen Kuchen aufzuschneiden«,
»realistisches Schema« durch »Herausschneiden keilförmiger
Stücke« und »Spinozistisches Schema« durch »Herausschneiden
würfelförmiger Stücke«.)

Es folgt zunächst und vor allem, daß es eine Welt gibt, deren Existenz nicht von ihrer Differenzierung auf realistische oder Spinozistische Weise abhängt. Es gibt nicht etwa zwei Welten, eine realistische und eine Spinozistische. (Um auf unsere Analogie zurückzukommen: es gibt einen Kuchen, dessen Existenz nicht davon abhängt, ob man ihn in keilförmige oder in würfelförmige Stücke zerschneidet. Es folgt nicht etwa, daß es zwei Kuchen gäbe, einen keilförmig und einen würfelförmig aufgeschnittenen. Kuchen aufschneiden ist nicht dasselbe wie Kuchen machen.)

Es folgt zweitens, daß wir die Welt zumindest auf zweierlei Weisen differenziert erfassen können; und es folgt weder, daß wir eine Welt, die *nicht* nach einem dieser Schemata differenziert ist, erfassen können, noch daß wir sie nicht erfassen können. Das heißt – um den Sachverhalt in anderen einschlägigen Terminologien auszudrücken – daß nicht folgt, ob wir eine »prä-propositionale«, »präprädikative«, »vorsprachliche«, »nichtkonzeptualisierte«, »unmittelbar gegebene« usw. Welt erfassen können oder nicht. (In der Sprache unseres Vergleichs: es folgt, daß wir den Kuchen essen können, ob wir ihn nun in keilförmige oder in würfelförmige Stücke zerschnitten haben, aber es folgt nicht, daß wir ihn essen bzw. nicht essen können, ohne ihn zerschnitten zu haben.)

Es folgt drittens, daß jedes der beiden Schemata des empirischen Differenzierens *einige* Unterschiede in der Welt hervorbringt. Es wäre falsch, etwa mit den radikalen Empiristen zu behaupten, daß ein Schema keinen Unterschied hervorbringt, oder mit den absoluten Idealisten, daß es alle Unterschiede der Welt hervorbringt. Der allgemeine Unterschied zwischen scheinbarer Veränderung und Dauer scheint also unabhängig von irgendeinem bestimmten Schema zu sein. (Es folgt, daß jede der beiden Methoden, den Kuchen zu zerschneiden, *einige* Unterschiede am Kuchen hervorruft. Es wäre falsch zu behaupten, daß die Methode des Aufschneidens alle Unterschiede oder gar keinen macht.)

Es folgt viertens, daß es möglich ist, sich die Welt als auf die eine *oder* die andere Weise differenziert vorzustellen, obgleich einige Menschen, z. B. sehr einfältige Personen oder sehr dogmatische Metaphysiker, vielleicht nicht die erforderliche Anstrengung der Vorstellungskraft aufzubringen vermögen. Zwei- oder mehrsprachige Menschen können zwei oder mehr verschiedene Schemata

des empirischen Differenzierens verwenden und vergleichen. Logiker und Philosophen im allgemeinen, die für oder gegen eine bestimmte Ontologie *im Vergleich* zu einer anderen argumentieren,
sind – oder sollten wenigstens – gleichsam multi-schematisch bzw.
multi-ontologisch sein. (Es folgt, daß man sich den Kuchen auf
jede der beiden Weisen aufgeschnitten vorstellen kann, obgleich es
Menschen geben mag, die nicht zu der erforderlichen Anstrengung
ihrer Vorstellungskraft in der Lage sind.)
In Anbetracht der Vielfalt der Schemata des empirischen Differenzierens stellt sich die Frage, ob es möglich oder unmöglich ist, jeweils vom einen in das andere zu übersetzen. Aber bevor diese
Frage richtig formuliert werden kann, müssen wir zunächst eine
vernünftige Bedeutung für »Übersetzung« festlegen, oder vielmehr für »Transposition«, wie ich in Anlehnung an die Terminologie der Musik, wo man ein Musikstück aus einer Tonart in die
andere transponiert, sagen werde.
Es wird dabei nützlich sein, wenn wir zunächst ein Beispiel für eine
Transposition von einem idealisierten Schema in ein anderes betrachten, ein Beispiel, das aus der theoretischen Physik geläufig
ist. Wahrscheinlich ist es am besten, wenn wir mit einem Zitat aus
einem der zahlreichen typischen und zuverlässigen Lehrbücher über
die Mathematik der Relativitätstheorie[1] anfangen:

»Jede der beiden Theorien, die ›diskrete‹ Theorie, nach der die Materie aus
materiellen Punkten besteht, von denen jeder eine endliche Masse besitzt, und
die ›kontinuierliche‹ Theorie, nach der die Materie kontinuierlich über den
Raum verteilt ist, kann als Grenzfall der anderen betrachtet werden. Wir können
mit materiellen Punkten anfangen und ihre Zahl beständig vermehren, wobei
wir gleichzeitig die Masse jedes einzelnen vermindern, und uns auf diese Weise
mit jedem gewünschten Grad von Genauigkeit einer kontinuierlichen Verteilung
annähern. Oder aber wir können mit einer kontinuierlichen Verteilung anfangen
und die Dichte überall vermindern, außer in den ständig schrumpfenden Nach-
barschaften einer diskreten Anzahl von Punkten: auf diese Weise nähern wir
uns dann mit jedem gewünschten Grad von Genauigkeit einer gegebenen diskreten Verteilung. Es ist klar, daß es gar nicht zu der Frage kommen kann, welche
der beiden Theorien die richtige ist ... Mathematisch besteht der Unterschied
weitgehend in dem zwischen gewöhnlichen Differentialgleichungen, mit denen
die Bewegung diskreter Partikel behandelt wird, und partiellen Differentialgleichungen, die auf stetige Verteilungen angewandt werden.«

1 *Mathematics of Relativity*, von G. Y. Rainich, New York 1950, p. 6 f.

Wir haben hier zwei idealisierte Schemata, zusammen mit einer
Methode zur Transposition von Aussagen, die in den Termini des
einen formuliert sind, in Aussagen, die in den Termini des anderen
formuliert sind. Diese Methode erhält die *Wahrheit*, in dem Sinne,
daß, wenn eine Aussage im einen Schema wahr ist, auch ihre transponierte Aussage im anderen Schema wahr ist. Außerdem erhält
diese Transpositionsmethode auch den *prognostischen Wert* von
Aussagen beider Schemata: ». . . die Differenz zwischen ihnen (den
beiden Theorien) kann so klein gemacht werden wie man will;
und wenn sich eine Identifikation als in den Grenzen der Meß-
genauigkeit zutreffend erweist, wird es die (entsprechende) andere
folglich auch tun« (*loc. cit.*). Andererseits kann die Transposition
vom einen in das andere Schema nicht alle Züge der transponierten
Aussage erhalten, wenn die ursprüngliche und die transponierte
Ausssage überhaupt voneinander verschieden sind. In unserem Beispiel ist der Übergang von gewöhnlichen zu partiellen Differentialgleichungen (oder umgekehrt) unter mathematischem Gesichtspunkt
eine tiefgreifende Veränderung. Wenn man von der Transposition
aus einem Schema in ein anderes spricht, setzt das ein implizites
oder explizites Einverständnis darüber voraus, welche Züge erhalten werden sollen und welche nicht. Eine Transposition, die alles
erhält, ist ebenso absurd wie eine, die nichts erhält.
Ob das, was in der Transposition aus einem Schema in ein anderes
erhalten wird bzw. verlorengeht, erhaltenswert ist, hängt – wie
bei Übersetzungen von einer Sprache in die andere – von dem
Zweck oder den Zwecken ab, die die Person, die das Schema verwendet, verfolgt. Für einen Liebhaber der Poesie ist die Übersetzung
eines Gedichts ins Esperanto wahrscheinlich weniger befriedigend
als die eines Eisenbahnfahrplans. Ebenso wird jemand, der das
Spinozistische Schema akzeptiert, weil es den Kontrast zwischen
der Vergänglichkeit des Menschen und anderer *modi* und dem
Fortdauern Gottes oder der Natur als ewiger Substanz betont,
realistische Transpositionen höchstwahrscheinlich unbefriedigend
finden. Anläßlich der Modifikationsmöglichkeiten durch die Transposition aus einem Schema in das andere stellt sich die allgemeine
Frage, welches von zwei oder mehreren Schemata man – sei es für
einen bestimmten Zweck, sei es im allgemeinen – vorziehen soll.
Das Herausstellen und die Verteidigung eines Schemas gegenüber

allen anderen ist eine der traditionellen Aufgaben der Metaphysik
gewesen.[2]

### 5. Umfang und Grenzen der weiteren Untersuchung

Ein Ziel dieser Untersuchung besteht darin zu zeigen, daß und wie
die deduktive Vereinheitlichung der Erfahrung die Ersetzung empirischer Begriffe durch nichtempirische erzwingt. Dies für jeden einzelnen empirischen Begriff zu zeigen ist natürlich unmöglich, und
das ist der Grund, warum wir unsere Aufmerksamkeit auf Schemata des empirischen Differenzierens richten: denn in ihnen finden
wir allgemeine Begriffe, die auf die Erfahrung anwendbar sind.
Aber gerade die Vielfältigkeit, ja die prinzipielle Vermehrbarkeit
solcher Schemata, die durch kein transzendentales Argument auf
ein einziges zurückgeführt werden können, stellt die Möglichkeit
unserer Untersuchung wiederum in Frage.

Nun weisen aber alle Schemata des empirischen Differenzierens, die
hier kurz skizziert worden sind, einige gemeinsame Züge auf, die
wir noch ausführlicher betrachten und erörtern werden, und die ich
hier nur vorläufig einmal aufzählen will: Erstens enthält jedes der
betrachteten Schemata des empirischen Differenzierens einen Begriff
des empirischen Individuums, der so beschaffen ist, daß zumindest
einige Individuen indefinit sind, d. h. nicht reinlich von ihrem
Hintergrund oder von anderen Individuen getrennt werden können. Zweitens verwendet jedes betrachtete Schema des empirischen
Differenzierens Begriffe von Klassen und Relationen, und einige
von diesen Klassen und Relationen sind inexakt in dem Sinne, daß
sie Grenzfälle zulassen. Drittens verwendet jedes der betrachteten
Schemata Kontinuumsbegriffe, die in dem Sinne relativ sind, daß
das, was unter gewissen spezifizierbaren Bedingungen ein Kontinuum ist, unter anderen Bedingungen ein diskretes Aggregat ist.
Ich neige zu der Vermutung, daß alle – vergangenen und zukünf-
tigen – Schemata des empirischen Differenzierens durch Indefinitheit von Individuen, Inexaktheit von Klassen und Relationen und

---

2 Zur Diskussion dieses Typs von Argument vgl. Kap. XXX-XXXIII von
*Conceptual Thinking*, New York 1955.

relative Kontinua gekennzeichnet sind; und ich glaube, daß eine genauere Analyse dieser Züge in den bisher verwandten Schemata diese Vermutung verstärken wird. Dennoch wird mein Argument nicht von der Wahrheit dieser Vermutung abhängig sein, weil es sich auf solche Schemata des empirischen Differenzierens beschränken wird, die diese Züge aufweisen.

Die deduktive Vereinheitlichung eines Schemas des empirischen Differenzierens mit Hilfe eines der existierenden logisch-mathematischen Systeme führt zur Ersetzung indefiniter durch definite Individuen, inexakter durch exakte Klassen und Relationen, relativer durch absolute Kontinua. Es ist jedoch nicht ausgeschlossen, daß man in Zukunft ganz andere Mittel der deduktiven Vereinheitlichung anwenden wird, die weniger radikale Modifikationen der empirischen Schemata mit sich bringen. Es ist sogar möglich, daß Untersuchungen, die dem hier entwickelten Ansatz folgen, die Suche nach neuen Arten der deduktiven Vereinheitlichung anregen. Aber es geht in der hier vorliegenden Untersuchung nicht um alle überhaupt möglichen deduktiven Vereinheitlichungen aller möglichen Schemata des empirischen Differenzierens; es geht vielmehr nur um die Standardformen der deduktiven Vereinheitlichung – mit Hilfe existierender logisch-mathematischer Systeme – von Schemata, die indefinite Individuen, inexakte Klassen und Relationen und relative Kontinua enthalten.

Und diese Aufgabe ist durchaus lösbar. Wir müssen dazu einige Züge des empirischen Diskurses in natürlichen Sprachen untersuchen – Züge, die z. B. das Denken und Sprechen des theoretischen Physikers mit dem seines Laboranten gemeinsam hat. Wir müssen dazu nicht – wenn das überhaupt möglich wäre – die unbegrenzte Komplexität jeder möglichen natürlichen Sprache in den Griff bekommen, nicht einmal die kaum beherrschbare Komplexität des gewöhnlichen Englisch, Deutsch oder sonst einer vorkommenden natürlichen Sprache. Wir müssen weiterhin einige allgemeine Züge des technischen Denkens und der Sprache der Mathematik, Logik und der Wissenschaften untersuchen. Und schließlich müssen wir die vielfach vernachlässigte Beziehung zwischen »gewöhnlichem« Denken und Sprechen einerseits und der technischen Sprache der Logik, Mathematik und Wissenschaft andererseits untersuchen. Wir müssen, um eine Metapher von Wittgenstein zu übernehmen, nicht nur die Altstadt der Umgangssprache oder nur die Vorstädte der verschiedenen technischen Jargons erforschen, sondern auch den Verkehr zwischen beiden, und die Veränderungen, die sich aus ihm ergeben.

# II

# Empirische Klassen und Individuen

Individuen in Klassen einzuordnen, bei denen die Mitgliedschaft weitgehend auf Ähnlichkeit oder Unähnlichkeit beruht, ist typisch für alle Schemata des empirischen Differenzierens. Wir werden hier deshalb – auch um Mißverständnissen vorzubeugen – eine allgemeine Charakterisierung von Ähnlichkeitsklassen (wie ich sie nennen werde) geben müssen, und von Ähnlichkeitsaussagen, d. h. Aussagen, in denen festgestellt wird, daß ein Individuum Mitglied einer Ähnlichkeitsklasse ist. Es wird darüber hinaus notwendig sein, die Inexaktheit der Ähnlichkeitsklassen von anderen Arten der Vagheit zu unterscheiden und die Analyse von Ähnlichkeitsaussagen von einer anderen Frage abzutrennen, nämlich der Frage nach der Möglichkeit absolut deskriptiver bzw. nicht-interpretierender Aussagen.

## 1. Empirische Klassen und Komplexe

Wenn wir unsere Umwelt mit Hilfe eines der oben aufgeführten Schemata differenzieren, führen wir die Individualität empirischer Individuen ein und klassifizieren diese in Übereinstimmung mit gewissen Merkmalen, die sie für die Klassenmitgliedschaft qualifizieren bzw. disqualifizieren. Wenn wir jedes Individuum, das für die Mitgliedschaft in einer Klasse qualifiziert ist, mit demselben Namen – etwa »P« – bezeichnen, dann ist dieser Name ein Prädikat des Individuums. Wir sagen, daß das Individuum unter P fällt, daß es P hat oder ein P ist.

Es ist nützlich, zwischen der Intension und der Extension eines Prädikats auf etwa folgende Weise zu unterscheiden: Zwei Prädikate, nennen wir sie P und Q, haben dann und nur dann dieselbe Intension, wenn daraus, daß ein Individuum unter eines von ihnen fällt, logisch folgt, daß es auch unter das andere fällt. Zwei Prädikate P und Q haben dann und nur dann dieselbe Extension, wenn, sofern ein Individuum unter eines von ihnen fällt, es faktisch auch unter das andere fällt. Zwei Prädikate, die intensional gleich sind, sind deshalb auch extensional gleich; während das Umgekehrte nicht der Fall zu sein braucht. Intension und Extension von Prädikaten werden dann durch Abstraktion mit Hilfe der intensionalen und extensionalen Gleichheit definiert. Der Ausdruck »logisch folgt« deutet an, daß ein logisches Gerüst gegeben ist, gegeben werden wird oder doch wenigstens gegeben werden kann, durch das der Unterschied zwischen gültigen und ungültigen Folgerungen bestimmt wird.

Die Unterscheidung zwischen Extension und Intension von Prädikaten ist insofern nützlich, als sie uns erlaubt, zwischen ihrer – für viele Zwecke hinreichenden – Behandlung durch eine extensionale Logik und der durch eine komplexere und problematischere intensionale Logik zu unterscheiden. Man sollte die Unterscheidung jedoch nicht so verstehen, als ob sie gewisse traditionelle Lehrmeinungen impliziere. Die erste ist die gewöhnlich oder doch sehr oft vertretene Ansicht, daß die Intension eines Prädikats auf keine Weise von seiner Extension abhänge, d. h. davon, welche Individuen bzw. ob überhaupt irgendwelche Individuen unter dieses Prädikat fallen. Es ist durchaus möglich, daß die Qualifikationen eines Individuums für die Mitgliedschaft in einer empirischen Klasse, etwa der Klasse der grünen Dinge, die Erfüllung der Forderung enthalten, daß das fragliche Individuum gewissen Standardindividuen ähnlich sein muß, die bereits Mitglieder dieser Klasse sind. Diese ganz normale Situation impliziert keinen Widerspruch oder circulus vitiosus. (Auf analoge Weise können die Bedingungen für die Wählbarkeit einer bestimmten Person als Mitglied eines Klubs ohne Widerspruch oder circulus vitiosus die Forderung enthalten, daß er den Gründungsmitgliedern akzeptabel erscheint.)

Zweitens vertritt man gewöhnlich die Ansicht, daß Intension und Extension eines Prädikats unveränderlich sind. Im Falle empirischer Prädikate – z. B. »heiß« oder »ein Läufer« – können unveränderte Bedingungen für die Mitgliedschaft bzw. Nichtmitgliedschaft jedoch nicht garantieren, daß sich die Mitgliedschaft faktisch nicht ändert. Heiße Suppen werden kalt, kalte Suppen werden aufgewärmt; laufende Leute hören auf zu laufen, während andere anfangen zu laufen. Die Situation ist hier radikal anders als in der Mathematik, wo etwa die Bedingungen dafür, daß etwas eine gerade Zahl ist, nicht zulassen, daß ungerade Zahlen gerade werden.

Daß Veränderungen im Mitgliederstand einer Klasse mit unver-
änderten Mitgliedschaftsbedingungen verträglich sind, wird sich
hier als einigermaßen wichtig herausstellen. Andere Möglichkeiten
der Veränderung werden dagegen im großen und ganzen keine
Rolle spielen.[1] Wenn ein Prädikat $P$ durch bestimmte Bedingungen
für die Mitgliedschaft bzw. Nichtmitgliedschaft in einer Klasse
definiert ist, kann und wird es oft geschehen, daß sein Name durch
einen anderen Namen ersetzt wird, die Bedingungen durch andere
Bedingungen, und die Mitglieder durch andere Mitglieder. Diese
Veränderungen können unabhängig voneinander eintreten. Es ist
z. B. sinnvoll zu sagen, daß sich die Mitgliedschaftsbedingungen
aber nicht die Mitglieder, daß sich die Mitglieder aber nicht die
Bedingungen, oder aber daß sich beide verändert haben; und vielleicht ist auch nur der Name geändert worden. (Ein empirisches
Prädikat verhält sich in diesen Hinsichten wie der Name eines
Klubs, um dessen Mitgliedschaft sich Leute beworben haben, und
dessen Bedingungen für die Mitgliedschaft bzw. Nichtmitgliedschaft, dessen Mitgliederstand und dessen Name entweder absicht-
lich oder unabsichtlich geändert werden können.) Aus Bequem-
lichkeitsgründen werde ich immer das gleiche Prädikat verwenden,
wenn ich von den gleichen Bedingungen für die Mitgliedschaft bzw.
Nichtmitgliedschaft spreche, obwohl es faktisch häufig vorkommt,
daß Änderungen des Namens und Änderung der Bedingungen
nicht zusammengehen.

Der Unterschied zwischen empirischen Klassen und empirischen
Individuen ist im großen und ganzen unproblematisch. Wenn man
ihn einmal verstanden hat, kann man ihn – bei einem möglichen
Gewinn an Klarheit – mit Hilfe der Begriffe des Teils und des
Elements weiter ausarbeiten. Jedes empirische Individuum kann in
Teile zerlegt werden, kann Teil eines anderen Individuums werden, oder kann sowohl Teile haben als auch ein Teil sein. Es kann
ein Element sein, kann aber keine Elemente haben. Eine empirische
Klasse enthält empirische Individuen und nur empirische Individuen als Elemente. Sie kann folglich nicht selber Element einer
empirischen Klasse sein; wenn man allerdings Klassen von Klassen
zuläßt, kann sie Element einer nichtempirischen Klasse sein.

1 Vgl. hierzu jedoch Kap. XI, § 3.

Dies alles liegt so ziemlich auf der Hand und beruht auf dem Gegensatz zwischen dem Klassifizieren von Individuen und ihrem Zerlegen in Teile. Ursprünglich deutet der Ausdruck »Individuum« an, daß es sich um etwas handelt, das entweder nicht in Teile zerlegt werden kann oder aber seine Individualität verliert, wenn es aufgeteilt wird, zumindest dann, wenn die Teile voneinander getrennt werden. Die Bedeutung von »Teil« variiert mit den Typen von Individuum, mit denen man es zu tun hat. So sind z. B. die Teile eines Dings voneinander trennbar, nicht aber die Teile eines Raumbereichs. Und Prozesse haben zeitliche Teile, die in einigen Fällen durch Perioden des Stillstands voneinander getrennt werden können.

Wenn ein Individuum aus Teilen besteht, die selber wieder Individuen sind, d. h. wenn es sich um ein komplexes Individuum oder – abgekürzt – einen Komplex handelt, dann korrespondiert ihm eine Klasse, deren Elemente die Teile dieses Komplexes sind. Teil eines Komplexes zu sein ist die Bedingung dafür, daß etwas Element oder Mitglied der korrespondierenden Klasse ist. Wenn man z. B. auf eine Kolonne marschierender Soldaten zeigt, zeigt man auf ein komplexes Individuum, dem die Klasse der Soldaten korrespondiert, die die Teile dieses Komplexes sind. Während jedem empirischen Komplex auf diese Weise eine empirische Klasse entspricht, kann man das Umgekehrte nicht so allgemein sagen. Man würde z. B. von der empirischen Klasse aller Menschen normalerweise nicht behaupten, daß es sich bei ihr um ein empirisches Individuum handle.

Die Entsprechung zwischen komplexen Individuen und den Klassen, die ihre Teile als Elemente enthalten, hat einige Philosophen zu einem Schema des empirischen Differenzierens geführt, in dem einfache und komplexe Individuen unterschieden werden, das aber den Unterschied zwischen empirischen Klassen und empirischen Individuen aufhebt. Nominalisten, die keine Klassen »dulden wollen«, ersetzen oder rekonstruieren empirische Klassen für gewöhnlich durch komplexe Individuen, ein Verfahren, das die Anwendbarkeit dieses Begriffs ziemlich strapaziert. Ein Nominalist möchte z. B. nicht nur die Klasse der Soldaten, die die Teile einer marschierenden Kolonne sind, als das korrespondierende komplexe Individuum rekonstruieren, sondern wird auch so etwas wie die

gesamte Menschheit als einen Komplex behandeln wollen. Auf
ähnliche Weise pflegten sich einige absolute Idealisten der sogenannten abstrakten Universalien – bei denen es sich um Klassen
handelt – zugunsten konkreter Universalien – d. h. Komplexe – zu
entledigen.

Andere Philosophen, die ebenso dem Parsimonieprinzip folgen,
versuchen, individuelle Komplexe durch Klassen zu ersetzen, und
rekonstruieren Paare, Tripel usw., ja selbst einfache Individuen
als Klassen. Ihr Hauptmotiv scheint in der Überzeugung zu bestehen, daß die Fähigkeit des Zählens vorausgesetzt wird, wenn
man eine Vielheit von Teilen oder eine Einheit zu erfassen sucht,
daß das Zählen wiederum das Zuschreiben von Zahlen voraussetzt, und daß eine Zahl eine Klasse von Klassen ist.

Solche Versuche von Metaphysikern verschiedener Färbung, Klassen Komplexen zu assimilieren und umgekehrt, lassen es so scheinen, als ob die Trennung zwischen empirischen Individuen und
empirischen Klassen nicht scharf wäre sondern Grenzfälle zuließe.
Und das ist in der Tat so, wie man am Beispiel der Kompanie
Soldaten sehen kann, wenn das Kommando zum Wegtreten gegeben und befolgt wird. Wenn man zuerst auf die Mannigfaltigkeit der Soldaten zeigt, zeigt man auf ein komplexes empirisches
Individuum. Später tritt diese Mannigfaltigkeit der Soldaten
nicht mehr als Komplex, sondern als empirische Klasse in Erscheinung. Zwischendurch aber gibt es ein Stadium, in dem man
mit gleichem Recht urteilen kann, daß es sich um eine empirische
Klasse handelt oder daß es sich um keine empirische Klasse handelt,
oder aber daß es sich um einen empirischen Komplex handelt bzw.
nicht um einen empirischen Komplex handelt.

## 2. Ähnlichkeitsklassen

Wenn man empirische Individuen in verschiedene Klassen einteilt,
spielt die Ähnlichkeit bzw. Unähnlichkeit zwischen Individuen
offensichtlich eine wichtige Rolle. Ich werde eine empirische Klasse
dann und nur dann eine Ähnlichkeitsklasse nennen, wenn die folgenden beiden Bedingungen erfüllt sind: (i) die Zulassungs- bzw.
Ausschließungsbedingungen für die Mitgliedschaft in einer Ähn-

lichkeitsklasse schließen eine Methode ein, die die effektive Auf-
weisbarkeit (oder sogar die künstliche Herstellung) von Standardmitgliedern erlaubt, und (ii), ein Individuum ist Mitglied einer
Ähnlichkeitsklasse, wenn es in einer bestimmten Hinsicht und bis zu
einem bestimmten Grade den Standardmitgliedern, nicht aber den
Standardnichtmitgliedern ähnlich ist. Viele empirische Klassen sind
Ähnlichkeitsklassen, z. B. die Klasse der grünen Dinge, der Elefanten, der Autos usw. usw.

Daß es eine Methode für das Aufweisen von Standardmitgliedern
bzw. -nichtmitgliedern gibt, bedeutet nicht, daß ein Sprecher, der
einem Hörer mitteilen will, an welche Ähnlichkeitsklasse er denkt,
diese Methode wirklich verwenden müßte. Die Sprache ermöglicht
es uns, einige Ähnlichkeitsklassen durch andere zu definieren; sie
ermöglicht allerdings nicht, daß wir alle Ähnlichkeitsklassen definieren, ohne jemals Standardmitglieder oder -nichtmitglieder einer
Ähnlichkeitsklasse aufzuweisen.

Es gibt viele mögliche Methoden, Standardmitglieder aufzuweisen,
und das unmittelbare Vorzeigen ist nur eine von ihnen. Wie im
Falle von Standardgewichten, -größen, -farben oder -exemplaren
(zu biologischen, physikalischen, kommerziellen oder anderen
Zwecken), sind diese Methoden eng mit sozialen Institutionen ver-
flochten. Jede Methode, wie geschickt sie der Sprecher auch verwenden mag, kann versagen, wenn es gilt, dem Hörer klarzu-
machen, an welche Ähnlichkeitsklasse der Sprecher denkt. Es ist
schon oft gesagt worden, daß wir niemals sicher sein können, daß
die Absicht unserer Standardbeispiele und -gegenbeispiele verstanden worden ist, oder daß es uns auch nur gelungen ist, die
Objekte zu identifizieren, die als Beispiele oder Gegenbeispiele
dienen sollen. Man kann von der Gefahr solcher Mißverständnisse
so beeindruckt werden, daß es einem schwerfällt einzusehen, wie
die Kommunikation – die es ja ganz offenbar gibt – überhaupt
möglich ist. Aber der Umstand, daß jedes Wort, jede Geste oder
jede Kombination von Worten und Gesten mißverstanden werden
kann, impliziert eben nicht, daß sie auch in der Tat immer mißverstanden werden. Es gibt geläufige Techniken für den Gebrauch
von Standardmitgliedern und -nichtmitgliedern, durch die man die
Gefahr von Mißverständnissen vermindern kann. Eine gründliche
Untersuchung dieser Techniken – die in jedem Falle eine vorher-

gehende Prüfung der logischen Beziehungen zwischen Ähnlichkeitsklassen voraussetzen würde – kann hier jedoch nicht vorgenommen
werden, weil sie mehr Raum in Anspruch nehmen würde als ihr im
Rahmen dieser Erörterung zugestanden werden kann.

Die Bestimmung der Klassenmitgliedschaft von Individuen nach
Art und Grad ihrer Ähnlichkeit mit Standardmitgliedern und ihres
Abweichens von Standard-Nichtmitgliedern wird manchmal als
»ostensive« bzw. »hinweisende« Definition bezeichnet, und die
Klassen und Prädikate, die auf diese Weise definierbar sind, bezeichnet man als »ostensive Klassen« bzw. »ostensive Prädikate«.
Diese Terminologie, für die vieles spricht, wird jedoch gewöhnlich
mißverstanden. Viele Leute wollen nicht von der Ansicht lassen,
daß jede ostensive Definition darin besteht, daß man auf etwas
zeigt. Sie übersehen dabei vielfach, daß es sich hier nicht nur um
ein Aufweisen von mehr als einem Standardmitglied handelt, sondern auch um das Aufweisen von Standard-Nichtmitgliedern.
Und außerdem scheinen viele von ihnen noch anzunehmen, daß
hierbei nicht nur eine Methode zum Aufweis von Standardmitgliedern und -nichtmitgliedern vorausgesetzt wird, sondern darüber
hinaus die dauernde Existenz und Verfügbarkeit derjenigen Individuen, die verwendet werden, wenn eine bestimmte Ähnlichkeitsklasse zum erstenmal ostensiv definiert wird.

Wenn wir uns entschließen, jedes Mitglied einer Ähnlichkeitsklasse mit demselben Namen – etwa »$P$« – zu bezeichnen, dann ist
$P$ ein Prädikat, genauer: ein Ähnlichkeitsprädikat. Es bringt eine
Eigenschaft – z. B. »grün« – zum Ausdruck, wenn die Ähnlichkeit,
die ein Mitglied mit den Standardmitgliedern haben muß, unabhängig davon ist, ob die Standardmitglieder Komplexe sind oder
nicht. Es bringt eine Relation – z. B. »$x$ ist größer als $y$« – zum
Ausdruck, wenn die Standardmitglieder Komplexe qua Komplexe
sein müssen. Eine Ähnlichkeitseigenschaft entspricht somit einer
Klasse von Individuen als Individuen (und nicht als Komplexen),
und eine Relation entspricht einer Klasse von Komplexen als
Komplexen. Man ist geneigt zu erwarten, daß der Übergang von
empirischen Individuen zu idealisierten mathematischen Individuen und der Übergang von empirischen Komplexen zu geordneten $n$-Tupeln vieles gemeinsam haben werden.

Weil sie als Vergleichsmaßstäbe dienen, sind die Standardmitglieder bzw. -nichtmitglieder einer Ähnlichkeitsklasse nicht selber durch einen Vergleich mit anderen Mitgliedern bzw. Nichtmitgliedern für die Mitgliedschaft der Klasse qualifiziert bzw. disqualifiziert. Wenn wir z. B. eine Methode für das Aufweisen von Standardmitgliedern bzw. -nichtmitgliedern der Klasse grüner Dinge festlegen, konzedieren wir nicht einfach, daß Objekte, die bei früherer Gelegenheit als grün oder nicht grün beurteilt worden sind, als Standard gelten dürfen, sondern verlangen unter anderem, daß diese Objekte nicht etwa als Grenzfälle hinsichtlich ihrer Klassenmitgliedschaft betrachtet worden sein dürfen. Ich habe vorhin auf die Analogie zwischen einer Ähnlichkeitsklasse und einem Klub hingewiesen, in den jeder aufgenommen werden kann, der den Gründungsmitgliedern akzeptabel erscheint. Diese Analogie hat natürlich ihre Grenzen, unter anderem deshalb, weil es keine Methode gibt, Gründungsmitglieder zu produzieren oder zu reproduzieren, wenn die ursprünglichen erst einmal ausgestorben sind, während es bei Ähnlichkeitsklassen eine Methode gibt, Standardmitglieder bzw. -nichtmitglieder hervorzubringen.

Eine andere Analogie, nämlich die zwischen Ähnlichkeitsklassen und Ziffernklassen, hat diesen Mangel nicht. Die Standardmitglieder der Ähnlichkeitsklasse entsprechen hier den Nullen, die nicht Nachfolger irgendwelcher anderer Ziffern sind, während die Nicht-Standardmitglieder der Ähnlichkeitsklasse den Nicht-Nullen entsprechen, d. h. den Ziffern, die Nachfolger einer Null sind.[2] Die Bedingung für die Mitgliedschaft in einer Ähnlichkeitsklasse, nämlich die Ähnlichkeit bzw. Unähnlichkeit mit Standardmitgliedern bzw. -nichtmitgliedern, entspricht der Bedingung für die Mitgliedschaft der Ziffernklasse, nämlich daß die fragliche Ziffer in einer Nachfolgerbeziehung zu einer Null steht. In beiden Fällen, dem der Ähnlichkeitsklasse und dem der Ziffernklasse, kommt es auf die Methoden an, nach denen man Standardmitglieder bzw. Nullen hervorbringt und aus ihnen gewöhnliche Mitglieder bzw. »Nachfolger« erzeugt. Und diese Methoden sind nicht von der Lebensdauer der erzeugten Objekte abhängig.

2 Es gibt keinen Einwand gegen das Konstruieren einer »Arithmetik« mit mehreren Nullen, was z. B. Kleene aus gutem Grund tut. (Vgl. S. C. Kleene, *Introduction to Metamathematics,* Amsterdam 1952, pp. 246.) – »Ziffer« ist hier als Verkürzung von »Zählzeichen« zu verstehen.

Wenn man, wie üblich, die idealisierende Annahme macht, daß die
Methode, Ziffern aufzuweisen und zu erkennen – ob es sich nun
um Nullen oder deren Nachfolger handelt –, absolut präzise ist,
bricht der Vergleich zwischen Ziffernklassen und Ähnlichkeitsklassen an einer entscheidenden Stelle zusammen. Denn während
die Methoden, Nachfolger für die Nullen zu erzeugen, garantieren,
daß es keine Grenzfälle gibt, bei denen man mit gleichem Recht
urteilen kann, es handle sich hier um ein Mitglied bzw. ein Nichtmitglied der Ziffernklasse, gibt es bei den Methoden zum Aufweis
von Mitgliedern einer Ähnlichkeitsklasse auf der Basis der Ähnlichkeit mit Standardmitgliedern und der Unähnlichkeit mit Standard-Nichtmitgliedern Grenzfälle bzw. »neutrale Kandidaten«,
was die Mitgliedschaft betrifft. Abgesehen von den Standardmitgliedern und -nichtmitgliedern (die den Nullen und Nicht-Ziffern
entsprechen), und abgesehen auch von den gewöhnlichen Mitgliedern und Nichtmitgliedern (die den Nachfolgern und Nicht-Nach-
folgern entsprechen), lassen die Bedingungen für die Mitgliedschaft
bzw. Nichtmitgliedschaft in einer Ähnlichkeitsklasse auch noch
neutrale Kandidaten zu, die als Mitglieder gewählt oder als Nichtmitglieder ausgeschlossen werden können, und deren Wahl völlig
freigestellt ist.
Der Ausdruck »neutraler Kandidat« soll die Wählbarkeit bzw.
Ausschließbarkeit eines Objekts als Mitglied einer Ähnlichkeitsklasse andeuten. Im Unterschied zu Individuen, die neutrale Kandidaten sind, könnte man von »positiven Kandidaten« und »negativen Kandidaten« sprechen, um kenntlich zu machen, daß sie für
die Mitgliedschaft entschieden qualifiziert bzw. nicht qualifiziert
sind. Den positiven Kandidaten muß die Mitgliedschaft zugeschrieben und den negativen muß sie abgesprochen werden. Weil
der Unterschied zwischen Kandidaten einerseits und Mitgliedern
bzw. Nichtmitgliedern andererseits nur im Hinblick auf die neutralen Kandidaten wichtig ist, und weil von dem Unterschied zwischen Standard- und anderen Mitgliedern bzw. Nichtmitgliedern
nicht weiter Gebrauch gemacht werden wird, wird es im großen
und ganzen ausreichen, wenn wir zwischen Mitgliedern, Nichtmitgliedern und neutralen Kandidaten für die Mitgliedschaft unterscheiden. Wenn die Mitgliedschaftsbedingungen einer Klasse neutrale Kandidaten zulassen, werden wir sagen, daß es sich um eine

inexakte Klasse handelt, und daß das entsprechende Prädikat ein inexaktes Prädikat ist. Viele Ähnlichkeitsklassen sind inexakt. Einige Ähnlichkeitsklassen – wie »farbig« und andere sogenannte Determinable – kann man als exakt betrachten. Aber es wird sich herausstellen, daß selbst diese »intern inexakt« sind – wobei interne Inexaktheit durch die gewöhnliche Inexaktheit definiert werden wird.[3]

Wenn man sagt, daß eine Ähnlichkeitsklasse im definierten Sinne inexakt ist, kann das entweder bedeuten, daß das Vorkommen und Aufweisen neutraler Kandidaten in diesem Falle bloß denkbar ist, oder aber daß es eine praktische Möglichkeit ist. Im letzteren Falle wird eine Ähnlichkeitsklasse nicht nur durch die verfügbaren Methoden zum Aufweis oder Hervorbringen von Standard- und gewöhnlichen Mitgliedern und Nichtmitgliedern charakterisiert, sondern auch durch die verfügbaren Methoden für den Aufweis oder das Hervorbringen von neutralen Kandidaten. Ich möchte Ähnlichkeitsklassen in diesem zweiten und stärkeren Sinne als inexakt definieren, und der Grund dafür liegt in meiner Erfahrung: denn jedesmal, wenn ich ein Standardmitglied einer Ähnlichkeitsklasse vor mir habe, kann ich es (in Wirklichkeit oder in meiner Phantasie) nach und nach in ein Nichtmitglied verwandeln, und zwar so, daß es ein Zwischenstadium gibt, in dem es ein neutraler Kandidat ist. So kann ich z. B. einen grünen Farbfleck verändern, indem ich nach und nach immer mehr rote Farbe hinzufüge, einen Elefanten, indem ich mir einzelne seiner Glieder wegdenke, oder ein Auto, indem ich es auseinandernehme, usf. Der Unterschied zwischen Inexaktheit im stärkeren und im schwächeren Sinne spielt jedoch im größten Teil der folgenden Diskussion kaum eine Rolle.

Weil für jede Ähnlichkeitsklasse Standardmitglieder und -nicht-mitglieder aufweisbar sind, kann weder sie noch ihr Komplement – nämlich die Klasse, deren Standardmitglieder die Standard-Nichtmitglieder, deren Standard-Nichtmitglieder die Standard-mitglieder und deren neutrale Kandidaten die neutralen Kandidaten der ursprünglichen Klasse sind – jemals leer sein: weil ein Standardmitglied oder Standard-Nichtmitglied *a fortiori* ein Mitglied bzw. Nichtmitglied ist. Daß jede Ähnlichkeitsklasse inexakt

3 Vgl. S. 33 ff.!

und nichtleer ist, bedeutet natürlich nicht, daß diese Eigenschaften in allen logischen Kombinationen von Ähnlichkeitsklassen erhalten bleiben. So würde z. B. bei jeder vernünftigen Definition das Produkt [der Durchschnitt] der beiden Ähnlichkeitsklassen »zylindrisch« und »kugelförmig« exakt und leer sein.

### 3. Inexakte Klassen und indefinite Individuen

Inexakte Klassen und neutrale Kandidaten für die Klassenmitgliedschaft sind der klassischen Logik natürlich vollkommen fremd. Man könnte z. B. nicht argumentieren, daß ein neutraler Kandidat für die Mitgliedschaft in der Klasse $C$ ein Grenzfall eines Mitglieds von $C$ und deshalb sozusagen gerade eben noch ein Mitglied von $C$ ist. Denn aus dem gleichen Grunde wäre das betreffende Objekt dann auch ein Mitglied von $\bar{C}$, der Komplementärklasse von $C$; d. h. aber: es wäre gleichzeitig Mitglied von $C$ und von $\bar{C}$, was gegen den Satz vom Widerspruch verstößt. Man könnte aber auch nicht argumentieren, daß ein neutraler Kandidat für die Mitgliedschaft von $C$ nicht mehr, oder so gerade eben nicht mehr, ein Mitglied von $C$ sei. Denn dann würde er auch kein Mitglied von $\bar{C}$ sein, also weder zu $C$ noch zu $\bar{C}$ gehören, was gegen den Satz vom ausgeschlossenen Dritten verstößt.

Die Inexaktheit von Ähnlichkeitsklassen läßt sich nicht auf irgendeine Unvollständigkeit ihrer Mitgliedschaftsbedingungen zurückführen. Sie können durchaus vollständig sein und doch das Vorkommen, ja die effektive Konstruktion von neutralen Fällen zulassen, in denen man etwas (auf Grund der Freiheit, die einem von den Mitgliedschaftsbedingungen gelassen wird) mit gleichem Recht entweder zum Mitglied oder zum Nichtmitglied einer Klasse machen kann. (Faktisch kann man durch Verwendung inexakter Klassen gewissen Zügen der Welt Rechnung tragen, die beim ausschließlichen Gebrauch exakter Klassen – aus guten oder schlechten Gründen – übersehen werden.) Auf die gleiche Weise ist die Satzung eines Klubs, die seinem Wahlausschuß eine gewisse Ermessensfreiheit bei der Neuwahl von Mitgliedern einräumt, nicht schon deshalb unvollständig. Es gibt keine Unvollständigkeit in meinem Begriff vom Grünen und in den Bedingungen für die Mitgliedschaft oder Nichtmitgliedschaft in der Klasse grüner Objekte. Es gehört im Gegenteil zur vollständigen Formulierung dieser Bedingungen, daß einige Objekte neutrale Kandidaten für die Mitgliedschaft in dieser Klasse sind.

Die Mitgliedschaftsbedingungen einer Klasse können natürlich in dem Sinne unvollständig sein, daß sich ein Objekt aufweisen läßt, bei dem diese Bedingungen keine Entscheidung über seine Mitgliedschaft oder Nichtmitgliedschaft in dieser Klasse zulassen – insbesondere keine freie Entscheidung. Man könnte ein solches Objekt einen »unentscheidbaren Kandidaten« für die Klassenmitgliedschaft nennen, um es von neutralen Kandidaten zu unterscheiden. Wenn man es mit einem unentscheidbaren Kandidaten zu tun hat, kann man die unvollständigen Mitgliedschaftsbedingungen auf zwei verschiedene Weisen ergänzen: entweder so, daß der vorher unentscheidbare Kandidat Mitglied, oder aber so, daß er Nichtmitglied einer neuen Klasse wird, deren Zusammensetzung durch die ursprüngliche Klasse zusammen mit den ergänzenden Mitgliedschaftsbedingungen bestimmt wird. Auf ähnliche Weise könnte es vorkommen, daß uns die Satzung eines Klubs nicht gestattet, über die Wählbarkeit oder Nichtwählbarkeit eines Kandidaten zu entscheiden – daß er sich als ein unentscheidbarer Kandidat herausstellte –, und es könnte notwendig werden, die Satzung auf die eine oder andere Art zu ergänzen.

Es ist ratsam, daß man die Unterscheidung zwischen inexakten Mitgliedschaftsbedingungen und neutralen Kandidaten einerseits und unvollständigen Mitgliedschaftsbedingungen und unentscheidbaren Kandidaten andererseits in aller Deutlichkeit festhält. Wenn man von der »Vagheit« oder »inhärenten Vagheit« der Klasse grüner Dinge oder der Klasse der Theoreme eines (entsprechend reichhaltigen) Systems spricht, ist es von größter Wichtigkeit, zwischen der Inexaktheit der ersteren, die neutrale Kandidaten zuläßt, und der Unvollständigkeit der letzteren, die unentscheidbare Kandidaten zuläßt, zu unterscheiden.

Der logische Unterschied zwischen der Unvollständigkeit und der Inexaktheit einer Klasse hängt mit den verschiedenen Einstellungen zusammen, die man ihnen gegenüber hat. Unvollständigkeit wird kaum jemals beabsichtigt oder erwartet; und es wirkte wie ein Schock, als Gödel bewies, daß die Klasse der Theoreme der formalen Arithmetik, deren Vollständigkeit man intendiert hatte, unvollständig ist. Die Inexaktheit von Ähnlichkeitsklassen andererseits wird nicht nur erwartet, sondern es handelt sich bei ihr um eine mehr oder weniger auf der Hand liegende Eigenschaft der Klassen, unter die empirische Individuen fallen, oder in die man sie auf Grund von Ähnlichkeiten oder Unähnlichkeiten einteilt. In vielen Fällen ist die Freiheit, sich im Hinblick auf neutrale Kandidaten selber zu entscheiden, nicht weniger angenehm als andere Arten von Freiheit.

Außer der Inexaktheit und Unvollständigkeit müssen wir noch eine dritte Art von Vagheit unterscheiden: es kann sein, daß die Mitgliedschaftsbedingungen einer Klasse einfach unklar sind, und daß wir deshalb nicht wissen, was gemeint ist, oder nicht einmal, was wir selber meinen, wenn wir hier von einer Klasse sprechen oder einen Prädikatsausdruck verwenden. Es muß betont werden, daß weder Unvollständigkeit noch Inexaktheit Unklarheit implizieren oder von ihr impliziert werden, obgleich die Gefahr, Unvollständigkeit mit Inexaktheit zu verwechseln, viel größer ist als die Gefahr, diese beiden mit Unklarheit, Mehrdeutigkeit oder anderen Arten von Vagheit in einem sehr weiten Sinne dieses Ausdrucks zu verwechseln.

Die umfassendste aller empirischen Klassen, nämlich die Klasse aller empirischen Individuen, ist, wie wir gesehen haben, ebenfalls inexakt: es gibt z. B. »Mannigfaltigkeiten«, die neutrale Kandidaten für die Klasse der individuellen Komplexe sind. Und selbst wenn man die Frage »Ist dies ein Individuum oder nicht?« ohne Zögern positiv beantworten kann, bleibt noch die Möglichkeit offen, daß die Frage »Ist dies oder jenes ein zeitlicher oder räumlicher Teil des fraglichen Individuums?« jene Art von Zögern hervorruft, die uns von den Anlässen her vertraut ist, wo wir über die Mitgliedschaft eines neutralen Kandidaten in einer inexakten Klasse entscheiden müssen. Betrachten wir hierzu einige Beispiele.

Wenn wir Steine, Berge, Bäume, Menschen, Autos usw. betrachten: wann genau fängt ein solches Ding an, und wann hört es auf zu existieren? Wann genau verlieren diese Dinge durch sukzessive Abtrennung ihrer Teile ihre Individualität; und wann genau gewinnen sie Individualität durch sukzessives Zusammenfügen ihrer

Teile? Wieviel genau können wir wegnehmen, und wieviel genau können wir hinzufügen, ohne das Individuum zu zerstören? Wie weit müssen die Teile eines Dings voneinander getrennt sein, damit es aufhört zu existieren, und wie nahe beieinander, damit es anfängt zu existieren? Solche Fragen lassen sich nicht nur bei Dingen stellen, sondern auch bei Situationen, Prozessen und anderen Typen von Individuen.

Als ich die Inexaktheit von Ähnlichkeitsklassen charakterisierte, habe ich drei Typen von Kandidaten für die Mitgliedschaft unterschieden: positive Kandidaten, denen nach den Mitgliedschaftsbedingungen der Klasse die Mitgliedschaft zugesprochen werden muß und nicht verweigert werden kann, negative Kandidaten, denen die Mitgliedschaft verweigert werden muß und nicht zugesprochen werden kann, und neutrale Kandidaten, denen man die Mitgliedschaft zusprechen oder absprechen kann. Wenn man die Indefinitheit eines empirischen Individuums charakterisieren will, empfiehlt es sich, auf ähnliche Weise drei Typen von Komponenten zu unterscheiden: positive Komponenten, die als Teile des Individuums betrachtet werden müssen und nicht als Nicht-Teile betrachtet werden können, negative Komponenten, die als Nicht-Teile betrachtet werden müssen und nicht als Teile betrachtet werden können, und neutrale Komponenten, die mit gleichem Recht als Teile oder Nicht-Teile betrachtet werden können. Es wird auch in diesem Falle im großen und ganzen ausreichen, wenn man von Teilen, Nicht-Teilen und neutralen Komponenten spricht. Ebenso wie eine Klasse inexakt ist, wenn man im Hinblick auf ihre Mitgliedschaft neutrale Kandidaten aufweisen kann, ist ein Individuum indefinit, wenn es neutrale Komponenten besitzt. Alle Fragen, die wir über die indefiniten raumzeitlichen Schranken von Individuen gestellt haben, betrafen ihre neutralen Komponenten.

Es ist möglich, die Indefinitheit empirischer Individuen durch die Inexaktheit einer Ähnlichkeitsklasse zu definieren, nämlich der der Teil-Ganzes-Beziehungen. Die Mitgliedschaftsbedingungen dieser Klasse enthalten eine Methode für das Hervorbringen von Standardmitgliedern, Standard-Nichtmitgliedern und – durch Vergleich mit diesen – gewöhnlichen Mitgliedern, Nichtmitgliedern und neutralen Kandidaten. Die neutralen Kandidaten repräsentieren die Beziehung zwischen neutraler Komponente und Komplex, die Standard- und gewöhnlichen Mitglieder die Beziehung zwischen positiver Komponente und Komplex, und die Standard- und gewöhnlichen Nichtmitglieder die Beziehung zwischen negativer Komponente und Komplex. Es ist jedoch bequemer und einfacher, die Indefinitheit empirischer Individuen unabhängig von der Inexaktheit der Klasse der Teil-Ganzes-Beziehungen zu charakterisieren und sich damit zu begnügen, die Entsprechung zwischen neutralen Kandidaten, Mitgliedern und Nichtmitgliedern einerseits und neutralen Komponenten, Teilen und Nicht-Teilen andererseits zu unterstreichen.

Wenn man sagt, daß ein Individuum indefinit sei, impliziert das nicht, daß nichts an ihm festgelegt wäre, daß es durch und durch indefinit ist oder seine sämtlichen Komponenten neutral sind. Ein Mensch ist von seiner Geburt bis zu seinem Tode ganz klar von anderen Dingen zu unterscheiden, obgleich – wie die meisten Rechtssysteme erkennen – weder seine Geburt noch sein Tod ganz scharf zu fixieren sind. Indefinitheit einer bestimmten Phase oder eines bestimmten Aspekts ist vollkommen verträglich mit Definitheit an anderen Stellen. Auf ähnliche Weise impliziert die Inexaktheit einer Ähnlichkeitsklasse nicht, daß alle Individuen neutrale Mitgliedschaftskandidaten wären. Die Welt ist weder vollkommen chaotisch noch vollkommen geordnet, und das empirische Individuieren und Klassifizieren ist weder beliebig präzise noch schrankenlos ungenau.

### 4. Ähnlichkeitsklassen,
### absolut einfache und absolut deskriptive Aussagen

Wo nichts ausgesagt wird, wird auch keine falsche Aussage gemacht. Sobald wir sagen, was wir entdeckt haben, besteht die Gefahr, daß wir uns in unserem Ausdruck vergreifen. Wenn unsere Aussagen einfach sind, ist die Gefahr des Irrtums geringer als wenn sie komplex sind, und sie ist ebenfalls geringer, wenn wir das, was wir gefunden haben, beschreiben als wenn wir es interpretieren. Der Wunsch, Irrtümer zu vermeiden, führt oft dazu, daß man Aussagen sucht, die so einfach und so frei von Interpretation sind, wie es sich mit dem Zweck, zu dem sie gemacht werden, vereinbaren läßt. In der Philosophie hat dieser Wunsch zu der Annahme geführt, daß es Aussagen gibt, die absolut einfach und absolut deskriptiv sind. Ein radikaler Empirist würde z. B. »Hier jetzt grün« für einfach und absolut deskriptiv halten; und in der Philosophie der Mathematik würde ein Formalist »Die Zeichenreihe II ist in der Zeichenreihe III enthalten« so ähnlich auffassen.

Beide Aussagen sind das, was ich Ähnlichkeitsaussagen genannt habe, d. h. Aussagen, die beinhalten, daß ein empirisches Individuum Mitglied einer Ähnlichkeitsklasse ist oder nicht. Die Aussage des Empiristen beinhaltet den Vergleich eines bestimmten raumzeitlichen Bereichs mit Standardmitgliedern und -nichtmitgliedern der Klasse grüner Dinge, die Aussage des Formalisten den Vergleich einer visuellen Gestalt mit Standardmitgliedern und -nichtmitgliedern der Klasse zusammengesetzter Strichfiguren. Weil es sich bei den meisten – wenn nicht bei allen – vorgeblich absolut einfachen und absolut deskriptiven Aussagen um Ähnlichkeitsaussagen handelt, dürfte es sich lohnen zu zeigen, daß aus dem Umstand, daß eine Aussage eine Ähnlichkeitsaussage ist, nicht folgt, daß sie oder irgendeine andere Aussage einfach und nicht interpretierend wäre.

Es ist ganz einfach, Beispiele für zusammengesetzte Ähnlichkeitsaussagen zu geben. So ist bei »Das Objekt $x_o$ ist rund und grün« die Klasse der runden und grünen Dinge nicht nur der Durchschnitt zweier Ähnlichkeitsklassen sondern selber eine Ähnlichkeitsklasse: denn eine Klasse wird dadurch zu einer Ähnlichkeitsklasse, daß sie durch Standardobjekte definiert werden kann, nicht erst dadurch, daß sie wirklich auf diese Weise definiert wird. Die Aussage »Das Objekt $x_o$ ist rund und grün« ist nicht nur eine Ähnlichkeitsaussage sondern offensichtlich auch zusammengesetzt, weil sie der Konjunktion der beiden einfacheren Ähnlichkeitsaussagen »$x_o$ ist rund« und »$x_o$ ist grün« äquivalent ist. Es ist möglich, Folgen von Ähnlichkeitsaussagen zu bilden, in denen jedes Glied einfacher als sein Nachfolger ist, und zwar in dem Sinne, daß es eine Komponente seines Nachfolgers ist. Aber daraus folgt weder, daß es absolut einfache Ähnlichkeitsaussagen gibt, noch daß es sie nicht gibt, ebensowenig wie aus der Tatsache, daß eine Zahlenmenge durch die Relation »kleiner als« geordnet werden kann, folgt, daß es in die-

ser Menge ein kleinstes Element gibt bzw. nicht gibt. Ähnlichkeitsaussagen sind also nicht *ipso facto* absolut einfach, und aus der Tatsache, daß einige Aussagen Ähnlichkeitsaussagen sind, folgt weder,
daß andere Aussagen absolut einfach sind noch daß sie es nicht
sind.

Und ebenso wie Ähnlichkeitsaussagen nicht *ipso facto* absolut einfach sind, sind sie auch nicht *ipso facto* absolut deskriptiv in dem
Sinne, daß es in ihnen keinen Einschlag von Interpretation gäbe.
Um das zu zeigen, muß zunächst der Begriff der Interpretation
deutlicher erklärt werden. Im allgemeinen sagt man, daß wir interpretieren, was wir beobachten, wenn wir über seine bloße Beschreibung hinausgehen, indem wir urteilen, daß es neben seinen beobachteten auch noch unbeobachtete oder sogar unbeobachtbare
Eigenschaften habe. Betrachten wir nun ein Individuum, das Mitglied einer Ähnlichkeitsklasse $R$ ist. Wenn man dieses Individuum
als etwas interpretiert, das mehr ist als ein Mitglied von $R$, heißt
das, daß man urteilt, es sei nicht nur Mitglied von $R$ (oder irgendeiner anderen Ähnlichkeitsklasse), sondern darüber hinaus auch
Mitglied einer anderen Klasse $I$, die keine Ähnlichkeitsklasse ist.
Man urteilt also, daß es Mitglied des logischen Produkts von $R$ und
$I$ – das Symbol dafür sei $(R \cap I)$ – ist. $I$ kann als interpretative
Komponente von $(R \cap I)$ bezeichnet werden.

Wenn ich z. B. auf Grund von Beobachtung ein Individuum als
hart und durchsichtig beschreibe, kann ich es darüber hinaus noch
als zerbrechlich oder als eine Substanz interpretieren. Weder »zerbrechlich«, bei dem es sich um ein Dispositionsprädikat handelt
[d. h. um ein Prädikat, das ein bestimmtes Verhalten unter bestimmten Umständen ausdrückt], noch »Substanz« (welcher Ausdruck zumindest das Mitvorhandensein von Dispositionsprädika-
ten bezeichnet) korrespondieren einer Ähnlichkeitsklasse. Mit
anderen Worten: wenn man die Produktklasse aller Individuen
bildet, die hart, durchsichtig *und* zerbrechlich sind, oder aber der
Individuen, die hart, durchsichtig *und* Substanzen sind, dann kombiniert man eine Ähnlichkeitsklasse mit einer interpretativen Komponente.

Die Beziehung zwischen $R$ und $(R \cap I)$ kann wie folgt charakterisiert werden: Zunächst und vor allem ist klar, daß die (qualifizierenden und disqualifizierenden) Mitgliedschaftsbedingungen von

$(R \cap I)$ die (qualifizierenden und disqualifizierenden) Mitgliedschaftsbedingungen für $R$ enthalten. Abgekürzt formuliert: $(R \cap I)$
*qual*-impliziert $R$, oder etwas expliziter: ein $(R \cap I)$-*sein-qual*-
*impliziert ein R-sein*.[4] Ebenso klar ist, daß im allgemeinen (wie ja
auch in unseren Beispielen) das Umgekehrte nicht gilt; d. h. im allgemeinen: $R$ *qual*-impliziert nicht $(R \cap I)$.

Zweitens: weil zwar $R$, nicht aber $I$ eine Ähnlichkeitsklasse ist, d. h.
weil es keine Ähnlichkeitsbedingungen für die Mitgliedschaft von $I$
gibt, enthalten die Ähnlichkeitsbedingungen für die Mitgliedschaft
bzw. Nichtmitgliedschaft in $(R \cap I)$ nicht nur diejenigen von $R$,
sondern es gilt auch das Umgekehrte. Das läßt sich abgekürzt
schreiben als: $(R \cap I)$ *res*-impliziert $R$ und $R$ *res*-impliziert $(R \cap I)$.[5]
Wenn die Mitgliedschaft von $R$ und $S$ sich wechselseitig *res*-impli-
ziert, sagen wir kurz, daß $R$ und $S$ co-ostensiv sind. (Eine gewisse
Rechtfertigung für die Verwendung dieses Ausdrucks, der das bar-
barisch klingende »*res*-impliziert« ebenso vermeidet wie sein lang-
atmiges Äquivalent, läßt sich in dem Umstand finden, daß Ähnlichkeitsklassen ja auch als »ostensive Klassen« bezeichnet worden
sind.)

Man kann die Definition der *qual*-Implikation und der *res*-Impli-
kation zwischen Klassen auch auf Aussagen ausdehnen: Wenn $r$, $i$,
sowie ($r$ und $i$) Aussagen sind, die beinhalten, daß ein und dasselbe
Individuum Mitglied der Klassen $R$, $I$ und $(R \cap I)$ ist, dann stehen
je zwei dieser Aussagen dann und nur dann in der Beziehung der
*qual*-Implikation bzw. *res*-Implikation zueinander, wenn die entsprechenden Klassen in der für Klassen definierten entsprechenden
Beziehung zueinander stehen. Z. B. besteht zwischen »Das Individuum $x_o$ ist hart und durchsichtig« und »Das Individuum $x_o$ ist
hart, durchsichtig und eine Substanz« *res*-Implikation, aber keine
*qual*-Implikation, weil die Mitgliedschaft in der Klasse der harten
und durchsichtigen Individuen die Mitgliedschaft in der Klasse der
harten und durchsichtigen Substanzen zwar *res*-impliziert, aber
nicht *qual*-impliziert.

(Es dürfte von einigem Interesse sein, *qual*-Implikation und *res*-

---

4  *qual*-: abgekürzt für »*Qualifikation*« (für die Mitgliedschaft). – Anm. d. Üb.
5  *res*-: abgekürzt für »*resemblance*« = Ähnlichkeit. – Anm. d. Üb.

Implikation mit der logischen und der materialen Implikation zu
vergleichen. (i) Wenn zwischen $p$ und $q$ eine *qual*-Implikation besteht, dann impliziert $p$ $q$ auch logisch. Aus dem bereits Gesagten
geht hervor, daß die *qual*-Implikation mindestens ebenso strikt ist
wie die verschiedenen Formen der logischen Implikation. (ii) Wenn
zwischen $p$ und $q$ eine *qual*-Implikation besteht, impliziert $p$ $q$ auch
im Sinne der materialen Implikation. Dies folgt aus (i) und dem
Umstand, daß, wenn $p$ $q$ logisch impliziert, es $q$ auch material impliziert. (iii) Wenn zwischen $p$ und $q$ eine *res*-Implikation besteht,
folgt nicht, daß $p$ $q$ material impliziert, weil »$p$ *res*-impliziert $q$«
mit der Wahrheit von $p$ und der Falschheit von $q$ verträglich ist.
Einleuchtenderweise folgt dann auch nicht, daß $p$ $q$ logisch impliziert.)
Wir haben jetzt die Möglichkeit zu klären, was es bedeutet, wenn
man sagt, daß von zwei Aussagen $p$ und $q$, die auf derselben Beobachtung beruhen – z. B. »$x_0$ ist hart, durchsichtig und zerbrechlich« und »$x_0$ ist hart und durchsichtig« – die eine einen höheren
Interpretationsgehalt hat als die andere. Daß $p$ und $q$ dieselbe
Beobachtung beschreiben, bedeutet: $p$ *res*-impliziert $q$ und $q$ *res*-im-
pliziert $p$, d. h. $p$ und $q$ sind co-ostensiv. Daß von den beiden co-
ostensiven Aussagen $p$ einen höheren Interpretationsgehalt hat als
$q$ bedeutet: $p$ *qual*-impliziert $q$, aber $q$ *qual*-impliziert $p$ nicht.
Wenn wir uns entscheiden, den Ausdruck »zur Folge haben« für
»*qual*-Implikation« zu verwenden – eine Entscheidung, für die sich
gute Gründe nennen ließen –, dann kann man die Beziehung zwischen $p$ und $q$ knapp und ohne ein Übermaß an Kakophonie wie
folgt kennzeichnen: (i) $p$ und $q$ sind co-ostensiv. (ii) $p$ hat $q$ zur
Folge, aber nicht umgekehrt.
Da einige Ähnlichkeitsaussagen einen höheren Interpretationsgehalt haben als andere, mit denen sie co-ostensiv sind, folgt daraus,
daß Ähnlichkeitsaussagen nicht *ipso facto* absolut deskriptiv (bzw.
nicht-interpretierend) sind. Und weiter folgt aus der Tatsache, daß
wir co-ostensive Ähnlichkeitsaussagen nach ihrem höheren bzw.
geringeren Interpretationsgehalt (oder nach ihrem höheren bzw.
geringeren deskriptiven Gehalt) anordnen können, nicht, daß es
absolut deskriptive Ähnlichkeitsaussagen gibt, und ebensowenig,
daß es sie nicht gibt.
Unter Philosophen ist die Frage »Sind alle Aussagen interpretie-

rend, oder gibt es rein deskriptive Aussagen?« häufig diskutiert worden (und wird noch diskutiert). Aus der vorausgegangenen Diskussion ist zu schließen, daß man hier die Alles-oder-nichts-Frage durch eine Frage nach dem Grade ersetzen sollte. Es könnte sehr wohl sein, daß es absolut deskriptive Aussagen gibt, obgleich man sich nur schwer vorstellen kann, wie man ihren absolut deskriptiven Charakter feststellen können sollte. Viel wichtiger aber ist die Folgerung, daß, selbst wenn alle Aussagen faktisch oder aus einem zwingenden psychologischen Grunde interpretierend sein sollten, man doch noch zwischen Aussagen mit hohem Interpretationsgehalt unterscheiden kann und solchen, bei denen – wie bei den Aussagen des Formalisten über ganz einfache Figuren und Operationen – der Interpretationsgehalt vergleichsweise vernachlässigenswert klein ist.

# Logik und Inexaktheit

Es sieht auf den ersten Blick so aus, als ob die Inexaktheit der Ähnlichkeitsklassen jede logische Untersuchung ihrer Struktur ausschlösse. Das ist jedoch nur eine scheinbare Unmöglichkeit, wie man bemerken wird, wenn man einmal genauer betrachtet, wie die üblichen logischen Systeme modifiziert werden können, bis sie inexakten Klassen und Aussagen gerecht werden, in denen von Individuen behauptet wird, daß sie neutrale Kandidaten für die Mitgliedschaft in einer inexakten Klasse sind.

## 1. Heuristische Präliminarien

Die klassische elementare Logik, d. h. die Logik unanalysierter Aussagen und die Quantorenlogik, beruht auf der Vorbedingung, daß alle in ihr definierbaren Klassen exakt sein müssen, d. h., daß es für sie keine neutralen Mitgliedschaftskandidaten geben darf. Das bedeutet jedoch nicht, daß inexakte Klassen einer präzisen logischen Behandlung deshalb nicht fähig wären. Eine unpräzise Logik wäre ein Widerspruch in sich; aber eine präzise Logik der inexakten Klassen ist es nicht.

Es liegt auf der Hand, daß es nicht nur auf die Klassenalgebra sondern auch auf die Quantorentheorie Auswirkungen haben wird, wenn wir die elementare Logik durch Zulassung inexakter Klassen erweitern. Wir werden z. B. zulassen müssen, daß die Quantoren sich über inexakte Bereiche erstrecken, und daß von einem Gegenstand ausgesagt werden kann, er sei ein neutraler Kandidat für die Mitgliedschaft in einer bestimmten Klasse. Genauer: wenn $P_o$ eine inexakte Klasse und $x_o$ ein Individuum ist, dann kann einer der folgenden drei Sachverhalte eintreten: (i) $(x_o \in P_o)$, d. h. $x_o$ ist Mitglied von $P_o$; (ii) $(x_o \notin P_o)$, d. h. $x_o$ ist Nichtmitglied von $P_o$; (iii) $(x_o \in^* P_o)$, d. h. $x_o$ ist ein neutraler Kandidat, was die Mitgliedschaft in $P_o$ betrifft. Diesen drei Fällen korrespondieren drei Arten von unanalysierten Aussagen, nämlich (i) $p_o$, d. h. $p_o$ ist wahr, (ii)

$\nleq p_o$, d.h. $p_o$ ist falsch, und (iii) $^*p_o$, d.h. $p_o$ ist neutral. (Ich verwende hier wie auch sonst in den Fällen Indices, wo es irreführend sein könnte, nicht explizit zwischen Konstanten und Variablen zu unterscheiden.)

Daß wir jetzt von neutralen Mitgliedschaftskandidaten für Klassen *und* von neutralen Aussagen sprechen, braucht uns nicht weiter zu verwirren. Diese Redeweise unterstreicht schließlich nur den Zusammenhang zwischen $(x_o \in P_o)$ und dem korrespondierenden $^*p_o$. Wenn man entscheidet, daß das neutrale $x_o$ Mitglied von $P_o$ sein soll, entscheidet man sich dafür, das neutrale $p_o$ zu einer wahren Aussage zu machen; wenn man dagegen entscheidet, daß das neutrale $x_o$ nicht Mitglied von $P_o$ sein soll, macht man damit $^*p_o$ zu einer falschen Aussage.

Wenn man eine Logik konstruieren will, die nicht nur wahren oder falschen, sondern auch neutralen Aussagen, und nicht nur exakten Klassen, sondern auch inexakten gerecht werden soll, bieten sich gewisse heuristische Prinzipien von selber an. Zunächst ist es ratsam, sich nicht mit allen Charakteristika der inexakten Ähnlichkeitsklassen, die uns hier vor allem interessieren, gleichzeitig zu befassen. Um die Schwierigkeiten nicht unnötig zu vermehren, werde ich hier nicht auf den Unterschied zwischen Standardmitgliedern und -nichtmitgliedern einerseits und gewöhnlichen Mitgliedern bzw. Nichtmitgliedern andererseits eingehen. Ich werde mich auch nicht um die Relevanz dieses Unterschieds für die Inexaktheit einiger Klassen und die Neutralität einiger Aussagen kümmern. Mit anderen Worten: in den mehr oder weniger formalen Argumenten, die folgen, vernachlässige ich den Ursprung von Inexaktheit und Neutralität.

Zweitens werde ich versuchen, das sogenannte Permanenzprinzip einzuhalten. Weil weder alle Aussagen neutral noch alle Klassen inexakt sind, sollen die Regeln, denen ihre Zusammensetzung und ihre wechselseitigen Beziehungen folgen, so gewählt werden, daß sich für nichtneutrale Aussagen und exakte Klassen die Regeln der klassischen elementaren Logik ergeben – obgleich sich, wie wir kurz andeuten werden, ein System konstruieren ließe, bei dem es sich um eine Erweiterung (oder die Erweiterung eines Subsystems) der intuitionistischen Logik handeln würde.

Drittens muß betont werden, daß die Neutralität kein unabhän-

giger, dritter Wahrheitswert ist. Sie kann in einen der beiden anderen (d. h. Wahrheit oder Falschheit) verwandelt werden. Neutralität bedeutet hier Neutralität gegenüber den Wahrheitswerten.
Dadurch scheidet der Łukasiewicz-Tarskische Typ einer dreiwertigen Logik aus, in der der dritte Wahrheitswert in keinen der beiden anderen umschlagen oder übergeführt werden kann.[1] Selbst bei
einer $n$-wertigen Logik mit $n \geqslant 3$ unabhängigen Wahrheitswerten
könnte es sich als notwendig herausstellen, die Neutralität einiger
Aussagen gegenüber allen oder einigen der n voneinander unabhängigen Wahrheitswerte einzuräumen.

Während somit die übliche dreiwertige Logik für unsere Zwecke
nicht in Betracht kommt, könnte man sich *prima facie* etwas davon
versprechen, Neutralität modallogisch als modale Indifferenz oder
Offenheit zu interpretieren.[2] Z. B. könnte man den Modaloperator
$N$ (der gewöhnlich »notwendig« bedeutet) als »... ist wahr« interpretieren, den Operator $N \nearrow$ als »... ist falsch«, und den Operator
$O$ als »... ist neutral«. Wenn wir $N$ als Grundoperator annehmen,
wäre $O$ als $Op \underset{\text{D}}{=} \nearrow Np \wedge \nearrow N \nearrow p$ zu definieren. Wir kommen
danach unmittelbar zu einem Theorem, das auf den ersten Blick
recht begrüßenswert erscheint, nämlich

$$Np \vee N \nearrow p \vee Op,$$

d. h. in der vorgeschlagenen Interpretation: $p$ ist entweder wahr
oder falsch oder neutral.

Ich glaube, daß man diese Identifizierung von »$Op$« mit »$^{*}p$« verwerfen muß. »Offenheit« ist kein Charakteristikum, das nach Wahl
austauschbar wäre. Es steht uns nicht frei, $Op_o$ durch $Np_o$ oder
$N \nearrow p_o$ zu ersetzen. Das wird besonders deutlich, wenn wir für
»$Np_o$« »Die Handlung $p_o$ ist eine Pflicht«, für »$N \nearrow p_o$« »Die
Handlung $p_o$ ist verboten« und für »$Op_o$« »Die Handlung $p_o$ ist
indifferent« lesen. Eine indifferente Handlung ist zwar weder eine
Pflicht noch verboten; aber sie wird auch nicht zur Pflicht, wenn
man sie ausführt, oder verboten, wenn man sie unterläßt. Eine
neutrale Aussage dagegen *kann* durch Entscheidung zu einer wahren oder falschen Aussage gemacht werden.

1 Vgl. A. Tarski, *Logic, Semantics, Metamathematics.* Oxford, 1956, Kap. IV.
2 Vgl. Arnold Schmidt, *Mathematische Gesetze der Logik I*, Berlin 1960, Kap.
XXXIV.

Es scheint, als ob die Flexibilität der modalen, insbesondere der deontischen Logik – eine Flexibilität, die ihre Wurzeln vielleicht in einer gewissen Ungeklärtheit ihrer Grundlagen hat – noch Raum für die Hoffnung läßt, daß man für unsere $p_o$, $\nearrow p_o$ und $^* p_o$ und unsere $(x_o \in P_o)$, $(x_o \notin P_o)$ und $(x_o \in {}^*P_o)$ einmal eine plausible Repräsentation in einem System der Modallogik finden könnte. Glücklicherweise brauchen wir nach einem solchen System oder einer solchen Interpretation nicht weiter zu suchen, weil ein in gewissem Ausmaße hinreichendes System bereits von Kleene[3] skizziert worden ist, obgleich er dabei an eine ganz andere Interpretation gedacht hat.

Kleene diskutiert partiell rekursive Prädikate (d. h. Prädikate, die innerhalb ihres Definitionsbereichs entscheidbar sind, für die es aber bisher noch keine Methode gibt, nach der man für beliebige Gegenstände entscheiden kann, ob sie zum Definitionsbereich des Prädikats gehören oder nicht). Er unterscheidet dabei folgende Möglichkeiten: (i) Es gibt eine Methode, nach der man effektiv entscheiden kann, ob ein beliebiges Objekt $x_o$ unter ein gegebenes $P_o$ fällt oder nicht, d. h. ob $(x_o \in P_o)$ oder $(x_o \notin P_o)$ gilt. (ii) Es steht vorerst keine solche Methode zur Verfügung – eine Situation, die durch $(x_o \in ?P_o)$ markiert werden könnte. Diese Situation braucht jedoch nicht als endgültig betrachtet zu werden, weil es jederzeit möglich ist, daß eine Methode gefunden wird, die $(x_o \in ?P_o)$ entweder in $(x_o \in P_o)$ oder in $(x_o \notin P_o)$ verwandelt.

Die bedeutsame Ähnlichkeit zwischen $(x_o \in ?P_o)$ und $(x_o \in {}^*P_o)$ besteht nun darin, daß Kleenes dritter Wahrheitswert, genau wie unserer, mit den beiden anderen »nicht auf gleichem Fuße steht« (wie er es ausgedrückt). $(x_o \in ?P_o)$ kann *manchmal* und $(x_o \in {}^*P_o)$ *immer* in $(x_o \in P_o)$ oder $(x_o \notin P_o)$ übergeführt werden. Aufgrund dieser Ähnlichkeit kann man die Kleenesche Logik so abwandeln, daß in ihr Wahrheit, Falschheit und der dritte abhängige Wert der Neutralität ausdrückbar werden.

Aus den voraufgegangenen Bemerkungen wird klar, daß die Kleenesche Logik bis zu einem gewissen Grade den Begriffen der Neutralität und der Inexaktheit ebenso gerecht wird wie den beiden heuristischen Prinzipien der Permanenz und der Abhängigkeit des

---

3 Vgl. S. C. Kleene, *Introduction to Metamathematics*, Amsterdam 1952; bes. § 64.

dritten Wahrheitswerts. Im Falle der Neutralität können wir uns jedoch *immer durch freie Wahl* entscheiden, eine neutrale Aussage in eine wahre oder falsche zu verwandeln. Mit anderen Worten: es ist hier nicht so wie bei Aussagen, die Kleenes dritten Wahrheitswert besitzen; eine neutrale Aussage gehört *in jedem Falle* zu einem terminierbaren, provisorischen Stadium der Wahrheitswertverteilung, weil stets noch ein weiteres Stadium möglich ist, in dem ihre provisorische Neutralität durch die Wahl eines der Werte »wahr« oder »falsch« aufgehoben werden kann. Kleenes dreiwertige Logik kann uns daher nur im provisorischen Stadium von Nutzen sein. Wir brauchen darüber hinaus noch eine modifizierte zweiwertige Logik, die auf dem Unterschied zwischen dem provisorischen Stadium (bevor der dritte Wahrheitswert in allen Teilaussagen, in denen er auftritt, durch einen der beiden anderen ersetzt worden ist) und dem Endstadium bzw. den Endstadien basiert, wenn diese Ersetzung vollständig erreicht worden ist.[4]

## 2. Die dreiwertige Logik wahrer, falscher und neutraler Aussagen

Die Grundbegriffe und Bildungsregeln sind in diesem Fall die gleichen wie in der gewöhnlichen zweiwertigen Aussagenlogik, nur daß es jetzt drei Wahrheitswerte gibt. Ich werde diese, in Anlehnung an Kleene, als »wahr« ($w$), »falsch« ($f$) und »unbestimmt« ($u$) bezeichnen. Die folgenden Wahrheitstafeln gelten für das provisorische Stadium und unterscheiden sich, wie Kleene betont, von den Wahrheitstafeln für dreiwertige Logiken, die von Łukasiewicz und anderen konstruiert worden sind:

Tafel für $\neg\, p$:

| $p$ | $\neg\, p$ |
|-----|------------|
| $w$ | $f$ |
| $f$ | $w$ |
| $u$ | $u$ |

Tafel für $p \wedge q$:

| $p$ \\ $q$ | $w$ | $f$ | $u$ |
|------------|-----|-----|-----|
| $w$ | $w$ | $f$ | $u$ |
| $f$ | $f$ | $f$ | $f$ |
| $u$ | $u$ | $f$ | $u$ |

4 Ich habe erst vor kurzem die Relevanz von Kleenes dreiwertiger Logik für die Analyse der Struktur inexakter Prädikate und Aussagen (mit der ich mich bereits in *Conceptual Thinking* (1955) und *The Philosophy of Mathematics* (1960) befaßt hatte) bemerkt.

Tafel für $p \vee q$:

| $p$ \ $q$ | $w$ | $f$ | $u$ |
|---|---|---|---|
| $w$ | $w$ | $w$ | $w$ |
| $f$ | $w$ | $f$ | $u$ |
| $u$ | $w$ | $u$ | $u$ |

Tafel für $p \rightarrow q$:

| $p$ \ $q$ | $w$ | $f$ | $u$ |
|---|---|---|---|
| $w$ | $w$ | $f$ | $u$ |
| $f$ | $w$ | $w$ | $w$ |
| $u$ | $w$ | $u$ | $u$ |

Tafel für $p \equiv q$:

| $p$ \ $q$ | $w$ | $f$ | $u$ |
|---|---|---|---|
| $w$ | $w$ | $f$ | $u$ |
| $f$ | $f$ | $w$ | $u$ |
| $u$ | $u$ | $u$ | $u$ |

Diesen Tafeln entsprechen die folgenden verbalen Definitionen: Die Negation einer wahren, falschen und neutralen Aussage ist (in der gleichen Reihenfolge) falsch, wahr und neutral. Eine Konjunktion zweier Aussagen ist dann und nur dann wahr, wenn beide Glieder wahr sind; sie ist falsch, wenn wenigstens eines der Glieder falsch ist, und in allen übrigen Fällen neutral. Eine Disjunktion zweier Aussagen ist dann und nur dann wahr, wenn wenigstens eines ihrer Glieder wahr ist; sie ist dann und nur dann falsch, wenn beide Glieder falsch sind, und neutral in allen übrigen Fällen. Eine Implikation ist dann und nur dann wahr, wenn das Implicans falsch oder das Implicatum wahr ist; sie ist dann und nur dann falsch, wenn das Implicans wahr und das Implicatum falsch ist, und in allen übrigen Fällen ist sie neutral. Eine Bi-Implikation (oder Äquivalenz) ist dann und nur dann wahr, wenn beide Glieder wahr oder beide falsch sind; sie ist dann und nur dann falsch, wenn ein Glied wahr und das andere falsch ist; in allen übrigen Fällen ist sie neutral. Es ist klar, daß man bei der Definition der Konjunktion und der Disjunktion die Beschränkung auf zwei Glieder fallenlassen kann.

Genauso, wie wir hier die klassische Aussagenlogik durch Zulassung der Werte $w$, $f$, $u$ erweitert haben, kann man auch die klassische Quantorentheorie erweitern, indem man wahre, falsche und neutrale Belegungen für Prädikate zuläßt. Das bedeutet, daß wir neben wahren und falschen Allaussagen und Existenzaussagen auch noch neutrale bekommen.

Wenn unser Individuenbereich endlich ist und etwa aus den $n$ Individuen $x_1, x_2, \ldots, x_n$ besteht, und wenn $P_o$ ein exaktes oder inexaktes Prädikat ist, dann ist $(x)P_o(x)$ nur eine andere Formulierung für $P_o(x_1) \wedge P_o(x_2) \wedge \ldots \wedge P_o(x_n)$. Konjunktion wie Allaussage sind dann und nur dann wahr, wenn alle Einsetzungen in $P_o(x)$ wahr sind; sie sind falsch, wenn wenigstens eine von ihnen falsch ist, und neutral, wenn wenigstens eine neutral ist und die übrigen neutral oder wahr sind. Entsprechend handelt es sich bei $(\exists x)P_o(x)$ bloß um einen anderen Ausdruck für $P_o(x_1) \vee P_o(x_2) \vee \ldots \vee P_o(x_n)$. Disjunktion wie Existenzaussage sind dann und nur dann wahr, wenn wenigstens eine Einsetzung in $P_o(x)$ wahr ist, falsch dann und nur dann, wenn sämtliche Einsetzungen in $P_o(x)$ falsch sind, und neutral dann und nur dann, wenn wenigstens eine neutral ist und die anderen falsch sind. Wenn wir die Einschränkung auf endliche Individuenbereiche fallenlassen, ohne die Definition von $(x)P_o(x)$ und $(\exists x)P_o(x)$ zu ändern, haben wir damit die Quantifikation in unsere dreiwertige Logik eingeführt.

Ein Vergleich zwischen der klassischen elementaren Logik und ihrer dreiwertigen Erweiterung legt es – unter anderem – nahe, die logische Wahrheit im dreiwertigen System durch die logische Wahrheit im klassischen System zu definieren und zu determinieren: Eine Aussage der elementaren dreiwertigen Logik – und zwar eine Aussage im Gegensatz zu Aussageformen, in denen freie Prädikaten- oder Individuenvariable vorkommen – ist logisch wahr dann und nur dann, wenn (i) die Aussage, die man erhält, wenn man alle neutralen Glieder mitsamt den zugehörigen Junktoren streicht, in der klassischen zweiwertigen Logik logisch wahr ist, und wenn (ii) die Aussagen, zu denen man kommt, wenn man ihre neutralen Glieder beliebig durch wahre oder falsche Aussagen ersetzt, in der klassischen zweiwertigen Logik logisch wahr sind.

Wenn z. B. $p_o$ wahr und $\neg p_o$ folglich falsch ist, und wenn $q_o$ neutral und $\neg q_o$ folglich ebenfalls neutral ist, dann ist $p_o \vee \neg p_o \vee q_o$ logisch wahr. Denn erstens ist $p_o \vee \neg p_o$ in der zweiwertigen Logik logisch wahr, und zweitens sind auch $p_o \vee \neg p_o \vee t$ und $p_o \vee \neg p_o \vee f$ in der zweiwertigen Logik logisch wahr. $q_o \vee \neg q_o \vee p_o$ ist dagegen nicht logisch wahr, weil die Bedingung (i) unserer Definition der logischen Wahrheit hier nicht erfüllt ist. Wenn wir die neutralen $q_o$ und $\neg q_o$ mit den zugehörigen Junktoren streichen, bleibt $p_o$ übrig, und das ist in diesem Fall zwar wahr, aber nicht logisch wahr im Sinne der klassischen Logik. Weiterhin ist $(p_o \vee$

$\nabla p_o) \wedge q_o$ nicht logisch wahr. Denn es ist zwar (i) erfüllt, $(p_o \vee \nabla p_o)$ ist in der klassischen Logik wahr; aber dafür ist (ii) nicht erfüllt, $(p_o \vee \nabla p_o) \wedge f$ ist in der klassischen Logik nicht wahr. Während alle Aussagen, die in der klassischen elementaren Logik wahr sind, in der dreiwertigen Logik wahr bleiben, bleiben die gültigen (bzw. tautologischen) Aussageformen der klassischen Logik in der dreiwertigen Logik nicht gültig. $\nabla (p \wedge \nabla p)$ z.B. gilt in ihr nicht mehr; denn wenn wir für $p$ eine neutrale Aussage, etwa $q_o$, einsetzen, ist $\nabla (q_o \wedge \nabla q_o)$ nach den Wahrheitstafeln für Konjunktion und Negation ebenfalls neutral. Auch wenn wir in $(p \vee \nabla p)$ das neutrale $q_o$ für $p$ einsetzen, wird die resultierende Aussage neutral, wie man anhand der Wahrheitstafeln für Disjunktion und Negation sehen kann.

Wir sind durch eine Erweiterung der klassischen elementaren Logik, durch das Zulassen neutraler Aussagen und inexakter Prädikate, zu unserer dreiwertigen Logik gekommen. Wir hätten auf ähnliche Weise auch zu einer erweiterten, dreiwertigen intuitionistischen Logik kommen können. Die Definition der logisch wahren Aussage in der erweiterten intuitionistischen Logik würde dann genauso lauten wie die entsprechende Definition für die klassische elementare Logik; man brauchte nur die Wendung »logisch wahr in der klassischen zweiwertigen Logik« durch »logisch wahr in der intuitionistischen Logik« zu ersetzen. Das würde z. B. bedeuten, daß in der erweiterten intuitionistischen Logik $(p_o \vee \nabla p_o \vee q_o)$ wahr, aber nicht logisch wahr wäre, wenn wir $p_o$ als intuitionistisch wahr, $\nabla p_o$ als intuitionistisch falsch und $q_o$ als neutral annehmen. Bei der Differenz zwischen klassischer und intuitionistischer Logik geht es um die logische Wahrheit des Prinzips vom ausgeschlossenen Dritten und anderer logischer Gesetze, unabhängig von der Zulässigkeit oder Unzulässigkeit neutraler Aussagen und inexakter Prädikate. Sie sind in keinem der beiden Systeme zulässig.

Kehren wir nun zu unserer erweiterten klassischen dreiwertigen Logik zurück! Wir definieren jetzt Klassen auf die übliche Weise: Zwei Prädikate $P_o(x)$ und $Q_o(x)$ *bestimmen ein und dieselbe Klasse* dann und nur dann, wenn bei der Einsetzung eines beliebigen Individuums $x_o$ beide Aussagen, $P_o(x_o)$ und $Q_o(x_o)$, zusammen wahr, zusammen falsch oder zusammen neutral werden. Weil es sich bei der Relation, in der die beiden Prädikate zueinander stehen, wenn

sie dieselbe Klasse bestimmen, um eine Äquivalenzrelation handelt
(die also reflexiv, symmetrisch und transitiv ist), können wir durch
Abstraktion zum Klassenbegriff übergehen: $(\hat{x})P(x) = (\hat{y})Q(y)$,
oder einfacher: $P = Q$. Wir haben damit den Begriff der inexakten
Klasse formuliert. Dieser Begriff ist im vorigen Kapitel eingeführt
worden, und wir haben dort einen Unterschied zwischen den Mitgliedschaftsbedingungen der Klasse und der Klasse selber gemacht.
Hier bedeutet »$P = Q$« die extensionale Gleichheit und nicht etwa,
daß die Bedingungen für die Mitgliedschaft bzw. Nichtmitgliedschaft in $P$ und $Q$ die gleichen wären.

Auch bei den Operationen mit Klassen ergeben sich keine Schwierigkeiten. Die Mitglieder, Nichtmitglieder und neutralen Kandidaten für die Mitgliedschaft in einer zusammengesetzten Klasse
müssen auf dem Wege über die Mitglieder, Nichtmitglieder und
neutralen Kandidaten der Teilklassen bestimmt werden. Wenn $P$
und $Q$ zwei Klassen sind, dann gilt: (i) daß die Mitglieder, Nichtmitglieder und neutralen Kandidaten des Komplements $\bar{P}$ von $P$
in entsprechender Reihenfolge die Nichtmitglieder, Mitglieder und
neutralen Kandidaten von $P$ sind; (ii) daß die Elemente[5] der Vereinigung $P \cup Q$ aus den Mitgliedern von $P$, von $Q$, oder von beiden
bestehen, daß ihre Nichtelemente die Nichtmitglieder von $P$ und $Q$
und ihre neutralen Kandidaten alle übrigen Individuen sind; (iii)
daß der Durchschnitt $P \cap Q$ aus allen Mitgliedern von $P$ und $Q$
besteht, daß seine Nichtelemente die Nichtmitglieder von $P$ oder $Q$
oder beiden sind, und seine neutralen Kandidaten alle übrigen
Individuen. Wenn es im Falle von $P$ und $Q$ keine neutralen Kandidaten gibt, unterscheiden sich diese Definitionen nicht mehr von
den sonst üblichen.

Man kann leicht sehen, daß aufgrund dieser Definitionen gewisse
allgemeine Aussagen der Booleschen Algebra ebenfalls gültig bleiben, wie etwa die sogenannten de Morganschen Gesetze, z. B.
$\overline{P \cup Q} = \bar{P} \cap \bar{Q}$, wobei »$=$« »ist dieselbe Klasse wie« bedeutet.

---

5  Im allgemeinen spricht man im Deutschen von den »*Elementen*« einer Klasse
bzw. Menge; und daran sollte vielleicht anläßlich der Einführung der Mengen-
operationen erinnert werden. Im übrigen wird hier der Ausdruck »*Mitglied*«
beibehalten, um den Zusammenhang mit seiner Einführung durch »Mitgliedschaftsbedingungen« (qualifications for membership) und »neutrale Kandidaten«
nicht zu unterbrechen. – Anm. d. Üb.

Aber die Parallele ist nicht vollständig. Wenn $P$ inexakt ist, ist nach unserer Definition der Vereinigung $\overline{P} \cup P$ nicht die Allklasse, d. h. die Klasse, die aus allen Individuen überhaupt besteht; und $\overline{P} \cap P$ ist nicht die Nullklasse, d. h. die Klasse, bei der alle Individuen Nichtmitglieder sind. Sowohl bei der Vereinigung wie beim Durchschnitt zweier inexakter Komplementärklassen gibt es neutrale Kandidaten, nämlich die (gemeinsamen) neutralen Kandidaten der Komplemente.

Es ist natürlich möglich, neue Typen zusammengesetzter Klassen zu definieren, die in der Klassenlogik mit exakten Klassen nicht definierbar sind. Ich möchte hier z. B. (zum künftigen Gebrauch) den Begriff einer »konnexen Vereinigung« (connected union) definieren. Die konnexe Vereinigung $P \overset{\smile}{\cup} Q$ entspricht in allem der Vereinigung $P \cup Q$, außer daß zu ihren Mitgliedern nicht nur die Mitglieder von $P$, $Q$ oder beiden gehören, sondern auch ihre *gemeinsamen* neutralen Kandidaten. Das bedeutet z. B., daß $P \overset{\smile}{\cup} \overline{P}$ die Allklasse ist, weil die neutralen Kandidaten der beiden Komplementärklassen – nach Definition des Komplements – identisch sind.

### 3. Die modifizierte zweiwertige Logik

Jedesmal, wenn wir es mit der Neutralität als drittem Wahrheitswert zu tun haben, können wir sie durch eine freie Entscheidung in Wahrheit oder Falschheit verwandeln. Wir können also immer zwischen einem provisorischen und einem Endstadium der Bewertung unterscheiden, etwa wie folgt: im provisorischen Stadium vernachlässigen wir alle neutralen Teilaussagen zusammen mit ihren Junktoren, während wir sie im Endstadium dann als wahr oder falsch bewerten. Dabei ergeben sich die folgenden möglichen Kombinationen von provisorischen und Endbewertungen (wobei wir die provisorische Wahrheit oder Falschheit in eckige und die endgültige Wahrheit oder Falschheit in geschweifte Klammern setzen):

I. (*a*) [ ], $\{w, f\}$

Wir haben im provisorischen Stadium weder Wahrheit noch Falschheit und im Endstadium entweder Wahrheit oder Falschheit.

    ($b$) [ ], $\{w\}$
    ($c$) [ ], $\{f\}$

Es gibt im provisorischen Stadium weder Wahrheit noch Falschheit; aber im Endstadium gibt es entweder nur Wahrheit oder nur Falschheit. Wenn z. B. $p_0$ neutral und $q_0$ falsch ist, illustriert $p_0$ den Fall ($a$), ($p_0 \vee \neg\, p_0$) den Fall ($b$) und ($p_0 \wedge \neg\, p_0$) den Fall ($c$).

   II. (a) [$w$], $\{w\}$
      (b) [$f$], $\{f\}$

Der Wert des provisorischen Stadiums bleibt im Endstadium stets erhalten. ($\neg\, q_0 \vee p_0$) ist ein Beispiel für ($a$) und ($q_0 \wedge p_0$) für ($b$).

   III. (a) [$w$], $\{w, f\}$
       (b) [$f$], $\{w, f\}$

Der Wert des provisorischen Stadiums bleibt im Endstadium nicht auf jeden Fall erhalten, sondern kann sich verändern. ($\neg\, q_0 \wedge p_0$) gibt ein Beispiel für ($a$) und ($q_0 \vee p_0$) für ($b$). Es hätte wenig Sinn, für diese Möglichkeiten – die auch bestehen, wenn in den fraglichen Aussagen Quantoren vorkommen – eine eigene Bezeichnung einzuführen.

Es wird sich im Folgenden als praktisch erweisen, die möglichen Beziehungen zwischen (nichtleeren) exakten oder inexakten Klassen auf die gleiche Weise zu betrachten, d. h. indem man zwischen einem provisorischen und einem Endstadium unterscheidet und die beiden Stadien miteinander vergleicht. Im provisorischen Stadium vernachlässigen wir – wie bisher – alle neutralen Aussagen, d. h. alle Anwendungen inexakter Prädikate auf Individuen, die neutrale Kandidaten für die Mitgliedschaft in der entsprechenden Klasse sind.[6]

Wir können die folgenden *provisorischen* Relationen zwischen zwei Klassen $P$ und $Q$ unterscheiden: (i) [$P \subset Q$], die provisorische Inklusion, die wie folgt definiert ist: Es gibt mindestens ein gemeinsames Mitglied von $P$ und $Q$, und kein Mitglied von $P$ ist Nichtmitglied von $Q$. Entsprechend gilt:

$$[Q \supset P] \underset{D}{=} [P \subset Q] \text{ und } [P \supset \subset Q] \underset{D}{=} [P \subset Q] \wedge [Q \subset P].$$

6 Im wesentlichen findet man diese Definitionen auch im 8. Kapitel meiner *Philosophy of Mathematics*, London 1960 (deutsch: München 1968).

(ii) [P/Q], d. h. die provisorische Exklusion, die so zu definieren ist: Jede Klasse hat wenigstens ein Mitglied, das Nichtmitglied der anderen ist, und es gibt keine gemeinsamen Mitglieder von P und Q. (iii) [P O Q], die provisorische Überschneidung, deren Definition lautet: Es gibt mindestens ein gemeinsames Mitglied von P und Q, und beide haben mindestens ein Mitglied, das nicht Mitglied der anderen Klasse ist. (iv) [P ? Q], die provisorische Unbestimmtheit, die dadurch definiert ist, daß keine der drei voraufgegangenen Relationen besteht. Diese Möglichkeit entfällt, sobald nur exakte Klassen zugelassen sind.

Die möglichen *endgültigen* Relationen (endgültige Inklusion, Exklusion und Überschneidung) werden genauso definiert wie die provisorischen, nur gelten jetzt als »Mitglieder« oder »Nichtmitglieder« auch die neutralen Kandidaten, die inzwischen in Mitglieder bzw. Nichtmitglieder verwandelt worden sind. Wir verwenden geschweifte Klammern, um zu kennzeichnen, daß wir es mit endgültigen Relationen zu tun haben, d. h. uns in dem Stadium befinden, wo alle neutralen Kandidaten zu Mitgliedern bzw. Nichtmitgliedern gemacht worden sind, und erhalten dann (i) {P ⊂ Q}, und entsprechend {P ⊃ Q} und {P ⊃ ⊂ Q}, sowie (ii) {P/Q} und (iii) {POQ}. Es gibt in diesem Falle kein Analogon zu [P?Q].

Wir vergleichen nunmehr jede mögliche provisorische Relation mit der endgültigen Relation (bzw. den Relationen), in die sie durch die Wahl gemeinsamer oder getrennter neutraler Kandidaten zu Mitgliedern bzw. Nichtmitgliedern einer oder beider der in Beziehung stehenden Klassen verwandelt wird. Eine provisorische Überschneidung kann ersichtlich nicht in eine andere Endrelation überführt werden. Wenn wir von [P O Q] ausgehen, müssen wir zu {POQ} kommen. Ebenso kann [P ⊂ Q] niemals zu {P/Q} werden, oder [P/Q] zu {P ⊂ Q}. Andererseits aber kann die provisorische Relation [P ⊂ Q] in die Endrelation {P O Q} übergehen, z. B. wenn $x_o$ ein neutraler Kandidat für P und Q ist und im Endstadium zum Mitglied von P und Nichtmitglied von Q wird. Auch [P/Q] kann zu einem endgültigen {P O Q} werden, wenn $x_o$ ein gemeinsamer neutraler Kandidat von P und Q ist und im Endstadium zum Mitglied der einen und zum Nichtmitglied der anderen Klasse gewählt wird. [P ? Q] kann zu {P ⊂ Q}, {P/Q} oder {P O Q} werden.

Dieser Vergleich zwischen den provisorischen und den endgültigen Relationen zwischen zwei Klassen versetzt uns in die Lage, »die Relationen« (ohne Zusatzklausel) zwischen ihnen zu definieren. Diese Relationen werden durch runde Klammern gekennzeichnet (die man auch auslassen kann).

(i) $(P \subset Q)$, die Inklusion, definiert durch: $[P \subset Q]$, $\{P \subset Q\}$. In Worten: $P$ ist in $Q$ enthalten dann und nur dann, wenn die provisorische Relation zwischen $P$ und $Q$ die Inklusion und nur eine einzige endgültige Relation, nämlich wiederum die Inklusion, möglich ist.

(ii) $(P/Q)$, die Exklusion, definiert durch: $[P/Q]$, $\{P/Q\}$.

(iii) $(P \bigcirc Q)$, die Überschneidung, definiert durch: $[P \bigcirc Q]$, $\{P \bigcirc Q\}$.

(iv) $(P \oslash Q)$, Inklusion-Überschneidung, definiert durch: $[P \subset Q]$, $\{P \subset Q, P \bigcirc Q\}$. In Worten: $P$ steht in Inklusion-Überschneidung zu $Q$ dann und nur dann, wenn die provisorische Beziehung zwischen $P$ und $Q$ die Inklusion ist, und wenn zwei Endrelationen, nämlich Inklusion und Überschneidung, zwischen ihnen möglich sind.

(v) $(P \,\phi\, Q)$, Exklusion-Überschneidung, definiert durch: $[P/Q]$, $\{P/Q, P \bigcirc Q\}$.

(vi) $(P\,?\,Q)$, die Unbestimmtheit, definiert durch: $[P\,?\,Q]$.

Wenn es sich bei $P$ und $Q$ um exakte Klassen handelt, reduzieren sich diese sechs Möglichkeiten auf die üblichen drei.

Wir haben gesehen, daß die gültigen Aussageformen der klassischen Logik in der dreiwertigen Logik des voraufgegangenen Abschnitts nicht gültig sind; daß z. B. $\nearrow (p \wedge \nearrow p)$ keine gültige Form ist, weil sich eine neutrale Aussage ergibt, wenn ein neutrales $p_o$ für $p$ eingesetzt wird. In der modifizierten zweiwertigen Logik ist die Neutralität immer provisorisch, und $\nearrow (p_o \wedge \nearrow p_o)$ muß wahr sein, ganz gleich, ob man für $p$ eine wahre Aussage einsetzt oder nicht. Die Zulässigkeit provisorisch neutraler Aussagen, die durch freie Entscheidung in wahre oder falsche verwandelt werden können, ändert also nichts am Umfang der Klasse klassisch gültiger Formen, obgleich die Anzahl möglicher Einsetzungen wächst, weil nun Aussagevariablen ja auch durch neutrale Aussagen ersetzt werden können.

Es wäre jedoch ein Fehler, daraus folgern zu wollen, daß es keinen Unterschied zwischen unserem modifizierten System der zweiwertigen Logik, in dem neutrale Aussagen und inexakte Klassen zugelassen sind, einerseits und der klassischen zweiwertigen Logik andererseits gebe. Ein solcher Unterschied ist ja bereits deutlich gemacht worden, nämlich der Unterschied zwischen Aussagen, die wahr oder falsch sind, und solchen, die durch [ ], $\{w, f\}$, [ ], $\{w\}$ oder irgend ein anderes Paar von provisorischen und endgültigen Wahrheitswerten charakterisiert sind, und außerdem der Unterschied zwischen Klassen, bei denen außer den klassischen Beziehungen $(P \subset Q)$, $(P/Q)$ und $(P \odot Q)$ auch noch $(P \oslash Q)$, $(P \oslash Q)$ und $(P \, ? \, Q)$ vorkommen können.

Ein weiterer in die Augen fallender Unterschied zwischen der klassischen und der modifizierten zweiwertigen Logik besteht darin, daß die letztere es im allgemeinen nicht gestattet, aus neutralen Aussagen und Aussagen, die inexakte Prädikate enthalten, andere solche Aussagen nach den üblichen Schlußregeln, besonders dem *modus ponens*, abzuleiten. Obgleich die Form $(p \wedge (p \supset q)) \supset q$ gültig und jede Aussage $(p_o \wedge (p_o \supset q_o)) \supset q_o$ logisch wahr ist, müssen wir, wenn wir $q_o$ aus den Prämissen $p_o$ und $(p_o \supset q_o)$ ableiten, annehmen, daß diese Prämissen wahr sind oder (falls sie ursprünglich neutral sind) als wahr bewertet werden.[7] Das bedeutet, daß man Prämissen, die bei der Endbewertung wahr oder falsch werden können, so behandelt, *als ob* sie nur wahr werden könnten. Mit anderen Worten: wir behandeln durch [ ], $\{w, f\}$; [$w$], $\{w, f\}$; [$f$]; $\{f, w\}$ charakterisierte Aussagen so, als ob das zweite Glied jedes Paares $\{w\}$ wäre. Bei der Anwendung des *modus ponens* ignorieren wir die Neutralität von Aussagen.

Eine noch radikalere Modifikation wird notwendig, wenn es sich bei unserer Prämisse um eine Allaussage mit einem inexakten Prädikat handelt, z. B. $(x)P_o(x)$ mit inexaktem $P_o$. Denn in diesem Falle genügt es nicht, eine einzige neutrale Einsetzung in $P_o(x)$ – z. B. $P_o(x_o)$, wenn $x_o$ ein neutraler Kandidat von $P_o$ ist – in eine wahre Aussage zu verwandeln. Wenn man $(x)P_o(x)$ als Prämisse verwenden will, müssen *alle* neutralen Einsetzungen in $P_o(x)$ als wahr bewertet werden, ganz gleich, ob die entsprechenden Individuen aufgewiesen, nicht aufgewiesen oder überhaupt nicht aufweisbar sind. Wir behandeln $P_o$ so, *als ob* es in seinem Falle keine neu-

---

7 Nach den Wahrheitstafeln ist die Neutralität von $p_o$ und $(p_o \supset q_o)$ mit der Falschheit oder Neutralität von $q_o$ verträglich; während die Annahme, daß $p_o$ und $(p_o \supset q_o)$ falsch sind, widerspruchsvoll ist.

tralen Kandidaten gäbe, d. h. als ob es exakt wäre. Das bedeutet,
daß wir bei der Anwendung des *modus ponens* auf Allaussagen
nicht nur die Neutralität von Aussagen sondern auch die Inexaktheit von Prädikaten ignorieren. Das gleiche gilt auch für die Regel,
daß man äquivalente Ausdrücke füreinander einsetzen kann, und
für Regeln wie die, daß man aus dem Ausdruck $C \supset P(x)$ den Ausdruck $(C \supset (x)P(x))$ ableiten kann, wenn $x$ nicht als freie Variable
in $C$ vorkommt.

Fassen wir zusammen: soweit es nur um gültige Aussageformen
und logisch wahre Aussagen geht, gibt es keinen Unterschied zwischen der klassischen und der modifizierten zweiwertigen Logik.
Sobald man jedoch die klassische zweiwertige Logik als Deduk-
tionsinstrument verwenden will, muß man neutrale Aussagen behandeln, *als ob* sie wahr wären, und inexakte Prädikate, *als ob* sie
exakt wären. Wenn man die klassische Logik nicht nur als eine
Menge gültiger Formen oder logisch wahrer Aussagen betrachtet,
sondern als ein Instrument, mit dessen Hilfe man kontingente Folgerungen aus kontingenten Prämissen ableiten kann, also als ein
Instrument für die deduktive Vereinheitlichung kontingenter Aussagen, läßt sie keinen Raum für inexakte Klassen. Weil man beim
empirischen Denken exakte *und* inexakte Prädikate verwendet,
insbesondere inexakte Ähnlichkeitsprädikate, und weil wissenschaftliche Theorien, wie wir sie kennen, in die klassische Logik
eingebettet sind, darf man erwarten, daß sich aus diesem Resultat
unserer Untersuchung der logischen Struktur neutraler Aussagen
und inexakter Klassen bedeutsame Folgerungen und Anwendungs-
möglichkeiten ergeben.

Den Umstand, daß die klassische Logik Prädikate mit unscharf be-
grenztem Geltungsbereich ignoriert, darf man nicht mit einem anderen Charakteristikum verwechseln, auf das von den Intuitionisten oft hingewiesen wird: daß sie nämlich alle Geltungsbereiche
von Prädikaten behandelt, als ob sie endlich wären. Ein Prädikat
kann einen endlichen Geltungsbereich haben und inexakt sein, und
es kann auch einen unendlichen Geltungsbereich haben (wenn man
einen solchen für zulässig hält) und dabei exakt sein. In der Tat
beruft sich der intuitionistische Standpunkt ja auch auf die Unent-
scheidbarkeit einiger mathematischer und nicht auf die Inexaktheit
einiger empirischer Klassen.

# IV

# Empirische Kontinuität, Wahrnehmungs- und empirische Prädikate

Ein empirisches Kontinuum ist eine Ordnung, die entweder zwischen kontinuierlich zusammenhängenden Teilen oder kontinuierlich zusammenhängenden Klassen besteht. Die Struktur dieser Ordnung beruht, wie man erwartet, auf der Indefinität der zusammenhängenden Teile oder der Inexaktheit der zusammenhängenden Klassen. Und genauso, wie es sich als heuristisch wertvoll herausgestellt hat, unsere Vorstellung von inexakten Klassen mit der klassischen elementaren Logik zu vergleichen, wird es uns auch hier von Nutzen sein, wenn wir unsere anschauliche Vorstellung von der empirischen Kontinuität mit der klassischen Theorie des mathematischen Kontinuums vergleichen. Unser Hauptwerkzeug bei der Analyse der empirischen Kontinuität – einer Analyse, die als der Versuch eines Neuansatzes gedacht ist – wird die schwache dreiwertige Logik sein.

## 1. Heuristische Präliminarien

Bei den Individuen, die wir wahrnehmen, unterscheiden wir häufig und mit Leichtigkeit kontinuierliche von diskontinuierlichen räumlichen Anordnungen, Übergängen und Abstufungen. Und doch sind bisher alle Versuche, den Begriff eines beobachteten Kontinuums zu analysieren, erfolglos geblieben. Einige Denker, vornehmlich Poincaré[1], vermuten, daß der Grund hierfür in einer Inkonsistenz des Begriffs liegen müsse. Andere, z. B. Bridgman[2], neigen zu der Ansicht, daß unser Bewußtsein irgendwie nicht in der Lage ist, mit der Kontinuität als einer Eigenschaft physischer Dinge umzugehen.

Die verschiedenen mathematischen Theorien, für die Dedekinds Darstellung des Kontinuums der reellen Zahlen typisch ist, weisen nicht die Struktur eines empirischen Kontinuums auf; es handelt

---

1 Vgl. z. B. *La Science et l'Hypothèse*, Paris 1912, Kap. II.
2 Vgl. *The Logic of Modern Physics*, New York 1949, p. 94.

sich bei ihnen vielmehr um mathematische Surrogate. Die Dedekindsche Theorie setzt implizite eine Einbettung in die klassische elementare Logik voraus und kann auch explizit mit ihrer Hilfe formuliert werden, wenn man eine entsprechende Erweiterung vornimmt und Quantoren nicht nur für Individuen-, sondern auch für Prädikatenvariable zuläßt. Ich werde hier Huntingtons Formulierung[3] folgen und sagen, daß eine nichtleere Klasse von Objekten eine durch eine Relation – etwa $\prec$ – geordnete stetige Folge bildet (wobei man »$a \prec b$« der Bequemlichkeit halber »$a$ ist Vorgänger von $b$« liest), wenn die folgenden Postulate erfüllt sind:

*Postulat 1:* Wenn $a$ und $b$ unterschiedene Elemente von $K$ sind, gilt entweder $a \prec b$ oder $b \prec a$.

*Postulat 2:* Wenn $a \prec b$, dann sind $a$ und $b$ voneinander verschieden.

*Postulat 3:* Wenn $a \prec b$ und $b \prec c$, dann $a \prec c$.

*Postulat 4:* Wenn $K_1$ und $K_2$ irgendwelche nichtleeren Unterklassen von $K$ sind und jedes Element von $K$ entweder zu $K_1$ oder zu $K_2$ gehört, und wenn außerdem jedes Element von $K_1$ jedem Element von $K_2$ vorausgeht, dann gibt es wenigstens ein Element $x \in K$, von dem gilt: (i) jedes Element, das $x$ vorausgeht, gehört zu $K_1$, und (ii) jedes Element, das auf $x$ folgt, gehört zu $K_2$. (Das Dedekindsche Postulat).

*Postulat 5:* Wenn $a$ und $b$ Elemente von $K$ sind und $a \prec b$ gilt, dann gibt es wenigstens ein Element $x \in K$, so daß $a \prec x$ und $x \prec b$. (Womit die *Dicht*heit mathematischer Folgen postuliert wird.)

Bei Dedekind besteht der Unterschied zwischen stetigen und diskreten Folgen darin, daß im Falle diskreter Folgen Postulat 5 durch zwei andere ersetzt wird, nämlich *Postulat 5a:* Jedes Element von $K$ (außer dem letzten) hat einen unmittelbaren Nachfolger; und *Postulat 5b:* Jedes Element von $K$ (außer dem ersten) hat einen unmittelbaren Vorgänger.

Die mathematische Theorie von Dedekind beruht nicht nur auf der Annahme, daß $K$, $K_1$, $K_2$ (wie alle Klassen der klassischen Logik) exakt sind. Sie beruht darüber hinaus noch auf einer zweiten Annahme, die bei der Analyse empirischer Kontinuität ebenso unzutreffend ist, nämlich der, daß es zwischen irgend zwei Elementen

3 *The Continuum* (2nd ed. Harvard U. P., 1917).

einer stetigen Folge noch unendlich viele Zwischenglieder gibt.
Dies folgt unmittelbar aus dem mathematischen Dichtheitspostulat.
Man kann diese Annahme abschwächen, wenn man (wie die Intuitionisten) im Dichtepostulat die Worte »dann *gibt es* wenigstens
ein Element *x* von *K*« durch »dann kann wenigstens ein Objekt
*konstruiert* werden, das zu *K* gehört« ersetzt. Durch diese Modifikation – bei der an Stelle der zugrundeliegenden klassischen Logik
die intuitionistische Logik eingeführt wird – ersetzt man, grob
gesprochen, die Annahme einer aktual unendlichen Menge von
Zwischenelementen durch die Annahme einer bloß potentiell unendlichen.

Wenn sich in unserer Erfahrung ein Individuum beständig und
stetig verändert – etwa seine Farbe, seine Länge oder sein Gewicht
wechselt –, wird es sukzessive zum Träger verschiedener Eigenschaften und damit zum Mitglied verschiedener Klassen. Und entsprechend: wenn man eine Anzahl von Individuen findet, die in
einer bestimmten Hinsicht kontinuierlich abgestuft sind, repräsentiert jedes Glied dieser Individuenfolge eine andere Klasse von
Dingen. Die Anzahl der Klassen, die bei solchen Abstufungen und
Übergängen vorkommen, ist endlich, weil unserem Unterscheidungsvermögen – wie immer geschärft es auch sein mag – Grenzen
gesetzt sind. Außerdem können die fraglichen Klassen nicht sämtlich exakt sein, weil ein unmittelbarer Übergang von einer Klasse
zur anderen diskontinuierlich wäre, wenn es nicht eine Art von
»Verschmelzen« oder »Ineinander-Übergehen« der beiden gäbe,
was voraussetzt, daß es für beide Klassen neutrale Kandidaten
gibt, und daß einige von diesen ihnen gemeinsam sind.

Weiter: Wenn wir urteilen, daß ein Individuum aus kontinuierlich
zusammenhängenden Teilen besteht, unterscheiden wir weder unendlich viele solcher Teile, noch nehmen wir die Teile in ihrem
kontinuierlichen Zusammenhang als deutlich voneinander trennbar wahr. Das »Verschmelzen« eines Individuums mit einem anderen impliziert, daß sie gemeinsame neutrale Teile oder Komponenten besitzen, von denen man mit gleichem Recht urteilen
kann, daß sie Teile jedes dieser Individuen sind, wie daß sie es
nicht sind – ebenso, wie ein gemeinsamer neutraler Kandidat
zweier Klassen in ein Mitglied oder Nichtmitglied jeder dieser beiden Klassen verwandelt werden darf. Die fundamentalen Annah

men der Dedekindschen Theorie, nämlich daß es sich bei den Elementen einer stetigen Folge um exakte Klassen oder definite Individuen handelt, und daß die Anzahl der Elemente unendlich ist, können für die Analyse empirisch kontinuierlicher Folgen nicht übernommen werden. Das Instrumentarium dieser Analyse kann daher nicht aus den Beziehungen zwischen einer unendlichen Anzahl von exakten Klassen oder definiten Individuen bestehen; sie wird vielmehr als eine Analyse der Beziehungen zwischen einer endlichen Anzahl inexakter Klassen oder indefiniter Individuen in Angriff genommen werden müssen.

Wir haben bereits einen Schritt in dieser Richtung getan, indem wir den Rahmen der klassischen elementaren Logik so erweitert haben, daß neutrale Aussagen und inexakte Klassen in ihm Platz finden. In diesem erweiterten Rahmen ist denn auch der Begriff der konnexen Vereinigung, der für die Analyse kontinuierlicher Zusammenhänge von Bedeutung ist, definiert worden: $P \cup Q$ – die konnexe Vereinigung von $P$ und $Q$ – hat als Mitglieder die Mitglieder von $P$ oder $Q$ oder beiden, *und* die gemeinsamen neutralen Kandidaten von $P$ und $Q$; ihre Nichtmitglieder sind die Nichtmitglieder von $P$ und von $Q$; neutrale Kandidaten sind alle übrigen Individuen. Die konnexe Vereinigung $P \cup Q$ fällt bei exakten Klassen mit der gewöhnlichen Vereinigung $P \cup Q$ zusammen, und bei inexakten Klassen dann, wenn es keine gemeinsamen neutralen Kandidaten von $P$ und $Q$ gibt.

Es kann vorkommen, daß $P$ und $Q$ zwar keine gemeinsamen Mitglieder, aber gemeinsame neutrale Kandidaten haben, d. h. daß zwischen ihnen die Beziehung $P \emptyset Q$ besteht. In diesem Falle bezeichne ich die beiden Klassen als zusammenhängend und die Klasse ihrer gemeinsamen neutralen Kandidaten als ihren *Konnektor* C $(P, Q)$. Der Konnektor von $P$ und $Q$, der ja die Klasse ihrer gemeinsamen neutralen Kandidaten *ist*, hat seinerseits keine neutralen Kandidaten mit einer dieser Klassen gemeinsam. Mit anderen Worten: C $(P, Q)/P$ und C $(P, Q)/Q$, d. h. die Klassen C (C $(P, Q), P$) und C (C $(P, Q), Q$) sind leer. Darin findet die Tatsache Ausdruck, daß unser Unterscheidungsvermögen begrenzt ist und nur endliche Abstufungen zu liefern vermag.

Wir müssen zwischen dem Konnektor C $(P, Q)$, dessen Mitgliedschaft durch die Mitgliedschaftsbedingungen der durch ihn in Zusammenhang gebrachten Klassen bestimmt wird und der mit keiner dieser beiden Klassen neutrale Kandidaten gemeinsam hat, und dem *Mediator* M (P, Q) unterscheiden, einer Klasse, die »zwischen P und Q liegt«, und deren Mitgliedschaft unabhängig von P und Q durch das Aufweisen von Standardmitgliedern und -nicht-mitgliedern bestimmt wird. Genauer: M (P, Q) ist Mediator von P und Q dann und nur dann, wenn P und Q weder Mitglieder noch neutrale Kandidaten gemeinsam haben, und wenn M (P, Q) mit beiden zusammenhängt. In der Umgangssprache wird für Konnektor und Mediator häufig derselbe Ausdruck gebraucht, eine Zweideutigkeit, die die Einführung neuer Termini rechtfertigt. So werden z. B. »grün«, »türkis« und »blau« vielfach so gebraucht, daß »grün« und »blau« zwei zusammenhängende Klassen bezeichnen, deren Konnektor »türkis« ist, welches nur indirekt als die Klasse der gemeinsamen Grenzfälle bestimmt wird. Menschen mit feinerem Unterscheidungsvermögen behandeln dagegen »grün«, »türkis« und »blau« als drei unabhängig voneinander bestimmbare Klassen, bei denen Grenzfälle zwischen der ersten und zweiten und der zweiten und dritten möglich sind, aber nicht zwischen der ersten und dritten.

Auch wenn es sich bei P und Q um Individuen ohne gemeinsamen Teil, aber mit einer gemeinsamen neutralen Komponente handelt, kann man P und Q »zusammenhängend« nennen und ihre gemeinsame neutrale Komponente als ihren »Konnektor« bezeichnen. Wie bei Klassen muß auch hier ein »Konnektor« von einem »Mediator« unterschieden werden.

Wenn sich ein Uhrzeiger hinreichend schnell und nicht ruckweise bewegt, kann man eine kontinuierliche Veränderung der Position als Vorgang beobachten. Wenn sich dagegen der Zeiger »von der Zahl fortstiehlt, ohne daß man seinen Schritt gewahrt«[4], kann man eine kontinuierliche Veränderung nicht wahrnehmen, sondern bloß erschließen. Genauer: man schließt dann, daß unter bestimmten Bedingungen eine kontinuierliche Veränderung zu beobachten gewesen wäre. Man kann manchmal beobachten, wie eine Farbe allmählich und kontinuierlich in eine andere übergeht; während man in anderen Fällen nur nachträglich schließen kann, daß ein solcher

4 »Steals from its figure and no pace perceived« (Shakespeare, Sonett 104).

Übergang stattgefunden hat. Wir sprechen von unmerklichen
Übergängen und Abstufungen, weil wir mit bemerkbaren vertraut
sind. Man würde deshalb erwarten, daß der erste Schritt bei der
Analyse empirischer Kontinuität in der Analyse wahrnehmbarer
kontinuierlicher Veränderungen bestehen müßte und daß eine
Analyse der nicht wahrnehmbaren Veränderungen erst den zweiten Schritt bilden könnte.

Es ist jedoch üblich, genau umgekehrt vorzugehen. Man pflegt
Poincaré zu folgen und z. B. das kontinuierliche Anwachsen des
Gewichts eines Körpers von $A$ auf $C$ zu erklären, indem man Ge-
wichte interpoliert, die er zwischen $A$ und $C$ besitzt – im einfachsten Fall ein zwischen $A$ und $C$ liegendes Gewicht $B$, von dem gilt,
daß weder der Übergang von $A$ zu $B$ noch der von $B$ zu $C$ wahrnehmbar ist, während der Übergang $AC$ wahrnehmbar ist und
durch diese unmerklichen Übergänge erklärt wird. Poincaré drückt
dies ziemlich drastisch so aus: $A = B$ und $B = C$, aber $A < C$. Er
faßt die Nicht-Transitivität der Wahrnehmungsgleichheit nicht als
Warnung davor auf, sie mit der mathematischen Gleichheit zu
identifizieren, sondern als Symptom ihrer inneren Widersprüchlichkeit. Es ist diese vermeintliche Widersprüchlichkeit, die nach
ihm zur Annahme des mathematischen Dichtepostulats, zur Konstruktion des mathematischen Begriffs der Stetigkeit und zur Aufgabe jeder weiteren Analyse des empirischen Begriffs geführt hat.
Wenn man jedoch nicht der Auffassung ist, daß der Begriff der
empirischen Kontinuität in sich widersprüchlich ist, und ihn analysieren will, muß man nach einer Analyse wahrnehmbar stetiger
Zusammenhänge suchen, bei der vom mathematischen Dichtepostulat kein Gebrauch gemacht wird. Man muß dann zugestehen, daß
bei einem beobachteten stetigen Übergang – von einer Klasse zur
anderen oder von einem Teil zum anderen – jede Phase (außer der
ersten) einen unmittelbaren Vorgänger und (außer der letzten)
einen unmittelbaren Nachfolger hat, und nach einem Unterschied
zwischen solchen Phasen suchen, die kontinuierlich zusammenhängen, und solchen, bei denen dies nicht der Fall ist. Hierbei wird sich
der Begriff des Konnektors, der in einem logischen Rahmen definiert ist, in dem exakte und inexakte Klassen zugelassen sind, als
wesentlich erweisen.

## 2. Empirisch stetige Folgen

Für die Analyse des Begriffs der empirisch stetigen Folge ist es nützlich, wenn man sich ein bestimmtes Beispiel vor Augen hält. Stellen wir uns ein kontinuierliches Farbspektrum auf einem Band vor, und ein kleines Glasfenster, unter dem das Band durchläuft. Im Fenster erscheint dann in stetiger Folge eine Farbe nach der anderen, und wir können sagen, daß es sukzessive Mitglied einer endlichen Anzahl von Klassen ist. Vielleicht sollte man noch ausdrücklich hinzufügen, daß wir annehmen, daß es sich um eine serielle Veränderung handelt, d. h. daß sich keine Übergangsphase wiederholt.

Betrachten wir nun einen Übergang, in dem der Reihe nach die drei »benachbarten« inexakten Klassen »grün«, »blau« und »violett« auftreten. Der Wechsel der Mitgliedschaft in diesen Klassen vollzieht sich dann und nur dann wahrnehmbar bzw. empirisch kontinuierlich (oder, wie ich auch sagen werde, die Klassen bilden dann und nur dann eine empirisch stetige Folge), wenn die folgenden Bedingungen erfüllt sind: (i) Keine der drei Klassen hat gemeinsame Mitglieder mit den anderen beiden. (ii) »Grün« und »blau« einerseits und »blau« und »violett« andererseits haben gemeinsame neutrale Kandidaten, »grün« und »violett« dagegen nicht. (iii) Keine der drei Klassen läßt sich noch weiter in zwei zusammenhängende Unterklassen aufteilen, denen verschiedene Farbtöne entsprechen. (Denn wenn der Beobachter etwa innerhalb der Klasse »grün« zwei zusammenhängende Unterklassen »$grün_1$« und »$grün_2$« unterscheiden würde, könnte der Übergang von »grün« zu »blau« durch Auslassen von »$grün_2$« diskontinuierlich werden.) (iv) Schließlich dürfen auch die gemeinsamen Grenzbereiche oder Konnektoren – C (grün, blau) und C (blau, violett) – nicht in je zwei zusammenhängende Unterklassen, denen verschiedene Farbtöne entsprechen, aufteilbar sein.

Diese Forderungen erscheinen klar und plausibel genug, auch wenn die beiden letzten noch präziser formuliert werden sollten. Man muß jedoch betonen, daß sie alle mehr oder weniger offensichtlich von der Inexaktheit der zusammenhängenden Klassen abhängig sind, die die empirisch stetige Folge konstituieren. Infolgedessen läßt sich keine von ihnen im Rahmen einer Logik formulieren, in der nur exakte Klassen zulässig sind. Ich glaube, daß hier der Grund liegt, warum die Analyse der empirischen Kontinuität immer wieder auf scheinbar unüberwindliche Schwierigkeiten gestoßen ist.

Ich werde das geordnete Tripel der Klassen $P_1$, $P_2$ und $P_3$, von denen keine zwei gemeinsame Mitglieder haben, dann und nur dann als »zusammenhängendes Tripel« bezeichnen, wenn $P_1$ mit $P_2$ und $P_2$ mit $P_3$ zusammenhängend ist, $P_1$ aber nicht mit $P_3$. $P_2$ ist also ein Mediator zwischen $P_1$ und $P_3$. Wenn man sagt, daß ein Tripel zusammenhängend ist, heißt das demnach nicht mehr, als daß es die ersten beiden der aufgeführten Bedingungen erfüllt. »Grün«, »blau« und »violett« bilden also dann und nur dann ein zusammenhängendes Tripel, wenn es sich – wie ich annehme – bei »grünlich blau« und »bläulich violett« um Konnektoren und nicht um Mediatoren handelt.

Die dritte und die vierte Bedingung sind schwieriger zu formulieren. Wir unterscheiden anschaulich zwei Arten, »grün« aufzuteilen, nämlich (a) die Aufteilung von »grün« in Klassen verschiedener grüner Objekte, etwa in »grüne Blätter« und »grüne Nichtblätter«, und (b) die Aufteilung von »grün« in Klassen verschiedenartig grüner Objekte, d. h. in verschiedene Farbtöne, etwa »grün$_1$« und »grün$_2$«. Die erste Aufteilung – die aus der Bildung des Durchschnitts einer Klasse mit der Disjunktion zweier Komplementärklassen resultiert – ist gleichsam *äußerlich,* die zweite *intern.*

Wenn wir die Beziehung zwischen »grünem Blatt« und »grünem Nichtblatt« zu »blau« betrachten, bemerken wir, daß nicht nur »grün«, sondern auch »grünes Blatt« und »grünes Nichtblatt« mit »blau« zusammenhängend sind. Andererseits ist von den beiden Unterklassen »grün$_1$« und »grün$_2$«, die »grün« in sich aufteilen, nur eine mit »blau« zusammenhängend.

Dieser Umstand legt nahe, die interne Aufteilung wie folgt zu definieren: $P_1$ ist *im Hinblick auf $P_2$* dann und nur dann intern in $P_{11}$ und $P_{12}$ aufteilbar, wenn (i) $P_1$ die konnexe Vereinigung von $P_{11}$ und $P_{12}$ ist (vgl. § 1), und wenn (ii) $P_1$ und $P_{11}$, aber nicht $P_{12}$ – oder $P_1$ und $P_{12}$, aber nicht $P_{11}$ – mit $P_2$ zusammenhängend sind. Jetzt kann die dritte Bedingung formuliert werden. In ihr wird gefordert, daß kein Glied eines zusammenhängenden Tripels im Hinblick auf seine Nachbarn intern aufteilbar sein darf. In Übereinstimmung mit der Definition der internen Aufteilbarkeit ist die vierte Bedingung, nämlich daß die Konnektoren $C(P_1, P_2)$ und $C(P_2, P_3)$ nicht intern aufteilbar sein dürfen, *ipso facto* erfüllt, weil kein Konnektor mit den durch ihn in Zusammenhang gebrachten Klassen zusammenhängend ist. (Der gegenteilige Eindruck läßt sich scheinbar immer auf die Verwechslung eines Konnektors mit einem Mediator zurückführen, welch letzterer im Hinblick auf die vermittelten Klassen teilbar sein kann oder auch nicht.

Ich werde ein Tripel $P_1$, $P_2$, $P_3$ *empirisch dicht* – abgekürzt: $(P_1, P_2, P_3)$ – nennen, wenn es (i) zusammenhängend ist und (ii) keines seiner Glieder im Hinblick auf seine Nachbarn intern aufteilbar ist. Man könnte von einem Tripel, das diese Bedingungen erfüllt, auch sagen, daß es das Postulat der empirischen – im Gegensatz zur mathematischen – Dichte erfüllt. Empirische Dichte wird dadurch gekennzeichnet, daß es unmöglich ist, eine andere Klasse als den Konnektor zwischen $P_1$ und $P_2$, bzw. zwischen $P_2$ und $P_3$, zu interpolieren; wohingegen mathematische Dichte dadurch gekennzeichnet ist, daß man zwischen je zwei Klassen immer noch unendlich viele andere annehmen darf.

Empirisch stetige Folgen, zu denen mehr als drei inexakte Klassen gehören, lassen sich aus empirisch dichten Tripeln aufbauen: keine zwei Glieder der Folge haben gemeinsame Mitglieder. Wenn die Folge aus $n$ – wobei $n > 3$ – inexakten Klassen besteht, enthält sie $n-2$ empirisch dichte Tripel, von denen zwei je ein Mitglied haben, das in keinem anderen Tripel auftritt. Wir beginnen mit einem dieser Außentripel und numerieren seine Glieder $(1, 2, 3)$. $1$ ist die Nummer des sonst nicht vorkommenden Gliedes, $2$ die Nummer des Mediators, und $3$ die Nummer des noch übrigbleibenden Gliedes. Es gibt dann in der Folge *ein* Tripel $(2, 3, X)$, bei dem $X$ von $1$, $2$, $3$ verschieden ist. Wir geben diesem $X$ die Nummer $4$ und erhalten $(2, 3, 4)$, Wenn $n = 4$, ist $(2, 3, 4)$ das zweite Außentripel, und unsere Folge heißt $1, 2, 3, 4$. Wenn $n > 4$, dann gibt es in der Folge ein Tripel $(3, 4, Y)$, bei dem $Y$ von $1$, $2$, $3$, $4$ verschieden ist. Wir geben $Y$ die Nummer $5$ und erhalten die aufeinanderfolgenden Tripel $(1, 2, 3)$, $(2, 3, 4)$, $(3, 4, 5)$, und das Folgenstück $1, 2, 3, 4, 5$, wobei offenbleibt, ob dies nun mit der Gesamtfolge koinzidiert oder nicht. Die eben beschriebene Prozedur muß aufhören, wenn das zweite Außentripel erreicht ist, und das geschieht nach endlich vielen Schritten, weil unendlich viele Schritte voraussetzen würden, daß unser Unterscheidungsvermögen unendlich scharf ist.

Die Tripel, und folglich auch ihre Glieder, bilden eine endliche Folge. Es ist klar, daß aus $(P_1, P_2, P_3)$ folgt, daß auch $P_3, P_2, P_1$ – in dieser Reihenfolge – ein empirisch dichtes Tripel bilden, d. h. daß $(P_3, P_2, P_1)$ gilt, und daß keine andere Permutation dieser drei Glieder zu solch einem Tripel führt. Daraus folgt weiter, daß, wenn $P_1, P_2, P_3, \ldots P_n$ eine empirisch stetige Folge ist, dies auch für $P_n, P_{n-1}, \ldots P_1$ gilt. Die Definitionen des Tripels und der empirisch stetigen Folge stiften also eine »Zwischen«-Ordnung für die vorkommenden Glieder, legen aber nicht fest, in welcher der beiden möglichen Richtungen diese Ordnung gelesen werden soll. Alles dies ist höchst einfach und so, wie es sein sollte.

Durch den Begriff einer empirisch stetigen Folge von Klassen $P_1$, $P_2, \ldots P_n$ lassen sich auch die Begriffe der kontinuierlichen qualitativen Veränderung eines Individuums und der kontinuierlichen Abstufung einer Anzahl von Individuen erklären. Ein Individuum unterliegt einer kontinuierlichen qualitativen Veränderung, wenn es nacheinander Mitglied von $P_1$, $C(P_1, P_2)$, $P_2$ etc. wird; und eine Anzahl von Individuen ist kontinuierlich abgestuft, wenn das erste Mitglied von $P_1$, das zweite Mitglied von $C(P_1, P_2)$, das dritte Mitglied von $P_2$ ist, etc.

Eine empirisch stetige Folge von Individuen, die einen individuellen Komplex bildet, wird auf die gleiche Weise definiert wie eine empirisch stetige Folge von Klassen, wobei die Schlüsselbegriffe »Konnektor«, »Mediator« und »intern aufteilbar« für die Teile, Nichtteile und neutralen Komponenten von indefiniten Individuen definiert werden müssen, statt für die Mitglieder, Nichtmitglieder und neutralen Kandidaten inexakter Klassen.

Diese Analyse wird, so glaube ich, allen empirischen Übergängen, Abstufungen und Anordnungen gerecht, die Folgecharakter haben. Sie paßt auch – vielleicht etwas weniger offensichtlich – auf unseren empirischen Begriff von einer kontinuierlich im Raum ausgedehnten Oberfläche bzw. einem solchen Körper. Auch in diesem Falle zerlegt jede wirkliche oder vorgestellte Gerade oder Ebene das ausgedehnte Gebilde in zwei zusammenhängende Teile, als

deren Konnektor die betreffende Gerade oder Ebene fungiert. Und
die weitere Unterteilung dieser Gebilde wird dann aufhören, wenn
zwei benachbarte Teile nicht mehr im Hinblick aufeinander intern
aufteilbar sind.

Als endliches Gebilde erfüllt jede empirisch stetige Folge von Klassen oder Individuen trivialerweise die Huntingtonschen Postulate
1–4, 5 A und 5 B. Eine solche Folge ist empirisch stetig, weil sie
außerdem noch das Postulat der empirischen Dichte erfüllt, für
dessen Formulierung der Begriff zusammenhängender inexakter
Klassen bzw. indefiniter Individuen wesentlich ist. Dieses Zusammenhängen – die Gemeinsamkeit einiger der neutralen Kandidaten
bei Klassen, die keine gemeinsamen Mitglieder haben – erinnert
an den topologischen Begriff des Zusammenhängens. Eine Punktmenge $M$ heißt (topologisch) zusammenhängend, wenn, »gleichgültig, wie sie als Summe zweier nichtleerer Mengen $M_1$ und $M_2$
ausgedrückt wird, eine dieser Untermengen in jedem Falle einen
Häufungspunkt der anderen enthält«.[5] Die Theorie, zu der diese
Definition gehört, setzt wie die Dedekinds voraus, daß die fraglichen Mengen exakt und unendlich teilbar sind.

Wenn man nach einer Theorie der empirischen Kontinuität Um-
schau hält, muß man, glaube ich, bis zu Aristoteles zurückgehen.
Nach Aristoteles stehen zwei Dinge dann in einem kontinuierlichen
Zusammenhang, »wenn die Grenzen, an denen sie sich berühren,
ein und dasselbe Ding werden, und – wie schon die Bezeichnung
συνεχές sagt – ›zusammengehalten‹ werden: was nur möglich ist,
wenn die beiden Grenzen nicht zwei bleiben, sondern zu ein und
demselben werden.«[6] Wie die hier gegebene Darstellung setzt auch
Aristoteles nicht voraus, daß es zwischen zwei stetig zusammenhängenden Gebilden unendlich viele Zwischenglieder gibt. Und
der Begriff zweier Grenzen, die durch Berührung eins werden, gibt
zwar bestenfalls eine genetische Erklärung der Kontinuität, zeigt
aber doch eine gewisse Affinität zum Begriff zweier inexakter
Klassen bzw. indefiniter Individuen, die durch ihren Konnektor
»zusammengehalten« werden.

---

5 C. T. Whyburn, *Analytic Topology* (Ann. Math. Soc. Coll. Pub. 28, 1942).
6 *Physik*, V, III.

### 3. Kontinuität, Diskontinuität, Gleichheit und Wahrnehmungsschärfe

Man könnte gegen die voraufgegangene Darstellung empirisch stetiger Folgen einwenden, daß sie offensichtlich irgendwie »subjektiv« oder »relativ auf einen bestimmten Beobachter« ist. In der Tat hängt es vom Unterscheidungsvermögen des Beobachters ab, ob eine Folge inexakter Klassen (oder indefiniter Individuen) stetig ist oder nicht. Ein Beobachter kann noch imstande sein, eine interne Aufteilung festzustellen, wenn ein anderer hierzu nicht mehr in der Lage ist. Das Unterscheidungsvermögen schwankt von Person zu Person, und ist auch bei ein und derselben Person zu verschiedenen Zeitpunkten unterschiedlich.

Das ist zwar vollkommen richtig, aber kein treffender Einwand. Man könnte auf genau die gleiche Weise dafür argumentieren, daß der Begriff des Gewichts subjektiv oder relativ ist. Schließlich wird der Begriff des Gewichts durch physikalische Operationen definiert, bei denen Waagen oder andere Instrumente benutzt werden, die gegenüber Gewichtsunterschieden unterschiedlich empfindlich sind. Außerdem ist auch das Unterscheidungsvermögen derer, die die Instrumente ablesen, keineswegs gleich. Und jemand, der entscheiden möchte, ob eine Folge stetig ist oder nicht, kann ja auch Instrumente benutzen, z. B. Mikroskope, genauso wie jemand eine Waage benutzt, um festzustellen, ob zwei Objekte das gleiche Gewicht haben oder nicht.

Allerdings bedarf der Umstand, daß verschiedene Beobachter zu verschiedenen Urteilen über die Stetigkeit bzw. Unstetigkeit etwa einer Folge von Farbtönen kommen, noch genauerer Untersuchung, und zwar einer ähnlichen Art von Untersuchung wie der, durch die man feststellt, welche Eigentümlichkeiten beim Feststellen von Gewichtsunterschieden der Beschaffenheit einer bestimmten Waage zuzuschreiben sind, und welche »inter-instrumental« auftreten. Die Frage, um die es uns hier geht, könnte man schematisch so formulieren: $S_A$ sei eine Folge inexakter Klassen (oder indefiniter Individuen), die für den Beobachter $A$ eine empirisch stetige Folge bildet. Nehmen wir an, daß diese Folge dem Beobachter $B$ unstetig erscheint, daß er aber durch Hinzufügen weiterer Glieder zu einer stetigen Folge $S_B$ kommt. Es liegt auf der Hand, daß man $S_A$ und

$S_B$ einfach durch Zählen ihrer Glieder vergleichen und ihre Feinheit durch die Anzahl der Glieder oder der zusammenhängenden
Tripel messen kann.

Es gibt aber auch noch eine etwas interessantere Methode, $S_A$ mit
$S_B$ zu vergleichen. Nehmen wir an, $S_A$ bestehe aus $P_1$, $P_2$ ... $P_n$,
und betrachten die Menge aller konnexen Vereinigungen, die aus
diesen Gliedern gebildet werden kann, z. B. die konnexe Vereinigung von $P_2$ und $P_3$ und deren konnexe Vereinigung mit $P_4$. Die
konnexen Vereinigungen repräsentieren kontinuierliche Bereiche,
z. B. von Farbtönen. Die konnexe Vereinigung sämtlicher Elemente
von $S_A$ bildet den Maximalbereich, die Elemente selber die Mini-
malbereiche dieser Vereinigungen in $S_A$. Wenn man auf die gleiche
Weise eine Menge von Bereichen mit $S_B$ assoziiert, können wir $S_A$
mit $S_B$ indirekt, durch die assoziierten Bereiche, vergleichen.
Es kann z. B. vorkommen, daß $S_A$ und $S_B$ denselben Maximalbereich haben, und daß jeder andere Bereich aus $S_A$ in einem Bereich von $S_B$ enthalten ist, aber nicht umgekehrt. In diesem Falle
würde $S_A$ in einem gewissen Sinne eine feinere Aufteilung geben
als $S_B$.[7]

Alle Beobachter, ob sie nun mit Instrumenten ausgerüstet sind oder
nicht, zeigen individuelle Unterschiede in der Fähigkeit, empirisch
kontinuierliche Bereiche mit mehr oder weniger großer Feinheit in
Unterbereiche aufzuteilen. Aber das bedeutet nicht, daß diese Art
von Aufteilung nicht ebenso verständlich wäre wie die Zerlegung
eines Intervalls auf der reellen Zahlengeraden in eine beliebige
Anzahl exakter Teilintervalle, oder daß solche Aufteilungen nicht
miteinander verglichen werden könnten. Die Unterschiede in der
Empfindlichkeit von Instrumenten und im Unterscheidungsvermögen von Beobachtern sind gleichermaßen objektive Tatsachen, und

7 Eine Menge von Bereichen, die mit einer empirisch stetigen Folge assoziiert ist,
ist immer endlich und kann durch die Inklusion (d. h. das Enthaltensein eines
Bereichs im anderen) zu einer Teilordnung gemacht werden. Das bedeutet, daß
man mit jeder Menge von Bereichen und also auch mit jeder empirisch stetigen
Folge einen endlichen Verband und – bei passender Definition des Komplements -
eine Boolesche Algebra assoziieren kann. Dadurch wird es möglich, empirisch
stetige Folgen vermittels der assoziierten Unterverbände bzw. Unter-Algebren
miteinander zu vergleichen. Dabei kommt man jedoch in technische Details, die in
anderen Händen als denen eines kompetenten Mathematikers leicht zu unelegan-
ten Trivialitäten werden.

selbst das empfindlichste Instrument muß letzten Endes von einem Beobachter abgelesen werden.

Der Unterschied zwischen empirisch stetigen und mathematisch stetigen Folgen und Bereichen impliziert in einer gewissen Hinsicht auch einen Unterschied zwischen Wahrnehmungsgleichheit und mathematischer Gleichheit. Wenn ein Mathematiker zwei Objekte $a$ und $b$ im Hinblick auf ein meßbares Prädikat $P$ (etwa Gewicht oder Länge) gleich nennt, meint er damit (i), daß $P$ ein kontinuierlicher Bereich (ein Intervall) ist, der *unendlich* in *exakte* Unterbereiche zerlegbar ist, und daß (iia) für jeden solchen Unterbereich $Q$ gilt: wenn $a$ ein Element von $Q$ ist, ist auch $b$ ein Element von $Q$. Wenn ein Mathematiker behauptet, daß $a$ und $b$ im Hinblick auf $P$ annähernd gleich sind, meint er, daß (i) auch in diesem Falle erfüllt ist, und daß (iib) für jeden Unterbereich $Q$, der einen bestimmten Unterbereich $S$ enthält – d. h. für jedes $Q$, von dem gilt: $S \subset Q \subset P$ – mit $a$ auch $b$ Element von $Q$ ist und umgekehrt.

Ob es sich bei der mathematischen Gleichheit von $a$ und $b$ im Hinblick auf $P$ nun um genaue oder nur annähernde Gleichheit handelt: in beiden Fällen liegen $a$ und $b$ in exakten Unterbereichen eines unendlich teilbaren Bereichs. »Die Länge $5 \pm 0,1$ cm« z. B. ist ein exakter Ausdruck. Man muß das betonen, weil manchmal die Wahrnehmungsgleichheit in einer bestimmten Hinsicht mit der annähernden mathematischen Gleichheit in der gleichen Hinsicht verwechselt wird.

Die Aussage, daß zwei physische Gegenstände $a$ und $b$ im Hinblick auf ein empirisches Prädikat $P$ wahrnehmungsgleich sind, kann nicht nach dem Vorbild der genauen oder annähernden mathematischen Gleichheit analysiert werden, weil ein empirisches Prädikat nicht in unendlich viele exakte Unterprädikate (Unterbereiche) zerlegt werden kann. Im Licht der voraufgegangenen Diskussion kann man jedoch die beiden folgenden Fälle unterscheiden: 1. $P$ ist nicht intern aufteilbar, ist z. B. ein Farbton, an dem man keine weiteren Schattierungen mehr unterscheiden kann. Wenn man in diesem Falle sagt, daß $a$ und $b$ im Hinblick auf $P$ wahrnehmungsgleich sind, heißt das einfach, daß $P$ sowohl $a$ als auch $b$ zugeschrieben werden kann, oder genauer – aber umständlicher – daß $a$, in Übereinstimmung mit den Mitgliedschaftsregeln von $P$, entweder Mitglied oder neutraler Kandidat von $P$ ist, und daß das gleiche für $b$ gilt.

2.: $P$ ist intern aufteilbar, in eine endliche Folge von inexakten Klassen, etwa Klassen gefärbter Gegenstände oder Klassen von Gegenständen verschiedenen Gewichts oder verschiedener Länge (bei denen Gewicht und Länge durch Vergleich mit Einheitsgewichten bzw. -längen festgestellt worden sind). Wenn $P$ intern in $P_1$, $P_2 \ldots P_n$ aufteilbar ist, und wenn keines dieser Glieder wiederum intern aufteilbar ist, dann bedeutet »$a$ und $b$ sind wahrnehmungsgleich«, daß die Prädikate der Folge Gegenständen so zugeschrieben werden können, daß jedes Prädikat, das $a$ zugeschrieben wird, auch $b$ zugeschrieben wird, und umgekehrt.

Diese Definition der Wahrnehmungsgleichheit durch das Einordnen von Individuen in Klassen, die eine empirisch stetige Folge bilden (oder in Bereiche, die aus den konnexen Vereinigungen dieser Klassen bestehen), impliziert nicht, daß bei Individuen, die im Hinblick auf eine bestimmte Eigenschaft *ungleich* sind, die zwischen ihnen bestehende Differenz durch Standardeinheiten zum Ausdruck gebracht werden kann. Jedes Messen durch Einheiten setzt zwar eine Methode voraus, durch die Gleichheit festgestellt wird; das Umgekehrte gilt jedoch nicht.

Wir haben gesehen, daß Wahrnehmungsgleichheit oder Ununterscheidbarkeit in der Wahrnehmung eine nichttransitive Relation ist, und daß Poincaré diesen Umstand für einen guten Grund hielt, den Begriff der empirischen Kontinuität durch einen mathematischen zu ersetzen, ohne den ersteren weiter zu analysieren. Es lohnt sich, darauf hinzuweisen, daß die hier gegebene Definition der Wahrnehmungsgleichheit in einer bestimmten Hinsicht, etwa $P$, ihrem nichttransitiven Charakter gerecht wird. Nehmen wir z. B. an, daß $a$ Mitglied von $P_1$ ist, $b$ ein gemeinsamer neutraler Kandidat von $P_1$ und $P_2$, und $c$ ein gemeinsamer neutraler Kandidat von $P_2$ und $P_3$, also – aufgrund der Definition eines zusammenhängenden Tripels – ein Nichtmitglied von $P_1$. Dann sind $a$ und $b$ im Hinblick auf $P$ wahrnehmungsgleich, weil beiden zu Recht die Mitgliedschaft von $P_1$ zugeschrieben wird; $b$ und $c$ sind wahrnehmungsgleich, weil beiden zu Recht die Mitgliedschaft von $P_2$ zugeschrieben wird; aber $a$ und $c$ sind *nicht* wahrnehmungsgleich im Hinblick auf $P$, weil $a$ zwar Mitglied von $P_1$, aber nicht von $P_3$ ist, und $c$ Mitglied von $P_3$, aber nicht von $P_1$ ist.

#### 4. Eine Charakterisierung von Wahrnehmungs- und theoretischen Prädikaten

Die voraufgegangenen Erörterungen – vor allem der Ähnlichkeitsprädikate, der modifizierten zweiwertigen Logik und der empirischen Kontinuität – versetzen uns in die Lage, Wahrnehmungs-
bzw. Beobachtungsprädikate einerseits und theoretische Prädikate
andererseits zu charakterisieren. Diese Unterscheidung, die man
häufig, wenn auch nicht immer mit wünschenswerter Deutlichkeit
vornimmt, wird u. a. dann von Nutzen sein, wenn es darum geht,
den Übergang von Beobachtungsaussagen zu theoretischen, insbesondere mathematischen Formulierungen zu verstehen.

Die Klasse der sogenannten Wahrnehmungseigenschaften, mit
deren Hilfe Alltagsmenschen wie wissenschaftliche Beobachter
und Experimentatoren normalerweise beschreiben, was sie in
ihren Wahrnehmungen oder in der Dingwelt finden, zeichnet
sich dadurch aus, daß das Auftreten einer Wahrnehmungseigenschaft leicht festzustellen, nachzuprüfen und zum Ausdruck
zu bringen ist. Es handelt sich um keine scharf umgrenzte
Klasse, und die Listen von Wahrnehmungseigenschaften oder
Sinnesqualitäten, die man in psychologischen Lehrbüchern findet, unterscheiden sich durchaus voneinander. Man rechnet die
Farbqualitäten zu ihnen, ebenso Töne und Geräusche, Tast-,
Geruchs- und Temperaturempfindungen, Körpergefühle; die
Intensität, räumliche Ausdehnung und Dauer dieser Qualitäten,
und schließlich auch die Wahrnehmungsgleichheit bzw. -nicht-
gleichheit der Qualitäten selber untereinander oder bestimmter
Individuen im Hinblick auf sie.

Die Klasse der sogenannten theoretischen Prädikate ist ebenfalls
nicht scharf abgegrenzt. Sie enthält u. a. Prädikate wie »eine bestimmte Momentangeschwindigkeit haben«, »ein euklidisches Drei-
eck sein«, »2 π Zentimeter lang sein« und andere Nicht-Wahrnehmungsprädikate, aber beileibe nicht alle. Z. B. ist »eine Schimäre
sein« zwar kein Wahrnehmungsprädikat, aber auch kein theoretisches. Ganz grob gesagt: theoretische Prädikate können nicht
in der Wahrnehmung exemplifiziert werden und gehören zu bestimmten wissenschaftlichen Theorien. Man kann darüber streiten,
ob eine Theorie wie etwa die Jungsche Psychologie wissenschaftlich

ist, und folglich auch, ob ein Prädikat wie »das kollektive Unbewußte« ein theoretisches Prädikat ist oder nicht.

Man kann jedoch Wahrnehmungsprädikate und theoretische Prädikate deutlicher charakterisieren und schärfer voneinander trennen, indem man zeigt, daß sie je für sich echte Unterklassen von einander ausschließenden und ihren Gegenstandsbereich gemeinsam ausschöpfenden Klassen von Prädikaten sind. Zunächst einmal ist jedes Wahrnehmungsprädikat empirisch und jedes theoretische Prädikat nichtempirisch. Ein Prädikat kann vernünftigerweise als empirisch definiert werden, wenn es sich (i) um einen Ausdruck handelt, der in Übereinstimmung mit den Regeln der modifizierten zweiwertigen Logik konstruiert worden ist und eine oder mehrere freie Variable enthält, (ii) wenigstens eines der in ihm vorkommenden Prädikate ein Ähnlichkeitsprädikat ist, und (iii) wenigstens eine Substitution von Namen empirischer Individuen für die Variablen einen wahren Satz ergibt. Diese Charakterisierung empirischer Prädikate trägt dem Umstand Rechnung, daß wir jedesmal, wenn wir eins von ihnen definieren, früher oder später auf ein Definiens kommen, bei dem es sich um ein Ähnlichkeitsprädikat handelt, und vielfach um eins, das mit Hilfe von Standardmitgliedern und -nichtmitgliedern der entsprechenden Klasse »definiert« werden muß.

Ein vernünftiger Einwand gegen unsere vernünftige Definition wäre, daß sie zu eng ist, weil in der Umgangssprache Ähnlichkeitsklassen auf viel mehr Weisen kombiniert werden als nach Bedingung (i) zulässig sind. Nun deckt diese Definition aber gewiß mehr als bloß Wahrnehmungseigenschaften. Z. B. würde ein Prädikat, in dem eine große Anzahl von Ähnlichkeitsprädikaten kombiniert sind – meinetwegen unter Verwendung von zwanzig All- und Existenzquantoren –, immer noch empirisch sein können, auch wenn es in keiner Aufzählung von Wahrnehmungseigenschaften zu finden ist. Daß die Klasse der nicht empirischen Prädikate ebenfalls bedeutend weiter ist als die Klasse der theoretischen Prädikate, folgt aus dem Umstand, daß die Unanwendbarkeit eines Prädikats – z. B. des Prädikats »eine Schimäre sein« – auf empirische Individuen beweist, daß es nichtempirisch ist, aber nicht beweist, daß es theoretisch ist.

Wahrnehmungs- und theoretische Prädikate gehören auch jeweils zu den Unterklassen zweier weiterer einander ausschließender Klassen, die ich als »intern exakt« bzw. »intern inexakt« bezeichnen möchte. Eine Klasse ist dann und nur dann intern inexakt, wenn sie (i) inexakt oder (ii) intern in zwei zusammenhängende Klassen aufteilbar oder (iii) die nichtleere Klasse gemeinsamer neutraler Kandidaten zweier inexakter Klassen – d. h. ein Konnektor – ist. Prädikate, die intern inexakten Klassen korrespondieren, sollen ebenfalls »intern inexakt« heißen. Die Aufteilung von Prädikaten in intern exakte und inexakte ist unabhängig vom Begriff des Ähnlichkeitsprädikats und kann infolgedessen in der modifizierten zweiwertigen Logik, in der inexakte Prädikate unabhängig vom Ursprung ihrer Inexaktheit zulässig sind, formuliert werden.

Wahrnehmungsprädikate sind intern inexakt: Nach der üblichen Auffassung ist jede Wahrnehmungseigenschaft entweder ein *summum genus* (eine oberste Determinable, z. B. »farbig«), eine *infima species* (eine unterste Determinierte, z. B. ein bestimmter Grünton, bei dem keine weiteren Unterscheidungen mehr möglich sind) oder eine Species »unter« dem *summum genus* und »über« der *infima species*. Außerdem steht jede Species unter dem *summum genus* mit mindestens einer anderen Species in einem kontinuierlichen Zusammenhang. Sie ist folglich inexakt und bestimmt überdies wenigstens einen Konnektor, d. h. eine Klasse gemeinsamer neutraler Kandidaten zweier »benachbarter« Eigenschaften. Bei der üblichen Behandlung der Wahrnehmungseigenschaften, die den Begriff der Kontinuität unanalysiert läßt, kommt der Begriff »Konnektor« allerdings nicht vor. Wenn ein *summum genus* exakt ist, muß es intern in zwei zusammenhängende Species aufteilbar sein; denn sonst würde es Wahrnehmungsspecies geben, die mit keiner anderen kontinuierlich zusammenhängen. Alle Wahrnehmungseigenschaften – aber nicht alle empirischen, z. B. solche, denen eine endliche Klasse von Individuen korrespondiert – sind folglich intern inexakt.

Theoretische Prädikate dagegen sind intern exakt. Denn die Theorien, in denen sie auftreten, beruhen explizit oder implizit auf logischen Systemen, in denen (neutrale Aussagen und) inexakte Prädikate nicht zulässig sind. Und wo nur exakte Prädikate zugelassen sind, kann es keine interne Aufteilbarkeit und keine Konnektoren geben, weil beide Begriffe die Existenz von Klassen mit gemeinsamen neutralen Kandidaten implizieren und somit inexakt sind.

Für die weitere Diskussion wird es von Nutzen sein, wenn wir hier einige ziemlich auf der Hand liegende Folgerungen aus diesen Bemerkungen ziehen. Nicht alle Wahrnehmungsklassen sind inexakt: wenn aber eine Wahrnehmungsklasse exakt ist, hat sie inexakte Unterklassen oder ist ein Konnektor zwischen solchen Klassen. Wir können exakte Wahrnehmungsklassen also nur dann in eine Theorie aufnehmen, die auf der klassischen Logik beruht, wenn wir ihre weitere Unterteilung verbieten, denn – wie wir gesehen haben – sind in der klassischen Logik (als Instrument zur Ableitung kontingenter Folgerungen aus kontingenten Prämissen) nur exakte Klassen zulässig. Allgemeiner ausgedrückt: nicht alle empirischen Klassen sind inexakt; aber wenn eine empirische Klasse exakt ist, ist sie in Komponenten zerlegbar, von denen wenigstens eine eine Ähnlichkeitsklasse und somit inexakt ist. Wir können exakte empirische Klassen also nur in eine Theorie einbetten, die auf der klassischen Logik beruht, wenn wir ihre Zerlegung verbieten. Der Ausschluß von Wahrnehmungs- und empirischen Klassen im allgemeinen aus einer Theorie impliziert natürlich den Ausschluß der entsprechenden empirischen Prädikate, ihrer Anwendungsfälle und aller Aussagen, in denen sie vorkommen.

Infolgedessen ist es unmöglich, mit Hilfe der klassischen Logik irgendeine empirische Aussage aus einer theoretischen Aussage abzuleiten. Kurz: es gibt zwischen empirischem und theoretischem Diskurs keinen logischen Zusammenhang. Man kann weiter anmerken, daß zu den Einschränkungen, die dem empirischen Sprechen durch die klassische elementare Logik auferlegt werden, noch weitere hinzukommen, wenn diese Logik erweitert wird. Bevor wir jedoch einige dieser weiteren Einschränkungen betrachten, will ich versuchen, die Aussagen, die im empirischen Diskurs vorkommen, noch weiter zu analysieren.

# V

## Empirische Allgemeinheit

Die Analyse allgemeiner Aussagen folgt in der Regel einer von drei traditionellen Tendenzen: der empiristischen und rationalistischen Zweiteilung in analytische und synthetische Aussagen, der Kantschen (und auch von verschiedenen Pseudokantianern vertretenen) Dreiteilung in analytische Aussagen, synthetische Aussagen *a priori* und synthetische Aussagen *a posteriori*, oder aber der These – die u. a. von absoluten Idealisten und Pragmatisten vertreten wird –, daß man keinen logischen Unterschied zwischen verschiedenen Arten von Aussagen finden könne. Alle diese Auffassungen setzen voraus, daß jedes Prädikat exakt ist oder doch jedenfalls ohne Schaden so behandelt werden kann. Wir haben gezeigt, daß diese Annahme für empirische Aussagen falsch ist. Ihre Widerlegung ermöglicht eine von Anfang an neue Analyse allgemeiner Aussagen, bei der sich zeigt, daß die traditionellen Zweiteilungen und Dreiteilungen unnötige Einschränkungen mit sich bringen, und daß es voreiliger Defätismus ist, wenn man zwischen verschiedenen Arten von Aussagen nur pragmatische und keine logischen Unterschiede finden zu können glaubt.

### 1. Allgemeine Aussagen, die auf Koinzidenzen, auf logischen und auf idealen Konstruktionen beruhen

Nach der traditionellen Dichotomie sind allgemeine Aussagen – »Alle $P$ sind $Q$«, $(x)(P(x) \supset Q(x))$, $P \subset Q$ – entweder zufällig oder mit logischer Notwendigkeit wahr. Diese Unterscheidung läßt sich rechtfertigen, liefert aber keine erschöpfende Einteilung. Bevor ich auf die Arten von Aussagen eingehe, die in keine dieser beiden Klassen passen, möchte ich zunächst kurz solche Aussagen erörtern, die zufällig allgemein oder aber logisch notwendig sind, um die Beziehung zwischen ihren Wahrheitsgründen und den Tests sichtbar zu machen, mit deren Hilfe man sie als wahr erkennen kann. Genauer gesagt werde ich bei jeder von ihnen fragen: (1) Was zählt in diesem Fall als Wahrheitsgrund? (2) Was zählt als Test für die Wahrheit? (3) Welche Beziehung besteht zwischen Grund und Test? (4) Welche Möglichkeiten werden – wenn überhaupt – durch den Test offengelassen?

Eine zufällig allgemeine Aussage $P_o \subset Q_o$ ist natürlich dann und nur dann wahr, wenn wenigstens ein empirisches Individuum ein $P_o$ und jedes $P_o$ ein $Q_o$ ist. Ihr Wahrheitsgrund ist, kurz gesagt, eine Koinzidenz. Der Test für ihre Wahrheit besteht in Beobachtungen. Und kein solcher Test kann ein Wahrheitsgrund für sie sein. Das würde selbst Berkeley zugeben, nach dem *esse percipi* ist, aber nicht notwendig *percipi* durch menschliche Beobachter. Wenn ein Test für $P_o \subset Q_o$ unvollständig ist oder sogar aus bestimmten Gründen unvollständig bleiben muß, kann er durch Extrapolation oder Vermutungen ergänzt werden. Z. B. ist die Beobachtung, daß alle Leute in diesem Raum Brillen tragen, ein vollständiger Test für die Wahrheit der Aussage, daß alle Leute in diesem Raum mit Brillen ausgestattet sind; hingegen ist der Grund für die Wahrheit dieser Aussage eine Koinzidenz, die von jeder Beobachtung unabhängig ist. Die Beobachtungen, durch die die Aussage getestet wird, daß alle Schwäne tatsächlich weiß sind, bilden einen unvollständigen Test, der durch Vermutungen ergänzt werden kann.

Soweit enthält dieser Vergleich zwischen den Wahrheitsgründen und den Wahrheitstests für allgemeine Aussagen nicht mehr als eine Neuformulierung gängiger Auffassungen. Auch bei der Betrachtung logisch notwendiger Aussagen werde ich kaum etwas substantiell Neues festzustellen haben. Nehmen wir z. B. die anerkannten Prototypen logisch notwendiger allgemeiner Aussagen, nämlich die Theoreme der klassischen elementaren Logik in ihrer üblichen Interpretation. Diese Aussagen sind – wie Leibniz gesagt hat – in allen möglichen Welten wahr. Um es genauer auszudrücken: man macht keine Annahmen über die Individuen, die als Werte für die Individuenvariablen in diesen Aussagen auftreten können, außer den folgenden drei: (i) Dieser Individuenbereich ist nicht leer; (ii) er kann eine endliche oder aktual unendliche Anzahl von Individuen enthalten, und (iii) lassen sich diese Individuen nur in exakten Klassen zusammenfassen. Die zweite Annahme ist oft in Frage gestellt worden, zuletzt von den Intuitionisten, die eine intuitionistische elementare Logik entwickelt haben, in der ein

Individuenbereich potentiell aber nicht aktual unendlich sein kann. Die Verwerfung der dritten Annahme – die die exakten Klassen betrifft – führt zu einer modifizierten klassischen (bzw. intuitionistischen) elementaren Logik, in der die zweite Annahme in ihrer klassischen (bzw. intuitionistischen) Form gilt. Was hier über die klassische Logik gesagt wird, gilt *mutatis mutandis* auch für die übrigen Systeme der elementaren Logik. (Die Logik höherer Stufen, in der Quantoren über Prädikatenvariable zulässig sind, wird heute gewöhnlich nicht mehr zur eigentlichen Logik sondern zur axiomatischen Mengentheorie gezählt.)

Tarski und andere, die auf seinen grundlegenden Arbeiten aufbauen, haben den Leibnizschen Begriff möglicher Welten durch einen präzisen Modellbegriff ersetzt. Betrachten wir dazu eine kurze Erläuterung von Tarski selbst:[1]

»Nehmen wir an, daß es in der von uns betrachteten Sprache für jede außerlogische Konstante gewisse Variable gibt, die ihr korrespondieren, und zwar so, daß jeder Satz zu einer Satzfunktion wird, wenn die Konstanten in ihm durch entsprechende Variable ersetzt werden. Sei $L$ eine beliebige Klasse von Sätzen. Wir ersetzen nun alle außerlogischen Konstanten in den Sätzen von $L$ durch entsprechende Variable, wobei gleiche Variable für gleiche Konstante und ungleiche für ungleiche gesetzt werden. Wir erhalten auf diese Weise eine Klasse $L^1$ von Satzfunktionen. Jede beliebige Folge von Objekten, die alle Satzfunktionen von $L^1$ erfüllt, soll nun ein *Modell* oder eine *Realisierung der Klasse L von Sätzen* genannt werden. (Das ist genau der Sinn, in dem man gewöhnlich von Modellen eines Axiomensystems oder einer deduktiven Theorie spricht.)«

Eine Klasse von Sätzen ist demnach als logisch notwendig – d. h. als analytisch im Sinne von Tarski und Carnap – zu definieren, »wenn jede Folge von Objekten ein Modell für sie liefert«. Die Theoreme der klassischen elementaren Logik sind in diesem Sinne logisch notwendig (und nur solche wohlgebildeten Formeln der klassischen Logik, die in diesem Sinne notwendig sind, sind Theoreme der Logik).

Bei der Konstruktion von Modellen gibt es keine Einschränkungen hinsichtlich der Natur der Objekte, die in ihnen auftreten dürfen (außer den obigen Bedingungen, daß es sich um einen nichtleeren, endlichen oder aktual unendlichen und exakt klassifizierbaren In-

1 »On the Concept of Logical Consequence« (ursprünglich 1936 in polnischer Sprache veröffentlicht, jetzt Kap. XVI von *Logic, Semantics, Metamathematics*, Oxford 1956).

dividuenbereich handeln soll). Insbesondere ist es nicht erforderlich, Individuen einer bestimmten Art tatsächlich zu konstruieren
oder anderweitig aufzuzeigen.

Während die Wahrheit einer zufällig allgemeinen Aussage ihren
Grund in einer Koinzidenz hat, wird die Wahrheit logisch allgemeiner Aussagen durch logische Konstruktionen begründet, d. h.
durch die Formulierung von Bedingungen, die festlegen, was als
mögliche Welt oder als ein Modell gelten soll, und nicht durch die
Konstruktion bestimmter Individuen oder Mengen von Individuen. Weiterhin: während zufällig allgemeine Aussagen durch Beobachtungen getestet werden, besteht der Test für logische Allgemeinheit wiederum in einer logischen Konstruktion, die zeigt, daß
die Aussage durch alle Modelle erfüllt wird. Dieser Zusammenhang zwischen Wahrheitstests und Wahrheitsgründen bei den
Theoremen der klassischen wie der intuitionistischen elementaren
Logik wird durch Beths Methode der semantischen und deduktiven Tableaux augenfällig und elegant demonstriert.[2] Weil jeder
Test auf logische Notwendigkeit *ipso facto* selbst ein Grund für
sie ist oder einen Grund für sie liefert, bleibt kein Platz für Vermutungen.

Seit Kant als erster bestritt, daß es sich hier um eine erschöpfende
Einteilung handle, sind immer wieder scheinbare und echte Gegenbeispiele gegen diese traditionelle Dichotomie vorgebracht worden,
die aus der Mathematik, den Wissenschaften oder der Umgangssprache stammten. Kants arithmetische Argumente spielen in den
Schriften der Intuitionisten noch eine höchst wirksame Rolle. Wenn
wir zwischen Kants Auffassung von Raum und Zeit als Formen
der Anschauung und seiner Konzeption der Mathematik als einer
»Konstruktion von Begriffen« unterscheiden, können wir sagen,
daß er gezeigt hat, daß es außer den logisch notwendigen Aussagen
noch andere Arten von Aussagen gibt, bei denen ein Wahrheitstest auch ein Wahrheitsgrund ist, nämlich die Aussagen der Mathematik. Der Grund ist in diesem Falle nicht, oder nicht nur, eine
logische Konstruktion, die für einen nichtleeren, aktual oder potentiell unendlichen und exakt klassifizierbaren Individuenbereich
gilt und ohne die Konstruktion irgendwelcher Individuen einer

2 Vgl. E. Beth, *Formal Methods*, Dordrecht 1962.

bestimmten Art auskommt, sondern eine *ideale* Konstruktion, d. h.
eine Konstruktion bestimmter nichtempirischer Individuen, insbesondere der natürlichen Zahlen. Wenn es sich bei rein logischen
Konstruktionen gleichsam um die Konstruktion möglicher Welten
handelt, denen keine spezifizierten Individuen mitgegeben werden, füllt eine ideale Konstruktion dagegen jede dieser Welten mit
spezifizierten idealen Individuen.

Die Frage, ob Arithmetik, Geometrie, rationale Mechanik usw.
auf idealen Konstruktionen beruhen, wird später noch ausführlicher erörtert werden. Es ist jedoch gewiß, daß es eine konstruktive Mathematik gibt. Daß es sich bei ihren Gegenständen um
ideale und nicht um empirische Individuen handelt, wird von den
Intuitionisten nicht bezweifelt. Die Formalisten neigen zwar dazu,
sie als empirisch zu betrachten, zögern aber keineswegs, im Hinblick auf diese Gegenstände nicht realisierbare Annahmen zu machen, z. B. daß es genug Materie gibt, um jede beliebige endliche
Folge von Strichen auf einer Tafel zu machen, oder daß alle vor-
stellbaren Strichfiguren wohlunterscheidbar sind.

Insofern eine arithmetische Aussage eine ideale Konstruktion beschreibt, liefert jeder ihrer Wahrheitstests auch einen Wahrheitsgrund, und umgekehrt kann nur ein Verfahren, das auf einen
Grund für ihre Wahrheit führt, als ein Wahrheitstest betrachtet
werden. Deshalb identifizieren die Intuitionisten mathematische
Existenz mit Konstruierbarkeit und Beweise mit Konstruktionen,
und deshalb ist für sie die Mathematik auch eine wesentlich
»sprachfreie« und »logikfreie« Tätigkeit. Aber das Vorkommen
idealer Konstruktionen impliziert noch nicht, daß die Mathematik
im ganzen konstruktiv ist, oder daß alle idealen Konstruktionen
zur Mathematik gehörten.

Wir haben bis jetzt drei Typen allgemeiner Aussagen unterschieden: (*a*) zufällig allgemeine, die durch Koinzidenzen begründet
werden und durch Beobachtungen vollständig oder unvollständig
getestet werden können; (*b*) logisch notwendige Aussagen, die
durch logische Konstruktionen begründet und getestet werden,
und (*c*) ideale Aussagen, die durch ideale Konstruktionen begründet und getestet werden. Ich wende mich nunmehr allgemeinen
Aussagen zu, in denen empirische Prädikate vorkommen und die
unter keine dieser Kategorien fallen.

## 2. Scheinbar hybride allgemeine Aussagen

Kritik und Ablehnung der traditionellen Klassifizierung allgemeiner Aussagen können sich auf verschiedene Arten von Aussagen berufen, in denen empirische Prädikate vorkommen, und die allem Anschein nach irgendwo zwischen logischer Notwendigkeit und bloß zufälliger Allgemeinheit einzuordnen sind, wobei einige der Notwendigkeit und andere der Zufälligkeit näher zu stehen scheinen. Vor allem allgemeine Aussagen, die empirische Naturgesetze zum Ausdruck bringen sollen, scheinen auf etwas mehr zu gründen als bloßer Koinzidenz. Wenn man behauptet, daß alle magnetisierten Eisenstücke Eisenfeilspäne anziehen oder (um dasselbe in Form eines Bedingungssatzes auszudrücken) daß, wenn etwas ein magnetisiertes Eisenstück ist, es alle Eisenfeilspäne, die sich in seiner Nähe befinden, anzieht, dann scheint man doch mehr zu behaupten als daß dies rein zufällig so ist. Einige Philosophen verwenden den Ausdruck »Naturnotwendigkeit«, um diese scheinbar mehr als zufällige Allgemeinheit zu kennzeichnen.

Auf der anderen Seite scheinen Aussagen wie »Blaue Dinge sind nicht rot« oder – in der Konditionalform – »Wenn etwas blau ist (oder wäre), dann ist es nicht (wäre es nicht) rot« nur gerade eben nicht logisch notwendig zu sein – was heißen soll, daß sie noch irgendwie von der wirklichen Welt abhängig sind und nicht für alle möglichen Welten gelten. Um diese scheinbar weniger als logische Allgemeinheit zu kennzeichnen, nennt man solche Aussagen manchmal »analytisch, wenn auch nicht logisch wahr« oder »begrifflich notwendig«.

Solche Vorstellungen von Natur- und begrifflichen Notwendigkeiten werden nur selten – wenn überhaupt – durch Analyse zu voller Klarheit gebracht. Sie bringen bestenfalls das Bedürfnis nach einer solchen Analyse und meist nur eine philosophische Verlegenheit zum Ausdruck. Wenn eine Analyse naturnotwendiger oder begrifflich notwendiger Aussagen versucht wird, zielt sie meist darauf ab, zu zeigen, daß die scheinbar hybriden Aussagen in Wirklichkeit gar nicht hybride sind. Die scheinbare Notwendigkeit bei Aussagen, die Naturgesetze ausdrücken, wird manchmal auf ein sie begleitendes Gefühl zuversichtlicher Erwartung zurückgeführt, oder auf die Notwendigkeit, mit der empirische Folge-

rungen sich logisch aus empirischen Prämissen ergeben. Die scheinbar zufällige Allgemeinheit dieser Aussagen andererseits wird auf
das menschliche Unvermögen zurückgeführt, sie ebenso zu beweisen wie jene logisch notwendigen Aussagen, deren Beweis in unserer Macht steht. Diese einander entgegengesetzten Methoden zur
Rechtfertigung der traditionellen Dichotomie gehen natürlich wenigstens bis auf Hume und Descartes zurück. »Begrifflich notwendige« Aussagen werden ähnlich behandelt und logisch notwendigen Aussagen angeglichen.

Die Strategie der üblichen Analyse zerfällt in zwei Teile. Zunächst
werden alle augenfälligen Eigenschaften der Hybride aufgeführt.
Danach wird argumentiert, daß es sich bei einigen von ihnen um
Täuschungen handeln muß – etwa deshalb, weil sie unverträglich
mit anderen sind, an deren Vorhandensein man nicht zweifeln
kann. Anschließend versucht man zu zeigen, daß die übrigbleibenden Eigenschaften ausnahmslos auch Aussagen zufälliger oder logischer Allgemeinheit zukommen. Beim ersten dieser Schritte handelt es sich um eine vernünftige philosophische Prozedur, die jeder
Analyse vorausgehen sollte. Ich werde dementsprechend versuchen, die Eigenschaften hybrider Aussagen aufzuzählen, denen die
philosophische Analyse gerecht werden oder deren Täuschungs-
charakter sie nachweisen muß.[3]

Zunächst: eine Aussage der Form »Alle $P_o$ sind $Q_o$« oder »Wenn
etwas $P_o$ ist (oder wäre), dann ist es (oder würde sein) ein $Q_o$«
ist (in keinem vernünftigen Sinne) logisch einer endlichen Konjunktion von Disjunktionen der Form $((\neg P_o(x_1) \vee Q_o(x_1)) \wedge$
$((\neg P_o(x_2) \vee Q_o(x_2)) \wedge \ldots \wedge ((\neg P_o(x_n) \vee Q_o(x_n))$ äquivalent.
Diese Formel würde nur eine allgemeine Aussage über beobachtete
Fälle adäquat wiedergeben, aber nicht eine Aussage über Fälle von
$P_o$ und $Q_o$, die bisher nicht beobachtet worden und möglicherweise
unbeobachtbar sind.

Zweitens: die vorkommenden Prädikate $P_o$ und $Q_o$ sind empirisch.
Dies ist vielleicht das deutlichste Charakteristikum der hybriden
Aussagen und gibt Anlaß zu der Frage, ob bei der Analyse der
Natur- und begrifflichen Notwendigkeit die Inexaktheit (wenig-

---

3 Diese Aufzählung findet sich auch in Kap. IX von *Conceptual Thinking*, dessen Gedankengang hier weiter entwickelt wird.

stens einiger) empirischer Prädikate nicht unzulässig vernachlässigt worden ist.

Drittens handelt es sich bei den fraglichen Aussagen um *strikte Bedingungssätze* in einem Sinne, der etwas genauer erklärt werden muß. Aussagen über Natur- bzw. begriffliche Notwendigkeiten lassen sich, wie wir schon festgestellt haben, als allgemeine Bedingungssätze formulieren, z. B.: »Für alle $x$: wenn $x$ ein $P_o$ ist, dann ist $x$ ein $Q_o$«, oder kurz: $(x)(P_o(x)CQ_o(x))$, wobei die Analyse von »wenn . . . dann« bzw. »C« offenbleibt. Jedem allgemeinen Bedingungssatz entsprechen singuläre Bedingungssätze, z. B. $P_o(x_o)CQ_o(x_o)$, $P_o(x_1)CQ_o(x_1)$, usw., die sich ergeben, wenn man »für alle . . .« bzw. den Quantor fallen läßt und für die Variablen Namen von Individuen einsetzt. Es handelt sich bei diesen singulären Bedingungssätzen um Substitutionen in oder Anwendungen des allgemeinen Bedingungssatzes. Ein singulärer Bedingungssatz kann weniger explizit auch so geschrieben werden: $p_oCq_o$.

$p_oCq_o$ soll dann und nur dann ein strikter Bedingungssatz sein, wenn er *nicht* aus der Negation seines Vordersatzes $p_o$ abgeleitet werden kann. Wenn wir das gebräuchliche Zeichen »⊢« verwenden, um die Ableitbarkeit (im Hinblick auf eine zugrundeliegende Logik) auszudrücken, können wir sagen, daß $p_oCq_o$ dann und nur dann ein strikter Bedingungssatz ist, wenn $\neg\, p_o \vdash (p_oCq_o)$ *nicht* gilt. Wenn »C« selber schon für das »wenn . . . dann« der deduktiven Ableitbarkeit steht, haben wir es klarerweise mit einem strikten Bedingungssatz zu tun, weil $\neg\, p_o \vdash (p_o \to q_o)$ nicht gilt. Entsprechend soll $p_oCq_o$ dann und nur dann *nichtstrikt* sein, wenn es aus der Negation von $p_o$ ableitbar ist. Wenn »C« für das »wenn . . . dann« der materialen Implikation (bzw. der Subjunktion) steht, ist $p_oCq_o$, d. h. $p_o \supset q_o$ nichtstrikt; denn es gilt ja $\neg\, p_o \vdash (\neg\, p_o \vee q_o)$, d. h. $\neg\, p_o \vdash (p_o \supset q_o)$.

Nunmehr kann der strikte bzw. nichtstrikte Charakter allgemeiner Bedingungssätze definiert werden. Ein allgemeiner Bedingungssatz ist dann und nur dann strikt, wenn er wenigstens eine strikte Anwendung besitzt. Ein allgemeiner Bedingungssatz ist nichtstrikt, wenn keine seiner Anwendungen strikt ist.

Betrachten wir ein Beispiel: »Für alle $x$: wenn $x$ ein magnetisiertes Stück Eisen ist (oder wäre), dann zieht es Eisenfeilspäne an (würde es . . . anziehen)«. In abgekürzter Form lautet dieser Satz:

$(x)(M(x)CA(x))$, und seine Anwendung auf ein Objekt $x_0$: $M(x_0)$ $CA(x_0)$. Nehmen wir an, daß diese Anwendung nichtstrikt ist, d. h. daß

$$\daleth M(x_0) \vdash M(x_0)CA(x_0)$$

ist. Weil die Gültigkeit dieser Ableitbarkeitsaussage nicht von $A_0(x_0)$ abhängig ist, würde sich an ihr nichts ändern, wenn man $A_0(x_0)$ durch beliebige andere Aussagen ersetzte, etwa $\daleth A(x_0)$. Das jedoch widerstrebt unserer natürlichen Einsicht, was schon ein Grund dafür ist, daß man die Anwendungen von Naturnotwendigkeitsaussagen und diese Aussagen selbst wenigstens *prima facie* als strikt betrachtet.

Was nun die sogenannten »analytischen, aber nicht logisch wahren« oder »begrifflich notwendigen« Aussagen betrifft, so ist ihre Striktheit prima facie noch einleuchtender. Aus der Negation der Aussage, daß das Objekt $x_0$ rot ist, kann man nicht folgern, daß, wenn es rot ist (oder wäre), es auch nicht-grün, nicht-farbig, nicht-ausgedehnt ist (oder wäre).

Die vierte Forderung besteht darin, daß eine Analyse unserer scheinbar hybriden Aussagen der Relevanz gerecht werden sollte, die Beobachtungsgegebenheiten für sie haben, und ebenso dem starken Eindruck, daß die sogenannten Naturnotwendigkeitsaussagen »weniger notwendig« oder »zufälliger« sind als begrifflich notwendige Aussagen.

Die meisten Analysen der scheinbaren Hybriden beruhen auf der Annahme, daß die Beziehung C in $(x)(P(x)CQ(x))$ entweder die formale Implikation oder die logische Ableitbarkeit bezeichnen müsse. Aber formale Implikationen sind nicht in unserem Sinne strikt, und logische Ableitbarkeitsbeziehungen sind unabhängig von empirischen Gegebenheiten. Es sieht dann so aus, als ob man aus diesem Grunde entweder den prima facie strikten Charakter dieser Aussagen oder aber ihre Abhängigkeit von empirischen Gegebenheiten wegerklären müßte. Man kann diese Aussagen jedoch so erklären, daß nicht nur alle unsere Forderungen erfüllt werden, sondern auch das Ausmaß sichtbar wird, in dem die verschiedenen Arten von Hybriden auf Koinzidenzen, Vermutungen und Konventionen beruhen.

### 3. Allgemeine Aussagen, die auf empirischen Konstruktionen beruhen

In der modifizierten zweiwertigen Logik, in der nicht nur exakte, sondern auch inexakte Klassen zulässig sind, wird die Aussage, daß alle $P\,Q$ sind bzw. daß die Klasse $P$ in der Klasse $Q$ enthalten ist, – wie wir uns erinnern – so definiert: $P \subset Q$ dann und nur dann, wenn $[P \subset Q]$ und $\{P \subset Q\}$, wobei die eckigen Klammern die provisorische und die geschweiften Klammern die endgültige Beziehung kennzeichnen. Wenn es sich bei $P \subset Q$ um eine Aussage von zufälliger Allgemeinheit handelt, geht man bei ihrer Behauptung durch Extrapolation oder Vermutung über das hinaus, was tatsächlich beobachtet worden ist. $P \subset Q$ ist nur unvollständig prüfbar, und das gleiche gilt für $[P \subset Q]$ und $\{P \subset Q\}$. Was vollständig prüfbar ist und auch geprüft wird, ist natürlich der Umstand, daß alle beobachteten $P$ in allen beobachteten $Q$ enthalten sind, d. h. die Inklusion einer Auswahl durch eine andere. Eine solche Auswahlinklusion, wie ich das nennen möchte, kann man kurz $((P \subset Q))$ schreiben.

Die Beziehung zwischen $((P \subset Q))$ und $P \subset Q$ wird in den folgenden klassischen Bemerkungen von Hume klar beschrieben:

»Diese beiden Aussagen sind weit davon entfernt, identisch zu sein ... Wenn man Wert darauf legt, bin ich gerne bereit, zuzugeben, daß die eine Aussage mit Recht aus der anderen erschlossen werden kann; ja, ich weiß in der Tat, daß sie immer auf diese Weise gefolgert wird. Aber wenn man mir sagt, daß diese Folgerung auf Grund einer regelrechten Kette von Schlüssen gezogen wird, möchte ich diese Schlußkette doch einmal sehen. Der Zusammenhang zwischen diesen beiden Aussagen ist nicht anschaulich einleuchtend. Es bedarf eines Vermittelnden, das den Geist in die Lage versetzt, zu dieser Folgerung zu kommen, wenn man denn wirklich durch Schlüsse und Argumente zu ihr kommen kann. Was dieses Vermittelnde ist, ist, wie ich bekennen muß, eine Frage, die über meine Kräfte geht; und es einsichtig zu machen, obliegt denen, die behaupten, daß es existiert und der Ursprung aller unserer Folgerungen hinsichtlich der Tatsachen ist.«[4]

Diese Lücke zwischen $((P \subset Q))$ und $P \subset Q$ – die Humesche Lücke, wie man sie nennen könnte –, die für alle Aussagen zufälliger Allgemeinheit charakteristisch ist, kann in sich unterteilt werden:

---

4 Hume, *Enquiry Concering Human Understanding*, § 29. (Nach der Edition von Selby-Bigge, Oxford 1888.)

nämlich (in Anbetracht der Definition von $P \subset Q$) in eine Lücke zwischen der geprüften Auswahlinklusion $((P \subset Q))$ und der nur unvollständig prüfbaren provisorischen Inklusion $[P \subset Q]$ einerseits, und dieser provisorischen und der wiederum nur unvollständig prüfbaren endgültigen Inklusion $\{P \subset Q\}$ andererseits. Die erste dieser beiden Lücken läßt sich durch die Vermutung überbrücken, daß die Auswahlinklusion für alle – beobachteten und nichtbeobachteten – Objekte erhalten bleibt, sofern man nur die neutralen Kandidaten von $P$ und $Q$ außer Betracht läßt, die zweite durch die Vermutung, daß die Inklusion erhalten bleibt, selbst wenn neutrale Kandidaten zugelassen werden. Diese Aufteilung der Humeschen Lücke zwischen $((P \subset Q))$ und $P \subset Q$ ist für die Diskussion scheinbar hybrider Aussagen relevant, ändert sonst aber wenig an Humes Auffassung hinsichtlich der zufälligen Allgemeinheit.

Es ist instruktiv, diese Humeschen Konjekturen mit mathematischen zu vergleichen. In der konstruktiven Mathematik kann es auch eine Lücke zwischen einer Auswahlinklusion $((P \subset Q))$ und $P \subset Q$ geben, z. B. wenn es sich bei $P$ und $Q$ um zwei Klassen ganzer Zahlen handelt und die doppelte Klammer anzeigt, daß die Inklusion nur für überprüfte Elemente behauptet wird. In diesem Falle kann jedoch der Zusammenhang zwischen den beiden Inklusionen durch eine ideale Konstruktion hergestellt und geprüft werden. Auf diese Weise enthüllen mathematische Induktionsbeweise die Struktur der Folge der natürlichen Zahlen. Das führt auf die Frage, ob nicht vielleicht auch im Falle unserer hybriden Aussagen der Zusammenhang zwischen Auswahl- und provisorischer Inklusion einerseits und provisorischer und endgültiger Inklusion andererseits ebenfalls auf einer Konstruktion beruht. Es würde sich dabei allerdings um eine Konstruktion empirischer und nicht idealer Individuen handeln müssen, weil die konstituierenden Prädikate bzw. Klassen der sogenannten natur- oder begrifflich notwendigen Aussagen empirischen Charakter haben.

Nun bieten sich zwei Arten an, auf die man neue empirische Individuen konstruieren kann. Die erste besteht in der Bildung eines neuen Klassenbegriffs (etwa einer neuen Art von Kraftfahrzeug), und in der Ausstattung dieser neuen Klasse mit Mitgliedern, indem man sie – wie bei jeder neuen Erfindung – anfertigt. Bei der zweiten wird ein neuer Klassenbegriff so eingeführt, daß die Mitglieder der entsprechenden Klasse bereits vorhanden sind. Beim ersten Verfahren verändern wir die Welt, beim zweiten nur unsere Begriffe. Aber auch die zweite Methode, die ich als »empirische Konstruktion« bezeichnen werde, darf nicht etwa mit einer bloß unsere Sprechweise abkürzenden Verbaldefinition verwechselt werden. Denn im Gegensatz zu empirischen Konstruktionen garantiert eine Verbaldefinition nicht, daß irgend etwas außer der definierenden und der definierten Wendung existiert.

Der Prozeß, eine neue Art von Objekten gleichsam auf die faule Weise zu produzieren, nämlich durch Reklassifizierung, wird gewöhnlich so beschrieben: Wenn wir herausfinden, daß eine empirische Verallgemeinerung wie »Alle Schwäne sind weiß« durch ein Gegenbeispiel, hier also einen schwarzen Schwan, widerlegt wird, definieren wir »Schwan« neu, und zwar so, daß von nun alle Schwäne »definitionsgemäß« weiß sind. Das führt im Ergebnis dazu, daß wir jetzt mit zwei verschiedenen Prädikaten (»Schwan$_1$« und »Schwan$_2$«) arbeiten, oder aber daß wir unseren ursprünglichen Begriff vom Schwan, der nicht notwendigerweise weiß ist, durch einen neuen Begriff vom Schwan, der notwendigerweise weiß ist, ersetzen, und daß »Alle Schwäne sind weiß«, in dem unser neugebildetes Prädikat als Bestandteil vorkommt, nunmehr »definitionsgemäß« wahr wird, woraus folgt, daß diese Aussage jetzt empirisch unwiderlegbar ist und kein Raum mehr für irgendwelche Konjekturen über das Weißsein von Schwänen bleibt.

Diese Darstellung ist jedoch unvollständig, und wenn ihre Vervollständigung mittlerweile auch einfach oder sogar trivial erscheinen dürfte, wird sie uns doch helfen, die anscheinend unentwirrbare Verflechtung von Notwendigkeit und Zufälligkeit zu verstehen, die für die zu Beginn dieses Kapitels erwähnten hybridallgemeinen Aussagen charakteristisch ist. Wenn, wie in unserem Beispiel, die konstituierenden Prädikate einer Aussage »Alle $P$ sind $Q$« oder »$P \subset Q$« inexakt sind, vollzieht sich der Prozeß, durch den sie unwiderlegbar gemacht wird, in drei Stadien: (i) dem Stadium einer Auswahlinklusion $((P \subset Q))$, d. h. einer vollständig durchgeprüften Inklusion der Klasse beobachteter $P$ durch die Klasse ebenfalls beobachteter $Q$, (ii) dem Stadium einer provisorischen Inklusion $[\Pi \subset Q]$, bei der die Regeln für die Anwendung von $\Pi$ den Regeln für die Anwendung von $P$ gleich sind, mit der Einschränkung, daß ein Objekt die Mitgliedschaftsbedingungen von $\Pi$ nur dann erfüllt, wenn es die von Q auch erfüllt. Zu diesem Stadium ist zweierlei anzumerken: Zunächst ist $\Pi$ in Anbetracht der beobachteten Koinzidenz $((P \subset Q))$ nicht leer, und $[\Pi \subset Q]$ ist nicht einfach nur deshalb wahr, weil wir uns entschieden haben, ein neues Prädikat zu bilden, sondern weil die Welt so ist, wie sie ist. Zweitens folgt aus $[\Pi \subset Q]$ nicht, daß $\Pi \subset Q$ unwiderlegbar ist, weil eine provisorische Inklusion nicht immer erhalten bleibt, wenn man die neutralen Kandidaten der betreffenden Klassen in die Betrachtung einbezieht. Wenn $[\Pi \subset Q]$ gilt, kann eine Verteilung der neutralen Kandidaten von $\Pi$ und Q als Mitglieder bzw. Nichtmitglieder auf $\Pi$ und Q zu $\{\Pi \subset Q\}$ führen, andere hingegen zu $\{\Pi \oslash Q\}$, und in diesem Falle gilt $\Pi \oslash Q$. Oder aber alle Aufteilungen der neutralen Kandidaten führen ausschließlich zu $\{\Pi \subset Q\}$, und dann gilt $\Pi \subset Q$. Die Konstruktion von $\Pi$ und $[\Pi \subset Q]$ aus $((P \subset Q))$ läßt also noch eine Lücke zwischen $[\Pi \subset Q]$ und $\Pi \subset Q$ offen, und wir müssen neben den Stadien (i) und (ii) noch ein drittes Stadium (iii) betrachten, in dem diese Lücke geschlossen wird. Man kann diese Lücke, zu der es infolge der Inexaktheit der Ähnlichkeits- und anderer empirischer Klassen kommt, und die – wie die Inexaktheit selbst – im allgemeinen übersehen oder vernachlässigt worden ist, auf verschiedene Weisen überbrücken. Wir können z. B. annehmen, daß in der Welt, so wie sie ist, die Inklusion $[\Pi \subset Q]$ auch nach Einbeziehung der etwaigen neutralen Kandidaten erhalten bleibt. Wenn $\Pi \subset Q$ wahr ist, beruht diese Wahrheit auf einer beobachteten Koinzidenz $((P \subset Q))$, auf einer empirischen Konstruktion, die bis zur provisorischen Inklusion $[\Pi \subset Q]$ führt, und in einer angenommenen Koinzidenz, die eine Brücke zwischen der provisorischen und der endgültigen Inklusion schlägt. $\Pi \subset Q$ ist empirisch, insofern es eine beobachtete Koinzidenz voraussetzt und eine angenommene zuläßt, und es ist konstruiert, insofern $[\Pi \subset Q]$ aus $P$, Q und $((P \subset Q))$ durch Entscheidungen oder Konventionen gebildet wird. Ich werde allgemeine Aussagen, die bis zur provisorischen Inklusion empirisch konstruiert werden, als *offene nomische Aussagen* bezeichnen – »offen«, weil sie Raum für Annahmen bzw. Konjekturen lassen, »nomisch«, weil solche Aussagen vielfach empirische Naturgesetze

oder Feststellungen über sogenannte Naturnotwendigkeiten zum
Ausdruck bringen sollen. (Man könnte hier auch einen Ausdruck
wie »gesetzartig« verwenden, aber ich ziehe »nomisch« vor, weil es
als bewußt geprägter Neologismus erkennbar ist.)

Eine andere Art, die Lücke zwischen $[\Pi \subset Q]$ und $\Pi \subset Q$ zu schließen, besteht in der Festlegung einer Konvention oder Restriktion,
die besagt, daß neutrale Kandidaten nur auf solche Weise als Mitglieder auf $\Pi$ und $Q$ verteilt werden dürfen, daß die Inklusion
erhalten bleibt, d. h. die Verteilungen dürfen zu $\{\Pi \subset Q\}$, aber
nicht zu $\{\Pi \cap Q\}$ führen. Ich werde diesen Typ von Aussagen als
*geschlossene nomische Aussagen* bezeichnen, weil die Konvention
die Möglichkeit ausschließt, daß sich mit Hilfe der neutralen Kandidaten Gegenbeispiele bilden lassen: Aufteilungen in Mitglieder
bzw. Nichtmitglieder, die zu Gegenbeispielen führen würden, sind
jetzt unzulässig.

Eine dritte Überbrückung der Lücke zwischen $[P \subset Q]$ und $\Pi \subset Q$
wird durch die Annahme geliefert, daß die Aufteilung neutraler
Kandidaten in Mitglieder und Nichtmitglieder niemals zu $\{\Pi \cap Q\}$
führt, und – um diese Annahme noch durch eine Konvention zu
unterstützen – daß, wenn dieser unerwartete Fall doch eintritt,
nur solche Aufteilungen zulässig sein sollen, die zu $\{\Pi \subset Q\}$ führen.
Diese Aussagen werde ich als *gemischt nomisch* bezeichnen, weil hier
eine Annahme mit einer Konvention gekoppelt wird, die sozusagen
als Sicherheitsventil funktioniert. Bei allen nomischen Aussagen
handelt es sich also um empirische Konstruktionen, die von der
Auswahlinklusion bis zur endgültigen Inklusion führen, und die
Lücke zwischen provisorischer und endgültiger Inklusion wird im
Falle der *offenen* durch Annahmen, im Falle der *geschlossenen*
durch Konventionen, und im Falle der *gemischten nomischen Aussagen* durch Annahmen *und* Konventionen für unerwartete Aus-
nahmefälle geschlossen.

Diese Definition der nomischen Aussagen und ihrer Unterarten
macht die Rolle deutlich, die beobachtete Koinzidenzen und angenommene bzw. vermutete Koinzidenzen, Konstruktionen und
Konventionen jeweils spielen, und wirft dadurch Licht auf die
hybriden Aussagen, in denen sich notwendige und zufällige Allgemeinheit scheinbar kreuzen, und deren hybride Natur in den meisten Fällen einfach nur festgestellt oder sogar für unanalysierbar

erklärt wird. Um das richtig zu beurteilen, muß man sich erinnern, daß außerhalb formaler Sprachen vielfach derselbe Satz gebraucht wird, um verschiedene Aussagen zu machen. So wird in der Regel weder der Übergang von $((P \subset Q))$ nach $[\Pi \subset Q]$ (durch empirische Konstruktion) noch der Übergang von $[\Pi \subset Q]$ zu $\Pi \subset Q$ (durch Annahmen, Konventionen oder durch Konventionen verstärkte Annahmen) durch einen *Wechsel in der Bezeichnung* der Begriffe markiert, deren Verwendung sich ändert. Solche terminologischen Übergänge wie der von $P$ zu $\Pi$, die für die Analyse nützlich sind, würden sich in der wissenschaftlichen Praxis und Theorie oft pedantisch und ungeschlacht ausnehmen. Zum Beispiel könnte der Satz »Alle magnetisierten Eisenstücke ziehen Eisenfeilspäne an« nicht mehr als eine Aussage zufälliger Allgemeinheit zum Ausdruck bringen – und er hat das früher einmal wahrscheinlich sogar getan. Er wird zu einem Satz, der eine offene nomische Aussage ausdrückt, wenn man das Prädikat »$x$ ist ein magnetisiertes Eisenstück« durch empirische Konstruktion so modifiziert, daß nur Objekte, die Eisenfeilspäne anziehen, die Mitgliedschaftsbedingungen der Klasse erfüllen, die dem modifizierten Prädikat entspricht. Dadurch wird noch die Möglichkeit offengelassen, daß es in bezug auf diese Klasse neutrale Kandidaten gibt; und man kann nun weiter vermuten, daß solche Fälle nicht auftreten werden, oder daß ihnen so wenig Bedeutung zukommt, daß man sie vernachlässigen oder irgendwie als Verunreinigungen erklären kann – wodurch die nomische Aussage intakt bleibt.

Wenn die offene nomische Aussage durch eine Konvention geschlossen wird, die den Übergang von der provisorischen zur endgültigen Inklusion (aber nicht auch zur endgültigen Überschneidung) zulässig macht, wird die sich ergebende Aussage immer noch auf der Koinzidenz beruhen, die sich in der Auswahlinklusion ausdrückt, und hierdurch wird garantiert, daß in der Tat eine neue Art von empirischem Individuum konstruiert worden ist.

Geschlossene nomische Aussagen findet man vor allem unter den Aussagen über sogenannte begriffliche Notwendigkeiten. Ein Beispiel dafür ist die Aussage, daß blaue Dinge nicht grün sind. Wenn wir behaupten, daß diese Aussage notwendig ist, und daß etwas unmöglich gleichzeitig blau und grün sein kann, wollen wir damit *nicht* leugnen, daß »*grün*« und »*blau*« gemeinsame neutrale Kandidaten besitzen. (Die Zulässigkeit solcher Objekte liegt ja vielmehr, wie wir gesehen haben, unserem Begriff der empirischen Kontinuität zugrunde.) Es schlägt sich hier einfach die implizite oder explizite Konvention nieder, daß die gemeinsamen neutralen Kandidaten von »blau« und »grün« so behandelt werden sollen, daß ihre Wahl zu Mitgliedern dieser Klassen immer von [»blau« ⊂ »nichtgrün«] zu {»blau« ⊂ »nichtgrün«} und niemals zu {»blau« ◯ »nichtgrün«} führt. Auch in diesem Falle beginnt die empirische Konstruktion, die durch Konvention abgeschlossen wird, mit einer Auswahlinklusion, d. h. einer empirischen Koinzidenz, und das Verfahren ist ganz verschieden von logischen Konstruktionen, bei denen keine bestimmte Klasse von Individuen vorausgesetzt wird, oder idealen Konstruktionen, bei denen ideale Individuen konstruiert werden.

Unter den sogenannten begrifflich notwendigen Aussagen findet man auch Beispiele für gemischt nomische Aussagen. Nehmen wir z. B. die Aussage, daß alle grünen Dinge ausgedehnt sind. Auch hier wird die Verbindung zwischen einer Auswahlinklusion ((»grün« ⊂ »ausgedehnt«)) und der provisorischen Inklusion [»grün« ⊂ »ausgedehnt«] durch empirische Konstruktion hergestellt. Aber während bei unserem letzten Beispiel das Vorkommen von im Hinblick auf die Glieder der Beziehung neutralen Kandidaten ganz außer Frage stand, will es so scheinen, als ob es in diesem Falle entweder ganz außergewöhnlicher Erlebnisse oder außergewöhnlich raffinierter Argumente bedürfte, um die Möglichkeit von im Hinblick auf »grün« und »ausgedehnt« neutralen Kandidaten so plausibel zu machen, daß {»grün« ◯ »ausgedehnt«} (und folglich die Aussage, daß einige grüne Individuen nicht ausgedehnt sind) zulässig erscheinen könnte. Wir fühlen uns also zu der Annahme berechtigt, daß in der Welt, so wie sie ist, die Inklusion die einzige vorkommende endgültige Relation sein wird, sind aber bereit, diese Annahme durch eine Konvention zu stützen, falls dies unerwarteterweise erforderlich werden sollte.

Man könnte diese Darstellung der – offenen, geschlossenen und gemischten – nomischen Aussagen noch durch weitere Unterteilungen verfeinern, was wir hier aber nicht tun wollen. Daß sie uns in die Lage versetzt, die Struktur der sogenannten natur- und begrifflich notwendigen Aussagen aufzudecken, läßt sich noch weiter demonstrieren, indem man zeigt, daß nomische Aussagen alle die Bedingungen erfüllen, die die oben erwähnten hybriden Aussagen *prima facie* auch zu erfüllen scheinen. Die beiden ersten dieser Bedingungen sind offensichtlich erfüllt. Eine nomische Aussage der Form $P \subset Q$ oder $(x)(P(x) \supset Q(x))$ (wobei »$\subset$« und »$\supset$« als Symbole der modifizierten zweiwertigen Logik zu interpretieren sind) ist keine endliche Konjunktion von Alternationen, und die Prädikate, die in ihr vorkommen, sind natürlich empirisch.

Die dritte Bedingung, nämlich daß die fraglichen Aussagen strikte Bedingungssätze sein müssen, ist auch erfüllt. Betrachten wir eine beliebige nomische Aussage $(x)(P_o(x) \supset Q_o(x))$ und ihre Anwendung auf einen neutralen Kandidaten von $P_o$, etwa $x_o$, bei der $P_o(x_o)$ neutral wird. Nach den Wahrheitstafeln (S. 60) ist dann auch $\diagup P_o(x_o)$ neutral. Wir sehen – wiederum nach den Wahrheitstafeln –, daß, wenn $\diagup P_o(x_o)$ neutral ist, nicht folgt, daß $P_o(x_o) \supset Q_o(x_o)$ wahr ist, sondern nur, daß es wahr oder neutral ist. Wenn wir uns entschließen, das neutrale $P_o(x_o)$ falsch, $\diagup P_o(x_o)$ also wahr zu machen, dann wird $P_o(x_o) \supset Q_o(x_o)$ *ipso facto* wahr; wenn wir uns dagegen entschließen, $P_o(x_o)$ wahr zu machen, wird $P_o(x_o) \supset Q_o(x_o)$ nur dann wahr sein, wenn $Q_o(x_o)$ wahr ist, oder wenn wir es – im Falle seiner Neutralität – wahr machen. Wenn wir »$\vdash$« verwenden, um die Ableitbarkeit in der modifizierten zweiwertigen Logik zu bezeichnen, gilt nicht: $\diagup P_o(x_o) \vdash P_o(x_o) \supset Q_o(x_o)$, und das bedeutet, daß $P_o(x_o) \supset Q_o(x_o)$ und folglich auch $(x)(P_o(x) \supset Q_o(x))$ strikte Bedingungssätze sind. Diese Eigenschaft der nomischen Aussagen läßt sich also auf die Inexaktheit der sie konstituierenden Prädikate zurückführen.

Die vierte Bedingung, daß empirische Daten für die nomischen Aussagen relevant sein müssen, ist klarerweise auch erfüllt. Jede nomische Aussage beruht auf einer beobachteten Koinzidenz, die von der empirischen Konstruktion bis zur provisorischen Inklusion in jedem Falle vorausgesetzt wird. Außerdem sind empirische Gegebenheiten noch für offene nomische Aussagen relevant, wo die Lücke zwischen provisorischer und endgültiger Inklusion durch eine widerlegbare Annahme überbrückt wird, deren Wahrheit nur unvollständig überprüft werden kann.

Man sollte diese Darstellung der nomischen Aussagen unter zwei Gesichtspunkten betrachten. Es handelt sich einerseits um die Analyse eines Typus allgemeiner Aussagen, der häufig vorkommt und wichtig ist. Andererseits soll sie aber auch eine Analyse der Aussagen liefern, die mit den ziemlich undurchsichtigen Wendungen »natur-« und »begrifflich notwendig« gekennzeichnet werden. Wenn ein klarer Begriff mit einem obskuren verglichen wird, kann man immer behaupten, daß eine wichtige Eigenschaft des letzteren dabei übersehen worden ist. Man kann solche Einwände – vor allem, wenn sie von einleuchtenden Beispielen begleitet werden – nicht einfach abtun. Und ich kann hier schon zwei Einwände vorwegnehmen, die gegen meine Analyse der nomischen Aussagen *qua* Analyse vorgebracht werden könnten.

Zunächst könnte man einwenden, daß es sich bei den Bestandteilen der sogenannten begrifflich notwendigen Aussagen nicht um empirische Prädikate zu handeln braucht. Meine Antwort darauf ist, daß es mir nur um solche Aussagen ging, deren Bestandteile empirische Prädikate sind. Hinzuzufügen wäre noch, daß der Gebrauch von »begrifflich notwendig« oder ähnlich obskuren Wendungen in dieser Untersuchung bei der Behandlung nichtempirischer Aussagen nicht erforderlich werden wird.

Zweitens könnte man einwenden, daß es sich manchmal bei den Bestandteilen der sogenannten begrifflich notwendigen Aussagen um exakte Prädikate handelt – wofür *»farbig«* $\subset$ *»ausgedehnt«* ein Beispiel wäre. Meine Antwort wäre, daß »farbig« und »ausgedehnt« häufig so aufgefaßt werden, daß sie neutrale Kandidaten zulassen. Wenn man jedoch »farbig« und andere »Determinable« als exakt betrachtet (wie in § 3 von Kapitel IV), müßte man auf ihre interne Inexaktheit zurückgreifen und etwa den strikten Bedingungscharakter von $D \subset P$ – wobei $D$ eine exakte Determinable ist – durch den strikten Bedingungscharakter von $d \subset P$ definieren – wobei $d$ eine Unterart von $D$ und inexakt ist. Es ist jedoch nicht notwendig, solche Komplikationen einzuführen.

### 4. Die Freiheit logischer, empirischer und idealer Konstruktion

Unsere Klassifikation allgemeiner Aussagen in logische, ideale und empirische (verschiedener Typen, je nach der Rolle, die Annahmen und Konventionen in ihnen spielen) kann ohne Schwierigkeit zu

einer Klassifikation von Aussagen überhaupt erweitert werden.
Man würde dabei zwischen Aussagen, die Regeln sind, und solchen,
die keine Regeln sind, unterscheiden müssen (Vorschriften, regulativen Aussagen), und im Hinblick auf die letzteren auf die übliche Weise zwischen allgemeinen und singulären Aussagen.[5]
Dabei sollte man sich den radikalen Unterschied zwischen der hier
formulierten Trichotomie und der Kantschen vor Augen halten.
Es wäre vor allem falsch, die Kantschen *a-priori*-Urteile mit
idealen Aussagen zu identifizieren. Synthetisch apriorische Urteile
sind bei Kant Wahrheiten über empirische und nicht über ideale
Gegenstände. Seine Trichotomie impliziert überdies, daß *das* System der logischen, idealen und (in gewissem Ausmaße) nomischen
empirischen Aussagen entdeckt werden kann, ja – abgesehen von
relativ unwichtigen Details – bereits entdeckt worden und in der
*Kritik der reinen Vernunft* dargestellt worden ist. Nach Kant ist
dieses System singulär in dem Sinne, daß es keine anderen Eintei-
lungen zuläßt. Unser System hingegen läßt sie zu. Ich kann mir
kein Argument vorstellen – außer einer ganz flagranten transzendentalen *petitio principii* oder einem *non sequitur* –, das möglicherweise zeigen könnte, daß nur *ein* System ideal bzw. empirisch
konstruierter Aussagen legitim ist.
Der Ausgangspunkt empirischer Konstruktionen ist weder ein bloßes Vakuum noch irgendwelche unkorrigierbare, rein deskriptive
Aussagen. Überdies sind die Prädikate einer Auswahlinklusion
($(P \subset Q)$) im Kontext einer gewohnheitsmäßigen Aufgliederung
der Erfahrung und durch das Zur-Kenntnis-Nehmen von bzw. die
Konzentration auf Ähnlichkeiten und Unähnlichkeiten, deren Auswahl von Zwecken, Gewohnheiten und Zufällen bestimmt wird,
zustandegekommen. Das gleiche gilt für die Überbrückung der
Lücken zwischen Auswahl- und provisorischer sowie provisorischer und endgültiger Inklusion. Neue Erfahrungen, aber auch metaphysische, ja sogar politische Einflüsse können zur Aufgabe einiger nomischer Aussagen führen, zu Umklassifizierungen und Neu-
klassifizierungen, mit deren Hilfe beobachtete Koinzidenzen dann
beschrieben werden. Wir brauchen auf diesen Umstand nicht wei-

5 Was die erste dieser Unterscheidungen betrifft vgl. *Conceptual Thinking*,
Kapitel III.

ter einzugehen, weil er nicht nur durch philosophische Argumente
begründet, sondern auch durch die Geschichte der Wissenschaft und
Philosophie vielfach belegt wird.

Daß es für ideale Konstruktionen Alternativen gibt, ist noch einleuchtender, obgleich dieser Umstand durch philosophische Ansichten verdunkelt werden könnte, nach denen es sich bei der Mathematik um eine Beschreibung und nicht eine Idealisierung der Erfahrung handelt. Zu solchen Ansichten kommt es ganz zwanglos,
weil die Ergebnisse mathematischer Konstruktionen zwar Modifikationen empirischer Begriffe und Objekte mit sich bringen, dafür
aber vielfach die Hauptwerkzeuge sind, mit deren Hilfe wir zu
einem besseren Verständnis der Erfahrung kommen.

Das Hauptziel dieses Teils unserer Untersuchung bestand darin,
zu zeigen, daß ungeachtet der ungeheuren Vielfältigkeit der empirischen Begriffe und Aussagen, mit denen wir es zu tun haben,
ihnen dennoch gewisse durchgängige Züge gemeinsam sind. Das ist
auf die fundamentale Rolle zurückzuführen, die die Ähnlichkeitsprädikate in unserem Denken spielen. Für das Folgende war es
besonders wichtig, die Aufmerksamkeit auf die Inexaktheit bzw.
Unschärfe der Ähnlichkeitsprädikate zu lenken, die sich in den
logischen Beziehungen zwischen empirischen Prädikaten und zwischen empirischen Aussagen zeigt, in den Begriffen der empirischen
Kontinuität und Ununterscheidbarkeit, und in empirischen Verallgemeinerungen, die auf Koinzidenzen und empirischen Konstruktionen beruhen. Meine nächste Aufgabe besteht nun darin, zu
erklären, warum sich auch im Reichtum der idealen Prädikate, Individuen und Aussagen gewisse durchgängige Züge finden lassen.

Zweiter Teil

# Die deduktive Vereinheitlichung der Erfahrung

# VI

## Hypothetisch-deduktive Systeme als Idealisierungen

Ich habe bisher empirische Prädikate, Individuen und Aussagen betrachtet, wie man sie im Rahmen verschiedener allgemeiner Schemata des empirischen Differenzierens antrifft. Dabei ergab sich hin und wieder ein Anlaß, empirische Prädikate und Aussagen mit idealen zu vergleichen. Diese idealen Prädikate und Aussagen – vor allem diejenigen, von denen beim mathematischen und wissenschaftlichen Denken Gebrauch gemacht wird – treten in theoretischen Systemen auf, deren Skala von nur durch gelegentliche Deduktionen und Berechnungen miteinander verbundenen Aussagenklassen bis hin zu mehr oder minder explizit formulierten axiomatischen bzw. hypothetisch-deduktiven Theorien reicht. Die Struktur dieser Theorien, insbesondere der axiomatischen, ist gründlich untersucht worden. Dagegen hat man die Einschränkungen, die durch diese Struktur den in ihr zum Ausdruck gebrachten Inhalten auferlegt werden, meist vernachlässigt. Das gegenwärtige Kapitel soll einer generellen Diskussion dieser Frage dienen.

### *1. Das Schließen und die Konstitution idealer Individuen*

Wir haben gesehen, daß wir neutrale Aussagen in wahre verwandeln müssen, wenn wir die klassische elementare Logik benutzen wollen, um aus empirischen Prämissen empirische Schlüsse zu ziehen, und daß dies, wenn eine der neutralen Prämissen die Form $(x)P(x)$ hat, darauf hinausläuft, daß man inexakte Prädikate durch exakte ersetzt. Man kann dies etwas dramatischer formulieren und sagen, daß die Idealisierung inexakter empirischer zu exakten nichtempirischen Prädikaten bzw. das Ersetzen der Beschreibung durch eine Idealisierung der Erfahrung der Preis ist, den wir für die Vereinfachung unserer Schlüsse zahlen müssen. Daß eine geringfügige Ungenauigkeit der Designation ein Preis ist, den für einen beträchtlichen Gewinn an Genauigkeit des Schließens zu zahlen sich lohnt, ist durch den Fortschritt der Wissenschaften, besonders der Physik, zur Genüge bewiesen worden.

Bevor wir die im Augenblick orthodoxe Theorie über die Natur
der vollkommensten und durchsichtigsten theoretischen Systeme,
nämlich der hypothetisch-deduktiven Systeme, und ihre Rolle in
den Wissenschaften diskutieren, dürfte es nützlich sein, einen kurzen Blick auf die traditionellen Ansichten über die Beziehung zwischen Bedeutung (der Relation des Ausdrucks zu dem von ihm be-
zeichneten Gegenstand, dem Designat) und Schließen zu werfen.
Traditionellerweise ist das Problem als Versuch einer Antwort auf
die Frage behandelt worden, welches Bewußtseinsvermögen – die
Sinnlichkeit, der Verstand oder die Vernunft – die fundamentale
Rolle bei der Konstitution der Gegenstände der Erfahrung und der
Wissenschaften spielt, und welche anderen nur eine Nebenrolle.
Nach Berkeley, Hume, Mach und den frühen logischen Empiristen
konstituieren sich Gegenstände in der Sinneswahrnehmung, bei
der es sich lediglich um ein Vermögen des passiven Auffassens handelt. Verstand und Vernunft – Ausdrücke, die ursprünglich mehr
oder minder austauschbar gebraucht wurden – modifizieren die
Sinneseindrücke bzw. Sinnesdaten nicht, sondern bringen sie nur
in eine Ordnung, die von einem Prinzip der begrifflichen Ökonomie beherrscht wird – d. h. von einer Version des »Ockhamschen
Rasiermessers«, nach dem *entia,* oder vielmehr Klassen von *entia,*
die wir passiv durch unsere Sinne aufnehmen, *non sunt multipli-
canda praeter necessitatem.* Prädikate, die nicht leer sind, sind entweder direkt auf Eindrücke und Vorstellungen anwendbar oder
logische Funktionen solcher Prädikate. Der Begriff einer logischen
Funktion, die (z. B. durch die logischen Partikel und Quantoren
der *Principia Mathematica)* Sinnesdaten beschreibende Prädikate
zu weiteren Prädikaten kombiniert, war implizite schon in der
Humeschen Erkenntnistheorie enthalten, auch wenn er erst viel
später durch Russell geklärt worden ist.
Und nachdem die Natur der logischen Funktion im Russellschen
Sinne analysiert worden war, stellte sich bald heraus, daß viele
unentbehrliche Begriffe des Alltagsverstandes und des wissenschaftlichen Denkens nicht eigentlich logische Funktionen von Sinnes-
daten-Begriffen im Russellschen Sinne waren. Dies war bereits in
anderem Zusammenhang von Kant erkannt worden, nach dem
solche Begriffe wie »Kausalität« und »Substanz« ihren Ursprung
nicht in der Wahrnehmung, sondern im Verstande haben, dem er

eine wesentliche Rolle bei der Konstitution »öffentlicher« physischer Gegenstände zuschreibt. Sie besteht in der Anwendung der Kategorien (die nicht aus der Sinneserfahrung hergeleitet sind) auf die Sinneserfahrung.

Kant stimmte mit den Empiristen jedoch darin überein, daß es sich bei der deduktiven Vereinheitlichung von Bereichen empirischer Erkenntnis immer nur um ein bloßes Ordnen, eine bloße Zusammenfassung zahlreicher Aussagen in wenigen syllogistischen Prämissen handle. Ein solches syllogistisches System, wie man es nennen könnte, konstituiert keine neuen Objekte; und weil die Vernunft (in ihrem theoretischen Gebrauch) nicht mehr ist als das Vermögen, bereits gegebene Sätze in syllogistischen Systemen zusammenzufassen, hat auch sie keine konstituierende Funktion. Die Erkenntnis, daß nicht jeder deduktive Schluß die Form eines Syllogismus hat, hat dazu geführt, daß der Begriff syllogistischer Systeme durch den hypothetisch-deduktiver Systeme ersetzt worden ist.

Man könnte behaupten, daß die meisten zeitgenössischen Wissenschaftsphilosophen Kants Ansicht teilen, die Vernunft bzw. die deduktive Vereinheitlichung, konstituiere keine neuen Gegenstände. Während viele zeitgenössischen Philosophen vielleicht zögern würden, von der Auffassung Gebrauch zu machen, daß im Intellekt nichts sei, was ihm nicht vorher durch die Sinne gegeben worden sei, und sich damit auf die Seite Kants stellen, stimmen sie sowohl mit Hume als auch mit Kant darin überein, daß es in hypothetisch-deduktiven Systemen nichts gibt, was nicht auch in der Erfahrung zu finden wäre – außer Hilfsbegriffen bzw. »theoretischen« Begriffen, die das hypothetisch-deduktive System zusammenhalten, ohne ihm inhaltlich etwas hinzuzufügen.

Jedes Reden über eine mögliche konstitutive Funktion der Vernunft bzw. der deduktiven Vereinheitlichung erinnert an Hegel, nach dessen Auffassung die Vernunft konstitutiv ist, auch wenn sie nicht einzelne Objekte, sondern nur die objektive Wirklichkeit als Ganzes konstituiert. Nun hat aber die Analyse der Ähnlichkeitsklassen und der empirischen Klassen einerseits gezeigt, daß die Logik, die den Aussagen, in denen sie auftreten, zugrundeliegt, nicht die klassische (bzw. intuitionistische), sondern eine modifizierte zweiwertige Logik ist, und andererseits, daß der Übergang von der einen zur anderen zum Zweck der Deduktion und deduktiven Vereinheitlichung, das Ersetzen inexakter durch exakte Begriffe erforderlich macht.

Aber impliziert diese Idealisierung von Begriffen und Klassen die Konstituierung neuer Objekte, nämlich idealer Individuen? Die Antwort darauf ist: zumindest in vielen Fällen ist es so. Natürlich ist es klar, daß etwa bei der Ersetzung des Begriffs der physischen Geraden (die z. B. durch den Weg eines Lichtstrahls, die Kante eines Körpers, einen Kreidestrich auf einer Tafel u. ä. gegeben sein kann) durch den Begriff einer idealen Geraden im Sinne eines bestimmten axiomatischen Systems – sei dies nun eine axiomatisierte Geometrie oder ein umfassenderes System – der neue Begriff empirisch leer ist. Es ist jedoch ebenso klar, daß das axiomatische System neben Aussagen über *die* ideale Gerade auch Aussagen über ideale Geraden enthalten wird, z. B. daß sie sich in einem Punkt schneiden können. Diese Unterscheidung zwischen dem Begriff der (idealen) Geraden und Dingen, die unter ihn fallen, impliziert – zusammen mit der empirischen Leerheit des Begriffs –, daß es nicht-empirische oder ideale Dinge gibt, die unter ihn fallen. Die Existenzpostulate und -theoreme eines axiomatischen Systems garantieren für sich genommen noch nicht die Existenz irgendwelcher außerhalb des Systems liegender Dinge. In dem Maße jedoch, in dem es eine adäquate Unterscheidung zwischen Postulaten und Theoremen, mit denen Existenzaussagen gemacht werden, und solchen, die nichts über Existenz behaupten, gibt, muß man die Existenz idealer Individuen konzedieren.

Wenn das axiomatische System überdies mit der Erfahrung verknüpft ist, wird es oft notwendig, die »Identifikation« nicht nur empirischer mit idealen Begriffen, sondern auch empirischer mit idealen Individuen zu rechtfertigen. Dieses Bedürfnis braucht sich nicht in der reinen Mathematik zu zeigen, die es weitgehend mit der Frage zu tun hat, ob gewisse Aussagen aus anderen ableitbar sind – also mit hypothetischen Aussagen. Wenn wir so wollen, hat es die reine Mathematik nur mit hypothetischer Existenz zu tun. Die »Identifikation« ist jedoch für die Naturwissenschaften wesentlich, wo man nicht bloß behauptet, daß gewisse Konsequenzen aus gewissen Hypothesen (bzw.: Hypothesen und Anfangsbedingungen) folgen, sondern Hypothesen und Folgerungen auch je für sich behauptet.

## 2. Formale und inhaltliche Begriffe und Aussagen in hypothetisch-deduktiven Systemen

Es ist nicht das Ziel jeder wissenschaftlichen Tätigkeit, hypothetisch-deduktive Systeme zu konstruieren, oder auch nur theoretische Systeme mit einem geringeren Grade an deduktiver Organisation; aber zumindest beträchtliche Teile der Wissenschaft haben dieses Ziel, vor allem jene, in denen mathematische Methoden angewandt werden. Wenn ich den hypothetisch-deduktiven Systemen besondere Aufmerksamkeit widme, sollte das *nicht* so verstanden werden, als ob ich die vollkommen unrealistische Annahme machte, daß alle theoretischen Systeme hypothetisch-deduktiv seien. Aber was ich über die deduktive Vereinheitlichung von Erfahrungsbereichen zu sagen habe, läßt sich am besten am Beispiel hypothetisch-deduktiver Theorien erklären, auch wenn lockerer konstruierte theoretische Systeme sich von ihnen in den Modifikationen nicht unterscheiden, die – wie hier und im folgenden gezeigt werden wird – im empirischen Denken durch deduktive Vereinheitlichung hervorgerufen werden.

Ebenso wie die Natur der Gegenstand wissenschaftlicher Untersuchungen ist, sind die Theorien, die sich dabei ergeben, Gegenstand logisch-philosophischer Untersuchungen. Der Wissenschaftler, der Logiker und der Wissenschaftsphilosoph interessieren sich unter verschiedenen Gesichtspunkten für Theorien, weil sie es mit verschiedenen – wenngleich untereinander eng verwandten – Problemen zu tun haben. So gebraucht z. B. der Wissenschaftler Theorien, um einen gewissen Bereich von Phänomenen zu verstehen, über sie Vorhersagen zu machen und ihren Ablauf so weit wie möglich zu beeinflussen. Diese Absicht macht es für ihn überflüssig, ja sogar unökonomisch, die den Theorien zugrundeliegende Logik darzustellen bzw. in eine detaillierte Analyse der logischen Beziehungen zwischen ihren Begriffen und Aussagen einzutreten, solange diese für seine Zwecke klar genug sind. Ihm geht es außerdem meist nicht um die Frage, ob eine Erweiterung des Anwendungsbereichs der Theorien, die er in seinem mehr oder weniger scharf abgegrenzten Forschungsgebiet anwendet, möglich ist. Folglich überläßt er die detaillierte Analyse der Struktur seiner Theorien gern den Logikern und Methodologen, und die weitgreifenden Extrapolationen aus ihnen dem Metaphysiker.

Dem Logiker wiederum geht es darum, die allgemeine Struktur aller oder doch großer Gruppen von Theorien sichtbar zu machen, und die spezielle Struktur solcher Theorien, die auf irgendeine Weise dunkel oder verwirrend sind, auch wenn diese Dunkelheiten oder Verwirrungen noch keine Auswirkungen auf den Fortgang der wissenschaftlichen Forschung gehabt haben. Besonders die Klärung des Begriffs eines hypothetisch-deduktiven Systems und die Ergebnisse, zu denen man bei der Untersuchung solcher Systeme gekommen ist, gehören zu den Glanzleistungen der modernen Logik und sind nicht zuletzt der Einführung präziser mathematischer Methoden zuzuschreiben.

Das Interesse des Philosophen – im Gegensatz zum Logiker qua Logiker – beschränkt sich weder ausschließlich auf die erklärende, prognostische und technologische Anwendung wissenschaftlicher Theorien noch auf ihre logische Struktur; es geht ihm auch um ihre Beziehungen zu außerwissenschaftlichen Erfahrungen, Ansichten und Aussagen. Mit »außerwissenschaftlichen Aussagen« meine ich hier einerseits Aussagen, die gemeinsame Erfahrungen des Laien und des wissenschaftlichen Fachmanns beschreiben, die aber nur der Fachmann durch eine wissenschaftliche Theorie erklären kann, andererseits auch Aussagen, die mit der Wissenschaft in überhaupt keinem Zusammenhang stehen. Ein Beispiel für die erste Art von Aussagen wäre die Beschreibung einer photographischen Platte, die bei einem Experiment zur Erforschung der kosmischen Strahlung verwendet worden ist, und zwar in einer Sprache, die von Laien und Atomphysikern gemeinsam gebraucht wird. Ein Beispiel für die zweite Art wäre dagegen so etwas wie ein Glaubensbekenntnis. Zwischen beiden wären Aussagen einzuordnen, die durch Theorien von zweifelhaftem wissenschaftlichem Wert erklärt werden können, wie sie z. B. unter den ausschweifenderen Versionen der nach-Freudschen Psychoanalyse anzutreffen sind.

Wenn man sich diese Unterschiede des Gesichtspunkts deutlich machen will, dürfte eine kurze Erinnerung an die Struktur hypothetisch-deduktiver Theorien – der am vollkommensten organisierten theoretischen Systeme – so, wie der Logiker sie sieht, von Nutzen sein. Nehmen wir also an, daß die einem solchen System zugrundeliegende Logik explizit gemacht worden ist und sich dabei als das System der klassischen elementaren Logik herausgestellt hat, mit ihrer Liste von Aussagen-, Individuen- und Prädikaten-variablen, Junktoren und Quantoren, Bildungs- und Umformungs-regeln und entsprechenden Axiomen. Um gewisse Typen mathe-matischer Argumente, insbesondere solche, bei denen vom System der reellen Zahlen Gebrauch gemacht wird, ausdrücken zu können, muß diese elementare Logik zu einer Prädikatenlogik höherer Stufe erweitert werden. Ein solches logisch-mathematisches System bildet den formalen Rahmen, in den die inhaltlichen Aussagen und Prädikate der betreffenden Wissenschaft eingebettet sind. Man erreicht dies, indem man die Liste der formalen Prädikate und Postulate durch inhaltliche ergänzt, durch die die Begriffe und Po-stulate eines deduktiv vereinheitlichten Erfahrungsbereichs ausge-drückt werden, und indem man die Bildungsregeln entsprechend verändert. Der formale Rahmen wird durch diese Zusätze nicht verändert; die logisch-mathematischen Prinzipien und Schlußre-geln bleiben die gleichen wie vorher; neutrale Aussagen und in-exakte Prädikate bleiben nach wie vor unzulässig.

Es ist üblich, sich ein hypothetisch-deduktives System als eine Hier-archie vorzustellen, an deren Spitze die logisch-mathematischen und inhaltlichen Postulate stehen, und in deren unterster Schicht wenigstens einige empirische Aussagen auftreten. Entsprechend sind dann auch die Prädikate des Systems entweder formal oder inhaltlich – wobei man bei den inhaltlichen wiederum empirische und nichtempirische unterscheiden muß. Mit anderen Worten: nach der orthodoxen Auffassung enthält ein hypothetisch-deduktives System, das einen Erfahrungsbereich vereinheitlicht, drei Arten von Aussagen und Begriffen, nämlich formale, empirische und theoretische. Diese Hierarchie ist nach der gängigen Auffassung mit der Erfahrung (der empirischen Welt der Beobachtungen und Experimente) unmittelbar verknüpft, aus dem einfachen Grunde, weil man wenigstens einige der Aussagen und Begriffe ihrer Basis für empirisch hält. Tatsächlich handelt es sich bei einem Großteil der gegenwärtig in der Philosophie der Wissenschaft herrschenden Debatten um eine (im Licht der neuen logischen Einsichten ge-führte) Fortsetzung der traditionellen Kontroversen über die Funktionen und das Zusammenspiel von Sinnlichkeit, Verstand

und Vernunft. Dabei werden vor allem zwei Positionen verteidigt:
(i) Theoretische Aussagen und Begriffe seien auf logische Funktionen empirischer Aussagen und Begriffe reduzierbar, oder aber (ii),
sie seien nicht auf die angegebene Art reduzierbar; es handle sich
bei ihnen vielmehr um bloße Hilfsbegriffe ohne empirischen Sinn.
Ebenso, wie logische Junktoren oder elliptische Wendungen im
Hinblick auf die Aussagen oder zulässigen Aussagengebilde, zu
denen sie gehören, unvollständige Symbole bzw. Ausdrücke sind,
werden dabei auch die nichtempirischen Prädikate und Sätze im
Hinblick auf die empirisch gedeuteten Theorien, in denen sie auftreten, als unvollständige Symbole betrachtet. Diese Auffassung
findet sich in voller Klarheit bei R. B. Braithwaite.[1]
Es sollte, glaube ich, mittlerweile klar sein, daß ich beide Auffassungen verwerfe und der Ansicht bin, daß alle Begriffe und Aussagen, die in wissenschaftlichen Theorien auftreten, theoretisch
sind, weil die (nichtmodifizierte) zweiwertige Logik, in die die wissenschaftliche Theorien eingebettet sind, keine inexakten oder intern inexakten Prädikate zuläßt. Dieser Standpunkt muß jedoch
in zwei Hinsichten modifiziert und gegen den Vorwurf der Pedan-
terie geschützt werden. Erstens: bei den meisten – wenn nicht allen
– wissenschaftlichen und vielen logisch-philosophischen Problemen
ist es nicht notwendig, etwa zwischen einem inexakten Ähnlichkeitsprädikat und seinem exakten theoretischen Gegenstück zu unterscheiden. Untersuchungen, bei denen es um das wissenschaftliche
Erklären und nicht um die Beziehungen zwischen wissenschaftlichem und außerwissenschaftlichem Denken geht, können im großen und ganzen diesen Unterschied ohne Risiko vernachlässigen,
wenn er nur einmal festgestellt worden ist. Und es ist nicht anzunehmen, daß wissenschaftliche Untersuchungen Schaden nehmen
könnten, wenn sie ihn ganz und gar übergehen.
Zweitens muß ich meine Auffassung noch gegen ein anderes, vielleicht mögliches Mißverständnis absichern. Ich mache einen klaren
Unterschied zwischen (*a*) theoretischen Begriffen und Aussagen und
(*b*) empirischen Begriffen und Aussagen, die mehr oder weniger
interpretierend sein können. Diese Unterscheidung impliziert weder, daß es rein deskriptive Begriffe oder Aussagen gibt, noch daß

1 Vgl. *Scientific Explanation*, Cambridge 1953.

es sie nicht gibt. (Vgl. S. 50 ff.) Empirische Begriffe und Aussagen können interpretierend sein, ohne deshalb theoretisch in dem Sinne zu sein, daß sie in den klassischen logisch-mathematischen Rahmen oder eine seiner Varianten eingebettet wären, was die Idealisierung inexakter Begriffe erzwingen würde.

Somit stehen hypothetisch-deduktive Systeme nicht in einem direkten Zusammenhang mit der Erfahrung. Wenn man sie mit der Erfahrung koppelt, indem man einige ihrer Prädikate und Aussagen mit intern inexakten empirischen Prädikaten und Aussagen »identifiziert«, dann behauptet man nicht, *daß* hier Identität vorläge, man verhält sich nur so, *als ob* sie vorläge. Dieses Verfahren hat sich natürlich für bestimmte Zwecke und in bestimmten Zusammenhängen als eminent vernünftig und fruchtbar herausgestellt. Wissenschaftsphilosophen folgen in diesem Zusammenhang Campbell[2], wenn sie von einem Lexikon sprechen, in dem empirische Prädikate und Aussagen in theoretische übersetzt werden, oder Reichenbach[3], wenn sie von koordinierenden Definitionen sprechen. Aber sie bemerken nicht, daß einer der fundamentalen Übergänge bei dieser Prozedur in einer Transposition intern inexakter empirischer Prädikate aus einer modifizierten in eine nichtmodifizierte zweiwertige Logik und ihrer sich dabei ergebenden Ersetzung durch intern exakte Prädikate besteht.

Die Rationalisten haben die Inexaktheit empirischer Prädikate bemerkt und als einen Mangel an jener Klarheit und Distinktheit charakterisiert, die mathematischen Prädikaten zukommt: weshalb sie nach ihnen nicht geeignet waren, Wahrheit und Realität zu erfassen. Sie haben dementsprechend inexakte empirische Prädikate und die Aussagen, in denen sie vorkommen, als bloß vorläufige Notionen behandelt, die nach einer rationalen – oder vielmehr rationalistischen – Rekonstruktion entbehrlich sein müßten und sollten.

Weil die Aussagen in der untersten Schicht hypothetisch – deduktiver Systeme nicht mit Ähnlichkeits- oder Wahrnehmungsaussagen identisch sind, kann man die orthodoxen Ansichten über ihre Verifikation, Falsifikation oder Bestätigung nicht ohne erhebliche Einschränkungen akzeptieren. *Alle* diese Ansichten implizieren

2 *Physics – The Elements,* Cambridge 1920.
3 u. a. *Wahrscheinlichkeitslehre,* Leiden 1935.

nämlich, daß hypothetisch-deduktive Systeme uns in die Lage versetzen (für sich genommen oder zusammen mit empirischen Aussagen, den sogenannten Anfangsbedingungen), empirische Folgerungen aus ihnen abzuleiten. Das aber wird durch den formalen Rahmen jeder solchen Theorie unmöglich gemacht. Wissenschaftler und Wissenschaftsphilosophen im engeren Sinne des Worts können natürlich ohne Gefahr und mit einiger Rechtfertigung den Unterschied zwischen den Folgerungen, die innerhalb des logischen Rahmens der Theorie hergeleitet werden, und den empirischen Aussagen, mit denen man diese Folgerungen dann identifiziert, vernachlässigen. Aber angesichts der logischen Lücke zwischen Theorien und ihren empirischen Daten wird man eben diese Beziehung neu überprüfen und in Rechnung stellen müssen, wenn man nach dem Ort wissenschaftlicher Theorien in einem weiteren Kontext fragt.

### 3. Die Schranken hypothetisch-deduktiver Systeme

Hypothetisch-deduktive Systeme, ja formulierte theoretische Systeme überhaupt, suspendieren nicht nur den historischen Wandel, indem sie eine bestimmte Phase wissenschaftlichen Theoretisierens kodifizieren, sie ersetzen auch die zeitliche Welt – die der Gegenstand eben dieses Theoretisierens ist – durch eine zeitlose Struktur von Relationen. Diese »Verräumlichung der Zeit«, wie Bergson das nannte, würde vielleicht besser als »Entzeitlichung des Wandels« bezeichnet. Es handelt sich dabei um ein Charakteristikum des begrifflichen Denkens überhaupt, das aufeinanderfolgende zeitliche Phasen in unzeitliche Relationsglieder verwandelt. Die Erfahrung kann in solchen Transformationen sowohl mehr als auch weniger getreu erhalten bleiben.

Wir haben (in Kapitel IV) gesehen, daß eine Logik, die nur definite Individuen und exakte Klassen zuläßt, empirisch stetigen Folgen nicht gerecht werden kann, nicht einmal räumlich ausgedehnten stetigen Folgen, deren Mitglieder in dem Sinne ineinander übergehen, daß sie gemeinsame neutrale Komponenten besitzen (wenn es sich um Teile eines komplexen Individuums handelt), oder daß sie durch gemeinsame neutrale Kandidaten verbunden sind (wenn es sich um Klassen handelt). Mit anderen Worten: hypothetisch-deduktive Theorien, die in eine nichtmodifizierte zweiwertige Logik eingebettet sind, ersetzen nicht nur zeitliche durch unzeitliche Strukturen, sondern auch inexakte durch exakte Strukturen. Wenn kontinuierliche Abstufungen und vor allem die kontinuierliche Veränderung zum Ausdruck gebracht werden soll, macht die Exaktheit der Klassen und die Definitheit der Individuen ein mathematisches Dichtepostulat erforderlich, das die Entfernung der idealen Gegenstücke empirischer Individuen und Klassen von der Erfahrung unvermeidlich noch vergrößert.

Außer den Einschränkungen deduktiver Systeme, die auf die Lücke zwischen ihren idealisierten Gegenständen und den Gegenständen, die sie idealisieren, zurückzuführen sind, sind hinreichend reichhaltige deduktive Systeme – d. h. Systeme, in denen Peanos (oder auch eine schwächere) Charakterisierung der Arithmetik möglich ist – auch in ihrem Vermögen eingeschränkt, ihren eigenen Gehalt vollständig zu charakterisieren. Die Entdeckung dieser Einschränkungen geht im wesentlichen auf Löwenheim, Skolem, Gödel, Tarski, Church und Kleene zurück; man findet sie in den gegenwärtigen Arbeiten über mathematische Logik ausführlicher erläutert.[4] Für unsere Zwecke werden einige Andeutungen genügen.

Ein Gebilde wird durch ein Axiomensystem vollständig charakterisiert, wenn die Axiome – grob gesagt – »Struktur« und »Inhalt« des Gebildes charakterisieren. Der Begriff der vollständigen Charakterisierung einer Struktur kann durch die Begriffe »Modell« und »Kategorizität« bzw. »Monomorphie« erläutert werden. Der Inhalt des Gebildes, d. h. das, was es in ihm außer der Struktur noch gibt, ist für uns hier nicht weiter von Bedeutung. Die folgenden Standarddefinitionen (die weithin, wenn auch nicht allgemein akzeptiert worden sind) stammen aus Hao Wangs *The Axiomatic Method*.[5]

*D 1.* Ein Axiomensystem ist erfüllbar, wenn es ein Modell bzw. eine Interpretation dieses Systems gibt. Bei einer Interpretation schreibt man allen undefinierten Termen des Systems Bedeutungen zu, die alle seine Axiome wahr machen.

*D 2.* Zwei Modelle eines Axiomensystems *S* sind isomorph, wenn sie umkehrbar eindeutig aufeinander abgebildet werden können,

---

4 Zur Literatur vgl. Kleene, *op. cit.*, das selber einen wichtigen Beitrag liefert.
5 Jetzt Kapitel 1 von *A Survey of Symbolic Logic*, Amsterdam und Peking 1963.

und wenn jede Aussage von $S$ dann und nur dann im einen Modell wahr ist, wenn sie auch im anderen wahr ist.

*D 3.* Ein Axiomensystem $S$ ist dann und nur dann kategorisch, wenn alle seine Modelle paarweise isomorph sind.

*D 4.* Ein System wird vollständig genannt, wenn jede Aussage $p$ des Systems entweder beweisbar oder widerlegbar ist. Mit anderen Worten: Für alle $p$ gilt, daß entweder $p$ oder $\nabla\, p$ ein Theorem ist.

Der Begriff der Kategorizität ist stärker als der Begriff der Vollständigkeit, weil jedes kategorische System vollständig ist, einige vollständige Systeme jedoch nicht kategorisch sind. Wang illustriert in seiner Arbeit die Beziehungen zwischen diesen und anderen semantischen und beweistheoretischen Begriffen an einem ganz einfachen Beispiel.

Gödel hat bewiesen, daß die Logik zweiter und höherer Stufen unvollständig und daher nicht kategorisch ist. Diese Unvollständigkeit ist einer der Hauptgründe dafür, daß man die Logik höherer Stufen jetzt allgemein zur axiomatischen Mengenlehre und nicht zur Logik im engeren Sinne zählt. Genügend reichhaltige axiomatische Systeme können also nicht einmal ihren idealen Gegenstandsbereich vollständig charakterisieren, weil sie immer durch zwei nicht isomorphe Modelle erfüllt werden können. Das klassische Beispiel für ein nichtkategorisches System ist die vollständig durchgeführte Axiomatisierung der Euklidischen Geometrie ohne das Parallelenaxiom.

Die Bedeutung des Gödelschen Unvollständigkeitssatzes besteht also nicht in der Entdeckung eines unvollständigen und folglich nichtkategorischen Systems, sondern in der Entdeckung, daß ein sehr allgemeiner Typ deduktiver Theorien, deren Vollständigkeit man vermutet, ja bei ihrer Konstruktion beabsichtigt hatte, nicht vollständig ist. Sie können überdies durch kein bekanntes Verfahren vollständig gemacht werden, etwa indem man von zwei kontradiktorischen Behauptungen, von denen keine beweisbar ist, eine zu den Axiomen der Theorie hinzufügt. Die Unvollständigkeit deduktiver Theorien wird noch durch den Umstand unterstrichen, daß man manchmal eine von zwei unbeweisbaren kontradiktorischen Aussagen durch Überlegungen als wahr erkennen kann, die in dem System selber nicht formuliert werden können.

Diese Resultate (deren ausführliche Darstellung ja allgemein zugänglich ist) zeigen, daß alle deduktiven Vereinheitlichungen eines Erfahrungsbereichs drei Arten von Einschränkungen unterworfen sind: erstens den Einschränkungen, die alles begriffliche Denken mit sich bringt, vor allem der Entzeitlichung des Wandels; zweitens der Einschränkung, die sich aus ihrer Natur als Idealisierung empirischer Begriffe, Individuen und Aussagen ergibt, und drittens – wenn sie genügend reichhaltig sind – sogenannten inneren Einschränkungen, insbesondere der Unvollständigkeit und der daraus folgenden Nicht-Kategorizität.

Ich habe bereits bei der Behandlung der Ähnlichkeitsklassen zu zeigen versucht, daß die Begriffe »unvollständiges System« und »inexakte Klasse« deutlich voneinander unterschieden werden müssen. Dieses Argument kann ich jetzt präzisieren: Wenn in einem axiomatischen System $A$ weder $p_o$ noch $\not\!7\, p_o$ ableitbar sind – wenn weder $A \vdash p_o$ noch $A \vdash \not\!7\, p_o$ –, wäre es falsch, etwa zu behaupten, daß $p_o$ in diesem Falle ein neutraler Kandidat der Klasse der $A$-Theoreme in *demselben Sinne* wäre, in dem ein empirisches Objekt $x_o$ neutraler Kandidat einer Klasse $P_o$ sein kann. Denn im ersten Falle kann man weder $p_o$ noch $\not\!7\, p_o$ zu einem $A$-Theorem machen, während wir im zweiten Falle $x_o$ zum Mitglied oder Nichtmitglied von $P_o$ machen können.

Im ersten Falle können wir entweder ein neues Axiom hinzufügen, in dem $p_o$ oder $\not\!7\, p_o$ vorkommt, so daß $p_o$ aus einer *neuen* Klasse von Axiomen $A_1$ und – vielleicht – $\not\!7\, p_o$ aus einer *neuen* Klasse von Axiomen $A_2$ ableitbar wird, d. h. gilt: $A_1 \vdash p_o$ und $A_2 \vdash \not\!7\, p_o$. Oder aber wir können ein neues Schlußprinzip in der $A$ zugrundeliegenden Logik einführen und kommen dann zu: $A \vdash_1 p_o$, möglicherweise auch zu $A \vdash_2 p_o$. Im anderen Falle bedarf es keiner Änderung der für $P_o$ geltenden Regeln, wenn man von $x_o \in^* P_o$ zu $x_o \in P_o$ oder $x_o \notin P_o$ übergehen will, weil die Regeln ja selbst diesen Übergang zulassen. Der Grund hierfür besteht darin, daß $\ldots \in \ldots$, die Element-Klassenbeziehung, hier zur modifizierten zweiwertigen Logik gehört, in der neutrale Aussagen und inexakte Klassen zulässig sind, während die Ableitbarkeitsbeziehungen $\ldots \vdash \ldots$, $\ldots \vdash_1 \ldots$, $\ldots \vdash_2 \ldots$ zur Metatheorie einer nichtmodifizierten klassischen (bzw. intuitionistischen) Logik gehören, in der neutrale Aussagen und inexakte Klassen nicht zulässig sind.

#### 4. Die Vielfalt idealer Systeme

Die idealen Prädikate, die der Erfahrung sozusagen am nächsten
stehen, gewinnt man aus Ähnlichkeitsprädikaten, und zwar einfach dadurch, daß man mit ihnen verfährt, als ob sie exakt wären.
Wir könnten z. B. eine Liste empirischer Prädikate zusammenstellen, die physische Punkte, Gerade, Ebenen, »Zwischen«-Rela-
tionen, Inzidenz etc. charakterisieren, und beschließen, alle vorkommenden neutralen Kandidaten einfach zu vernachlässigen.
Diese Entscheidung schließt alle neutralen Aussagen, die in wahre
oder falsche verwandelt werden können, aus dem Bereich unserer
Sprache aus, und ebenso die Klassenrelationen der Inklusion-Überschneidung, Exklusion-Überschneidung und Unbestimmtheit, so
daß nur die exakten Klassenrelationen der Inklusion, Exklusion
und Überschneidung übrigbleiben. Die Welt, die dem Bereich dieser
Sprache korrespondiert, ist nicht mehr die Welt unserer Erfahrung,
aber dafür eine Welt, die sich leichter als deduktives System begreifen läßt.

Wenn wir nun von unserem rudimentären idealen System etwa zur
euklidischen Geometrie übergehen wollen, werden weitere Modifikationen unserer Prädikate erforderlich. Wir haben bisher z. B.
noch keine Entscheidung hinsichtlich der Verfügbarkeit von Subjekten unserer Prädikate getroffen. Wenn wir also postulieren,
daß – was immer »Punkt« jetzt bedeuten mag – zwischen irgend
zwei Punkten immer ein weiterer liegt, dann müssen wir nicht nur
die Extension von »Punkt« exakt machen, sondern außerdem auch
noch dafür sorgen, daß für alle Fälle hinreichend viele Punkte zur
Verfügung stehen. Diese Forderung, daß für jedes solche Prädikat
unbeschränkt viele Subjekte zur Verfügung stehen müssen – bzw.
unbeschränkt viele Mitglieder der entsprechenden Klassen: Punkte,
ganze Zahlen, Komplexe, die durch eine transitive Relation ohne
erstes oder letztes Glied in Zusammenhang gebracht werden,
usw. –, gilt allgemein als unumgängliche Bedingung solcher Idealisierungen.

In der traditionellen Mathematik tritt dieses Postulat in einer sehr
starken Form auf, in der die aktuelle Gegebenheit unendlicher
Totalitäten gefordert wird. In der Nachfolge Kants haben viele
Denker – so David Hilbert – dieses Postulat als eine Idealisierung

aufgefaßt, die für die gesamte Mathematik fundamental und charakteristisch ist. Kant selbst war der Ansicht, daß dieses »Postulat
der Vernunft«, daß jede Folge, die beliebig verlängert werden kann,
als vollständig gegeben gelten soll, die Quelle der sogenannten
Ideen – d. h. der Begriffe, die weder auf die Erfahrung anwendbar
noch aus ihr abgeleitet sind – sei. Den Begriff der unbegrenzten
Progression selbst hielt er für empirisch, eine Ansicht, die von
manchen modernen mathematischen Grundlagenforschern geteilt
wird.

Aber selbst in seiner schwächsten Form handelt es sich bei dem
Postulat (oder der Annahme) einer unbeschränkten Verfügbarkeit
von Subjekten eines Prädikats oder Elementen einer Klasse um
eine Idealisierung. Empiristische Philosophen oder Mathematiker
neigen dazu, diesen Umstand zu verdunkeln. Sie sprechen von einer
»Adjunktion« des idealen Begriffs der unbeschränkten Verfügbarkeit zu empirischen Begriffen, so als ob deren empirischer Charakter dadurch nicht weiter tangiert würde. Wenn z. B. die Konstruktion von Strichfiguren – I, II, III etc. – die empirischen Individuen
für ein Prädikat erzeugt, das man »begrenzte, empirische ganze
Zahl« nennen könnte, muß dieser Erzeugungsprozeß aus Platz-,
Zeit- und Materialmangel einmal zu einem Ende kommen. Und
das heißt mit anderen Worten: es gibt nicht für jede solche Zahl
einen Nachfolger. Andererseits aber erlaubt uns die Adjunktion des
idealen Begriffs zu sagen, daß jede ganze Zahl einen Nachfolger
besitzt. Diese beiden Feststellungen sind natürlich miteinander unverträglich, solange wir nicht zwischen Zahlen unterscheiden, die
Folgen mit einem letzten und solchen ohne ein letztes Glied angehören. Die Adjunktion des idealen Begriffs führt also *ipso facto*
zu einer Idealisierung auch des Begriffs, dem der ideale Begriff ad-
jungiert wird. Eine weitere Idealisierung ergibt sich durch das
Postulat oder die Annahme einer vervollständigten Totalität, die
selber als ein Individuum behandelt werden kann.

Es gilt hier also drei Stadien zu unterscheiden: die unbeschränkte
Verfügbarkeit von Elementen, die Zusammenfassung der Pluralität zu einer Totalität, und die Behandlung der Totalität als Individuum, das einer Klasse angehören kann. Die Unterscheidung solcher Pluralitäten (bzw. Mannigfaltigkeiten), die Elemente von
Klassen sind, von solchen, die dies nicht sind, ist bei Versuchen

verwendet worden, die mengentheoretischen Antinomien zu vermeiden. Nun lassen sich aber Klassen, die nicht nur Elemente haben, sondern selber Elemente *sind*, nur als ideale Individuen begreifen, ganz gleich, ob sie durch die Zusammenfassung begrenzter oder unbegrenzter Extensionen gebildet werden.

Die Elimination der Neutralität und damit auch der Inexaktheit, das Postulat der unbeschränkten Verfügbarkeit von Elementen bestimmter Klassen, die Zusammenfassung von Pluralitäten zu Totalitäten, und die Behandlung von Totalitäten als Individuen sind charakteristische Methoden theoretischen, insbesondere mathematischen Denkens und der ihm folgenden Theorienkonstruktion. Von der Elimination der Neutralität abgesehen, wird von ihnen kein irgendwie einheitlicher Gebrauch gemacht, und darin ist vielleicht der Grund dafür zu suchen, daß es in so vielen metaphysischen Argumenten um ihre Rechtfertigung bzw. Widerlegung geht. Ich habe sie hier einfach nach dem ansteigenden Maße philosophischer Kontroversen aufgeführt, die durch sie ausgelöst worden sind. Die sogenannten transzendentalen Argumente, die zeigen sollen, daß es nur *einen* ganz allgemeinen theoretischen Rahmen geben kann, müssen aus denselben Gründen verworfen werden, aus denen sie bei ihrer Anwendung auf Schemata des empirischen Differenzierens verworfen worden sind.

Wir können für jede Theorie jene inhaltlichen Prädikate und Aussagen zusammenstellen, die mit empirischen identifiziert werden (obgleich sie natürlich nicht mit ihnen identisch sind), und sie als die theoretischen Basisprädikate und -aussagen bezeichnen – die sich von Theorie zu Theorie unterscheiden können. Danach kann man zwischen solchen theoretischen Aussagen unterscheiden, aus denen theoretische Basisaussagen ableitbar sind, und solchen, die für sich genommen keine theoretischen Basisaussagen liefern, aber gemeinsam mit anderen Prämissen deduktiv fruchtbar werden. Die ersten entsprechen dem, was man in der orthodoxen Wissenschaftsphilosophie »empirische«, die zweiten dem, was man »theoretische« Aussagen nennt – wobei eine entsprechende Unterscheidung auch zwischen Begriffen vorgenommen wird. Wir haben jedoch gesehen, daß alle Begriffe und Aussagen hypothetisch-deduktiver Systeme, die in eine nichtmodifizierte zweiwertige Logik eingebettet sind, nichtempirisch sind, ein Umstand, der sich bereits aus der Elimination der Neutralität bzw. Inexaktheit ergibt, ganz abgesehen von anderen Veränderungen im Bereich unserer Sprache, durch welche diese mehr und mehr zu einer Idealisierung als zu einer Beschreibung der Erfahrung wird.

Das wissenschaftliche Erklären wird manchmal so aufgefaßt, als ob es ausschließlich in der Konstruktion hypothetisch-deduktiver Theorien oder anderer Systeme bestünde, die sich von ersteren nur dem Grade nach unterscheiden, in dem die theoretischen und inhaltlichen Terme und Postulate explizit gemacht worden sind. Aber auch wenn man die hypothetisch-deduktive oder eine »annähernd hypothetisch-deduktive« (vgl. z. B. Kap. XI, § 2) Form als eine notwendige Bedingung auffassen darf, die von Theorien, die Erklärungen sein wollen, erfüllt werden muß, handelt es sich doch nicht auch um eine hinreichende Bedingung. Das wird deutlich, wenn wir Debatten zwischen Wissenschaftlern über theoretische Alternativen betrachten, die zwar denselben Erfahrungsbereich decken und gleichermaßen hypothetisch-deduktiv sind, dennoch aber nicht als Erklärungsalternativen gelten. In solchen Streitfällen kommt es häufig vor, daß eine Partei nur eine der Alternativen als Erklärung versteht, die andere aber verwirft, weil sie gar nichts erkläre, unbefriedigend oder sogar unverständlich sei.

Was von einer Erklärung verlangt wird, hängt also von gewissen Vorstellungen darüber ab, was eine »gute« Theorie ausmacht – etwa daß sie mechanistisch, statistisch usf. sein müsse. Diese Vorstellungen werden durch die normativen bzw. regulativen Prinzipien der Theorienbildung artikuliert und können nicht durch eine Analyse der formalen Struktur der Theorie zum Ausdruck gebracht werden. In dieser Untersuchung werde ich immer nur beiläufig auf die Analyse von Aussagen eingehen, bei denen es darum geht, ob eine Theorie überhaupt eine Erklärung oder eine bessere Erklärung als eine andere ist; denn es geht mir hier ja vorwiegend um die Analyse der Struktur von Theorien, um ihren Zusammenhang mit der Erfahrung und die logischen Beziehungen, in denen sie zu gewissen außerwissenschaftlichen Aussagen (bei denen es sich nicht um normative Prinzipien für die Konstruktion von Theorien handelt) stehen.[6]

6 Für eine kurze Analyse des »wissenschaftlichen Erklärens« vgl. »Philosophical Arguments in Physics« in: *Observation and Interpretation* (London 1957; New York 1962).

# VII

# Zur Mathematik diskreter Individuen und Komplexe

Wenn sich herausstellt, daß eine axiomatische Theorie, die einen bestimmten Bereich empirischer Untersuchungen decken soll, unvollständig bleiben muß, wird eines der stärksten Motive der Axiomatisierung außer Kraft gesetzt. Es war zuerst der Verdacht und dann der Beweis, daß die axiomatisierte Arithmetik unvollständig ist, der die bewußte Trennung zwischen konstruktiver und axiomatischer Mathematik herbeigeführt hat. Die Rechtfertigung dieser konstruktiven Mathematik wird nicht so sehr in einem Widerspruchsfreiheitsbeweis gesucht als vielmehr in ihrer Nähe zu empirischen Operationen und Strukturen, die – so meint man – besonders einfach und durchsichtig sind oder doch wenigstens gemacht werden können. Diese mehr oder weniger empirienahe, aber dennoch nichtempirische Mathematik wird den Gegenstand dieses Kapitels bilden. Wenn man sie zur deduktiven Vereinheitlichung inhaltlicher wissenschaftlicher Theorien verwendet, ergeben sich daraus – wie wir sehen werden – die meisten (wenn auch nicht alle) Einschränkungen des empirischen Denkens, die auch die klassische Mathematik mit sich bringt.

## *1. Ideale Komplexe und Korrespondenzen*

Ein beträchtlicher Teil menschlicher Tätigkeiten besteht aus der geregelten und wiederholbaren Erzeugung von komplexen Objekten aus einfachen, wie etwa dem Zusammenfügen von Mauern aus Ziegelsteinen oder von Maschinen aus Einzelteilen. Im Zusammenhang mit solchen Tätigkeiten kommt es zur Erforschung der Möglichkeiten, neue Komplexe zu produzieren, die neuen Zwecken oder alten Zwecken auf bessere Weise dienen. Und es stellt sich bei alledem als nützlich heraus, wenn man Strukturähnlichkeiten zwischen verschiedenen Komplexen zur Kenntnis nimmt, besonders in solchen Fällen, wo der eine nur mit viel Schwierigkeiten und Mühe und der andere viel einfacher hergestellt werden kann,

z. B. aus leichter verfügbarem und leichter bearbeitbarem Material. Ich denke dabei an solche Dinge wie Modelle im verkleinerten Maßstab, Zeichnungen und einfache Diagramme.

Einige Methoden zur Erzeugung empirischer Komplexe werden besonders häufig verwandt, z. B. werden – auf vielfältige Weise – Folgen empirischer Individuen erzeugt. Solche Folgen, die schwierig zu produzieren sind, besitzen für viele Zwecke hinreichend viel Ähnlichkeit mit Folgen aus leicht handhabbarem Material – etwa Bleistiftstrichen auf Papier –, so daß man die bestehenden Unterschiede in der Praxis unbesorgt vernachlässigen kann. Folgen diskreter Individuen werden auch dann mit anderen Strukturen, die aus Individuen bestehen, verglichen, wenn es darauf ankommt, ihre Anzahl festzustellen. Auf ähnliche Weise sind insbesondere auch geometrische Diagramme Hilfsmittel, die man verwendet, um die Struktur von Dingen zu erforschen und zu begreifen, die komplizierter sind als sie selber, aber eine analoge Struktur besitzen.

Wenn man die Struktur irgend zweier empirischer Komplexe vergleichen will, muß man zunächst eine umkehrbar eindeutige Beziehung zwischen ihren Teilen herstellen, und dazu müssen die Teile selber erst einmal individuiert werden. In vielen Fällen nimmt man nicht nur die beiden Komplexe, sondern auch ihre Teile wahr. Manchmal »sieht« man sogar die umkehrbar eindeutige Beziehung zwischen den Teilen, die dann durch Verbindungsstriche o. ä. markiert werden kann. In Anbetracht der Indefinitheit empirischer Individuen kann es vorkommen, daß die fragliche Beziehung zwischen ihnen selber indefinit wird. Komplexe, die aus sehr vielen Individuen bestehen, können in ihrer Struktur nicht mehr erfaßt und durch eine umkehrbar eindeutige Beziehung in Korrespondenz gesetzt werden. Weil jeder Individuenkomplex einer Klasse korrespondiert, deren Elemente die betreffenden Individuen sind (aber nicht umgekehrt), stellt man die fragliche Beziehung vielfach zwischen empirischen Klassen und nicht zwischen Komplexen her, selbst wenn die betreffenden Komplexe gegeben sind.

Zwei empirische Klassen stehen dann und nur dann in einer umkehrbar eindeutigen Beziehung zueinander, wenn eine solche Beziehung zwischen ihren Elementen aufgewiesen werden kann. Man sagt in diesem Falle, daß diese beiden Klassen gleichmächtig sind oder zur selben Kardinalzahl gehören. Wenn sich eine umkehrbar

eindeutige Beziehung nur zwischen der einen Klasse und einer
echten Unterklasse der anderen herstellen läßt, dann sind die beiden Klassen nicht gleichmächtig; die Kardinalzahl der zweiten ist
größer als die der ersten. Frege hat die Auffassung vertreten, daß
nur Klassen Kardinalzahlen besitzen, und daß der Begriff der
Gleichmächtigkeit bei der Definition des Zahlbegriffs vorausgesetzt
werden muß, besonders weil ja auch beim Zählen das Herstellen
von umkehrbar eindeutigen Beziehungen vorausgesetzt wird. Das
ist – mit gewissen Einschränkungen – zutreffend.

Eine umkehrbar eindeutige Beziehung zwischen zwei Klassen läßt
sich nicht herstellen, solange deren Elemente nicht individuiert sind,
d. h. solange nicht für jedes Element nachgewiesen wird, daß es
sich um eine Einheit und nicht um eine Pluralität handelt. Es wird
oft behauptet, daß das Erkennen eines Individuums untrennbar
mit seiner Klassifikation oder Subsumption unter ein Prädikat verbunden sei, weil man beim Erfassen eines Individuums es *ipso facto*
als Element einer Klasse von Individuen behandle. Aber selbst
wenn es sich so verhielte, würde die Einheit eines Individuums z. B.
doch nicht dadurch zustandekommen, daß man es (*a*) zum ersten
Element einer Klasse macht, die sonst keine Elemente besitzt und
dann (*b*) eine umkehrbar eindeutige Beziehung zwischen dieser
Klasse und einer anderen (etwa der nur die Nullklasse enthalten-
den Klasse) herstellt. Tatsächlich setzt der Begriff einer umkehrbar
eindeutigen Beziehung bereits die Einheit von Individuen voraus.

Die Unterscheidung zwischen diesen beiden Begriffen von Einheit
– der Einheit von Individuen und der durch umkehrbar eindeutige
Beziehungen definierten Einheit – sichert die Fregesche Definition
der Zahl gegen den Vorwurf der Zirkularität ab. Darüber hinaus
aber stellt sich die Frage, ob nicht, abgesehen von den fundamentalen Begriffen der Einheit und der Vielheit, auch noch andere Begriffe – wie Zweiheit, Dreiheit etc. – ähnlich wie die Einheit von
Individuen unabhängig von umkehrbar eindeutigen Beziehungen
definierbar sind. Wenn man die Einheit eines Strichs oder Steins
unabhängig von der Weise, wie man ihn klassifiziert, und ohne das
Herstellen von Zuordnungen wahrnehmen kann, wird das gleiche
auch für die Vielheit eines Haufens, die Zweiheit eines Paares, die
Dreiheit eines Tripels usf. denkbar. Aber ob man nun noch auf
mehr hinaus will als das bloße Unterstreichen der logischen Prio-

rität der Einheit und Vielheit, die nicht von umkehrbar eindeutigen Beziehungen abhängt, oder nicht: man wird ohne weiteres zugeben, daß diese weiteren Begriffe wenig praktischen Wert haben, weil unser Unterscheidungsvermögen beim Wahrnehmen solcher Fälle höchst begrenzt ist.

Es könnte so scheinen, als ob uns diese Begrenztheit zwingt, Komplexe und Zuordnungen zwischen Komplexen zugunsten von Klassen und Zuordnungen zwischen Klassen aufzugeben und die Kardinalzahlen durch Zuordnungen zwischen Klassen zu definieren. Das ist aber nicht der Fall. Betrachten wir – um ein einfaches und wichtiges Beispiel zu nehmen – die empirischen Komplexe I, II, III ... usw., bis wir aufeinander folgende Komplexe nicht mehr deutlich voneinander unterscheiden können. Diese Strichfiguren sind offensichtlich Mitglieder von Ähnlichkeitsklassen, deren neutrale Kandidaten wir hier der Einfachheit halber vernachlässigen wollen. Wir können nun annehmen, daß die Distinktheit der nacheinander erzeugten Komplexe und ihrer Teile erhalten bleiben wird, ganz gleich, wie lange wir dieses Verfahren fortsetzen, und daß ihm überdies keine physischen Grenzen gesetzt sind. Diese beiden Annahmen sind für unseren empirischen Begriff von Strichkomplexen falsch; aber es führt zu keinem Widerspruch, wenn man diesen Begriff durch einen anderen ersetzt, einen idealen Begriff des Strichkomplexes, der solchen Einschränkungen nicht unterliegt.

Ohne weiter auf die Details einzugehen müssen wir anmerken, daß ein idealer Komplex sich nicht nur von empirischen Komplexen, sondern auch von – empirischen und idealen – Klassen unterscheidet. Er unterscheidet sich von empirischen Komplexen durch seine Definitheit, dadurch, daß er – mit Ausnahme des idealen Einheitsstrichs – aus definiten Teilen besteht und zu einem definiten Teil von Komplexen werden kann, die nicht erzeugbar sind. Obgleich ideale Komplexe Elemente einer exakten Klasse sind, nämlich der Klasse der idealen Komplexe, und jeweils eine Klasse festlegen, nämlich die Klasse ihrer Teile, handelt es sich bei ihnen nicht um Klassen, sondern um empirische Individuen, ebenso wie es sich bei I, II und III um empirische Individuen und nicht um Klassen handelt.

Zwischen idealen Komplexen kann man – wegen der Distinktheit

ihrer Teile – umkehrbar eindeutige Zuordnungen herstellen, ohne
zuerst die Klasse ihrer Mitglieder zu bilden. Mit Hilfe dieser Zuordnungen kann man dann Zahlen definieren, die jedoch notwendigerweise endlich ausfallen müssen. Finite ideale Komplexe und
nicht Klassen bilden die Basis der intuitionistischen Mathematik
und der formalistischen Metamathematik, obgleich die Formalisten – anders als die Intuitionisten – dazu neigen, den Unterschied
zwischen empirischen und idealen Komplexen zu verwischen.

## 2. Empirische und ideale Kalküle

Gewisse von Regeln beherrschte Konstruktionen und Modifikationen von Komplexen, deren kleinste Bestandteile gewisse Figuren,
insbesondere Zahlzeichen sind, bezeichnet man als »Rechnungen«,
wenn es sich bei ihnen um Hilfsmittel des mathematischen Denkens handelt. Wenn jemand den Regeln der Division folgt, so
sprechen wir nur dann von »Rechnen«, wenn er die Antwort auf
eine mathematische Frage zu finden versucht, und nicht dann,
wenn er nur zu seinem Vergnügen oder aus ästhetischen Gründen
ein Zahlenmuster konstruiert. Das Rechnen ist jedoch nicht nur ein
Hilfsmittel des mathematischen Denkens, sondern auch einer seiner Gegenstände. Z. B. ist die Frage, ob eine gewisse Konfiguration
(oder Klasse von Konfigurationen) in Übereinstimmung mit einem
gegebenen Kalkül (bzw. mit gewissen Regeln zur Erzeugung von
Konfigurationen) erzeugt werden kann oder nicht, selber eine mathematische Frage. Ob nun die gesamte Mathematik – wie Curry[1]
meint – eine Theorie der Kalküle oder formalen Systeme ist oder
nicht: es kann jedenfalls keinen Zweifel daran geben, daß solche
Theorien auch zur Mathematik gehören.

Man muß hier jedoch zwei Begriffe auseinanderhalten, nämlich den
des empirischen und den des idealen Kalküls. Diese Unterscheidung – die in der Unterscheidung empirischer und idealer Komplexe bereits implizit enthalten ist – kann, wie ich meine, vom
Mathematiker ohne Gefahr vernachlässigt werden, ebenso wie der

---

1 H. B. Curry, *Outlines of a Formalist Philosophy of Mathematics*, Amsterdam 1951.

Wissenschaftler ohne Gefahr den Unterschied zwischen den theoretischen Basissätzen, die sich als unterste Folgerungen aus hypothetisch-deduktiven Theorien ergeben, und den empirischen Aussagen, mit denen sie dann identifiziert werden, vernachlässigen kann. Der Philosoph jedoch, dem es nicht nur um die innere Struktur der Mathematik und der Wissenschaften geht, sondern auch um ihre Zusammenhänge mit weiteren Denkbereichen, befindet sich in einer ganz anderen Lage. Bei ihm könnte ein solches Verwischen von Begriffsunterschieden zu unbegründeten philosophischen Extrapolationen, die über den Bereich einer vernünftigen Anwendbarkeit hinausgehen, führen.

Ich werde hier jetzt die Regeln eines Kalküls vorführen[2], der uns an die Arithmetik erinnern wird und sollte, bei dem es aber nur um die Erzeugung von Konfigurationen aus Individuen geht. Die Regeln erheben Anspruch auf Verständlichkeit, aber die Individuen und Konfigurationen sind sinnfrei. Die kleinsten Einheiten jeder Konfiguration – ihre Atome – werden durch die Zeichen $1$, $=$, $\neq$, $+$, . gebildet. Die Buchstaben $m, n, p, q$ sind Variable, die für Folgen von Strichfiguren stehen, und können in jeder Konfiguration durch eine solche Folge ersetzt werden, unter der Voraussetzung, daß derselbe Buchstabe überall durch dieselbe – genauer: durch denselben Typ von – Folge ersetzt wird. Komma und Pfeil geben Hinweise für die Ableitung von Konfigurationen, gehören ihnen aber nicht als Bestandteil an. Das Komma trennt verschiedene Konfigurationen voneinander, und der Pfeil zeigt an, daß der rechts von ihm stehende Ausdruck aus dem links von ihm stehenden abgeleitet werden kann. Es gelten die folgenden Regeln:

$$(1.1) \rightarrow 1$$
$$(1.2)\, n \rightarrow n1$$
$$(2.1)\, 1 = 1$$
$$(2.2)\, m = n \rightarrow m1 = n1$$
$$(2.3)\, m1 \neq 1$$
$$(2.4)\, 1 \neq m1$$
$$(2.5)\, m \neq n \rightarrow m1 \neq n1$$
$$(3.1)\, m + 1 = m1$$

2 Ich folge dabei P. Lorenzen, *Metamathematik*, Mannheim 1962, Kap. II.

$$(3.2)\ m + n = p \rightarrow m + n_1 = p_1$$
$$(4.1)\ 1 \cdot n = n$$
$$(4.2)\ m \cdot n = p, p + n = q \rightarrow m_1 \cdot n = q$$

Die Regeln (1) beziehen sich auf die Konstruktion von Strichaus-
drücken, die man in Anbetracht der üblichen Interpretation auch
Zahlzeichen nennen kann. (2) regelt die Konstruktion formaler
Gleichungen zwischen Zahlzeichen – wobei der Ausdruck »formal«
anzeigt, daß die Atome = und ≠ für sich genommen noch nicht
»Gleichheit« und »Ungleichheit« bedeuten. Entsprechend regeln
(3) und (4) die Konstruktion formaler Gleichungen zwischen formalen Summen und formalen Produkten.

Wenn wir in Übereinstimmung mit (1)–(4) Konfigurationen ableiten, haben wir oft die Wahl zwischen der Anwendung verschiedener Regeln. Diese Entscheidungsfreiheit kann man durch Einführung weiterer Regeln aufheben. Wir können z. B. eine Regel
einführen, nach der eine Ableitung, die von einer bestimmten Konfiguration ausgeht, nicht mehr weitergeführt werden darf, nachdem ein bestimmter Typ von Konfiguration erreicht worden ist.
Das Rechnen im Kalkül wird danach automatisch und kann in der
Tat einer entsprechenden Maschine überlassen werden.

Für gewöhnlich interessiert uns nicht nur die Erzeugung von Figuren in Übereinstimmung mit den Regeln, sondern auch die Frage,
welche Figuren erzeugt werden können und welche nicht. Solche
Fragen, die nach Regeln handelnde Menschen oder programmierte
Maschinen betreffen, sind ihrer Natur nach empirisch. Ein Rechner,
der in Übereinstimmung mit (1)–(4) Konfigurationen erzeugt, und
ein Fleischer, der Würste macht, stehen in dieser Hinsicht auf gleichem Fuß, und das gleiche würde auch für einen Computer und
eine Wurstmaschine gelten. Es erscheint mir nicht unangebracht,
auf diesen Punkt einigen Nachdruck zu legen, weil beim Sprechen
über Kalküle und Rechenmaschinen empirische und nichtempirische
Fragen immer leicht durcheinandergebracht werden.

Die Annahme, daß jede endliche Strichfolge erzeugbar ist, ist kaum
weniger wichtig als die Annahme der Exaktheit aller Prädikate,
die wir auf diese Konfigurationen anwenden. Ohne diese Annahme
können wir z. B. Zahlzeichen $n$ als prim in dem Sinne auszeichnen,
daß es sich bei ihnen nicht um formale Produkte zweier Zahlzei-

chen handelt, von denen keines formal gleich 1 oder $n$ ist; aber wir können nicht etwa darüber hinaus noch behaupten, daß es kein größtes endliches Primzahlzeichen gibt. Dies gilt nur für Konstruktionen im idealen Kalkül.

Wenn man in allen Fällen auf dem Unterschied zwischen empirischen und idealen Kalkülen bestehen wollte, wäre das ohne Zweifel pedantisch. Das gleiche würde aber auch für den Unterschied zwischen deskriptiver und euklidischer Geometrie gelten. Es ist durchaus vorstellbar, daß beim Elementarunterricht in euklidischer Geometrie ein zu nachdrückliches Betonen dieser Differenzen fehl am Platze wäre, und daß es beim Erklären der praktischen Anwendungen euklidischer Geometrie besser wäre, gezeichnete Dreiecke einfach als »euklidische Dreiecke« zu behandeln, statt umständlich zu erklären, daß für bestimmte Zwecke und in bestimmten Zusammenhängen empirische und ideale euklidische Dreiecke miteinander identifiziert werden können.

Eines der Motive für die Konstruktion von Kalkülen ist – wie auch bei der Geometrie – der Wunsch, Naturphänomene zu verstehen und unter Kontrolle zu bringen. Der empirische Kalkül ist eine Methode, leicht und mit geringer physischer Anstrengung Komplexe zu produzieren, die zu ungezählten anderen in umkehrbar eindeutigen Beziehungen stehen. Und die Überlegungen über den idealen Kalkül sind nicht nur in sich von theoretischem Interesse, sondern auch von praktischem Nutzen, weil (wie bei der Geometrie) einige der Prädikate und Aussagen, die man beim Sprechen über den idealen Kalkül verwendet, innerhalb gewisser Grenzen mit Prädikaten und Aussagen identifiziert werden können, die man beim Sprechen über den empirischen Kalkül verwendet; diese Überlegungen werden also so relevant für die Behandlung von Problemen, die sich beim Umgang mit Komplexen ergeben, die nicht bloß auf dem Papier, sondern anderswo in der Natur anzutreffen sind.

Wenn wir so wollen, könnten wir sagen, daß der empirische Kalkül der Kern des idealen ist. Aber dies könnte irreführend werden, wenn wir vergessen, daß eine Klasse ausführbarer Regeln und Operationen dann als Kern einer Klasse von Regeln und Operationen betrachtet werden müßte, die teils ausgeführt werden können und teils nicht. Wir können uns vorstellen, wie ein Mensch oder eine Maschine Striche produziert, und in diesem Falle sind alle Striche imaginär. Wir können eine Maschine bauen, die reale Striche produziert, und wir können uns wiederum eine Maschine vorstellen, die sich von der ersten dadurch unterscheidet, daß sie mehr Striche erzeugt. Im letzteren Falle können wir uns wieder die Gesamtheit der Striche vorstellen. Aber wir können weder eine Maschine bauen noch uns eine vorstellen, die zwei Typen von Strichen erzeugt, nämlich reale und imaginäre.

### 3. Endliche und konstruktive Arithmetik

Die Regeln 1.1 und 1.2 unseres empirischen Kalküls können als Regeln für die Erzeugung von Figuren betrachtet werden, die unter verschiedene Ähnlichkeitsprädikate fallen. Die bloße Absicht, sich nur mit Mitgliedern und Nichtmitgliedern der entsprechenden Klassen und den provisorischen Beziehungen zwischen ihnen zu befassen, führt von sich aus noch nicht zu einer Idealisierung. Wenn jedoch inexakte Prädikate und Klassen so behandelt werden, als ob sie exakt wären, ersetzt man damit inexakte durch exakte Prädikate, und neutrale Aussagen durch nichtneutrale. Die Notwendigkeit einer solchen Ersetzung wird von Freges Bemerkung impliziert, daß die Logik nur mit scharf abgegrenzten Begriffen und Klassen umgehen könne, und ebenso von Cantors Definition der Menge.[3]

Aber ob nun die Elimination der Inexaktheit und Neutralität nur darauf hinausläuft, daß man die endgültigen Relationen zwischen den Ähnlichkeitsklassen außer Betracht läßt, oder – radikaler – daß man inexakte durch exakte Prädikate ersetzt: es werden noch weitere Modifikationen erforderlich, wenn man zu einem System von Begriffen und Aussagen kommen will, das als Arithmetik bezeichnet werden kann. In der Arithmetik müssen wir zumindest annehmen, daß – wie immer es nun auch um physikalische Tatsachen und Gesetze stehen mag – wir zu jedem Strichkomplex einen weiteren erzeugen können, der einen Strich mehr enthält;

3 Vgl. G. Frege, *Grundgesetze der Arithmetik*, Vol. II, § 56, Jena 1903; sowie G. Cantor, »Beiträge zur Begründung der transfiniten Mengenlehre«, *Math. Annalen*, Vol. 46 (1895).

und das trifft nicht zu, wenn wir mit der Erzeugung empirischer Komplexe beginnen und physische Striche hinzufügen. Die Komplexe, die auf die geforderte Weise fortgesetzt werden können, sind keine empirischen und fallen somit nicht unter empirische Prädikate.

Wenn man von solchen Komplexen spricht, macht man keine empirischen, sondern nichtempirische Aussagen, und solche Aussagen können keiner »empirischen«, sondern bestenfalls einer »empirienahen« Arithmetik angehören. Eine solche Arithmetik steht der Erfahrung näher als eine, in deren Aussagen noch weitere Annahmen vorausgesetzt werden, die von allen Arten von empirischen Aussagen logisch unabhängig und deswegen mit allen verträglich sind. Aus verschiedenen Gründen könnte es in der Tat wünschenswert sein, die Arithmetik so empirienah wie möglich zu halten, d. h. die Anzahl der idealisierenden Zusatzannahmen auf ein Minimum zu beschränken. Unter philosophischem Gesichtspunkt ist dieses Verfahren von Nutzen, wenn es darum geht, jene arithmetischen Begriffe aufzuweisen, die am leichtesten und häufigsten mit empirischen identifiziert werden – obgleich sie niemals mit ihnen identisch sind.

Bei der Betrachtung der Methoden zur Konstruktion empirischer Begriffe können wir uns entweder vor allem für effektiv konstruierte oder aber für konstruierbare Strukturen interessieren. Diese beiden Gesichtspunkte können auch im Hinblick auf ideale Konstruktionen nach den Regeln $(1)$–$(4)$ zur Geltung kommen. Wenn wir nur Strukturen in Betracht ziehen, die uns in bestimmten Stadien der Konstruktion zur Verfügung stehen, geht es uns nur um endliche Kollektionen endlicher Komplexe, und die Aussagen über sie bilden eine finite Arithmetik. Die entsprechende Logik ist ein Untersystem der nichtmodifizierten klassischen Logik, genauer: eine Quantorenlogik, in der sich die Quantoren nur über endliche Bereiche erstrecken.

Jede Allaussage der finiten Arithmetik ist somit zwar ideal, im übrigen aber nur die Kurzfassung einer – möglicherweise sehr langen – Konjunktion von Aussagen über endliche Komplexe. Statt zu sagen, daß jedem Zahlzeichen $n$ ein bestimmtes Prädikat zukommt – $(\forall n)\,(\ldots n \ldots)$ –, können wir immer nur aussagen, daß jedem $n$ bis einschließlich $N_o$ dieses Prädikat zukommt – d. h.:

$n = N_o$

$(\forall n) \underset{n = 1}{} (\ldots n \ldots)$. Entsprechend ist jede Existenzaussage der finiten

Arithmetik nur die Kurzfassung einer endlichen Disjunktion von

$$n = N_o$$

Aussagen über endliche Komplexe und kann $(\exists n) \underset{n = 1}{} (\ldots n \ldots)$

geschrieben werden. Ein Problem bezüglich der Gültigkeit des Satzes vom ausgeschlossenen Dritten kann es in dieser finiten Arith-

$$n = N_o \qquad\qquad n = N_o$$

metik nicht geben, weil $(\forall n) \underset{n = 1}{} (\ldots n \ldots) \ \lor \ (\exists n) \underset{n = 1}{} \diagup (\ldots n \ldots)$

die Kurzfassung einer tautologischen Aussagenfunktion ist, deren
Glieder sämtlich Aussagen über endliche Komplexe oder endliche
Kollektionen endlicher Komplexe sind.

Die Beschränkung der finiten Arithmetik auf konstruierte endliche
Komplexe ist ästhetisch unbefriedigend, auch wenn sie für viele
praktische Zwecke hinreichend ist. Diese Schwerfälligkeit und dieser Mangel an Eleganz waren der Hauptgrund für die Einführung
von unendlichen Kollektionen endlicher Komplexe, ja sogar unendlicher Kollektionen von unendlichen Kollektionen, Begriffe,
die von Anfang an das Feuer der Mathematiker und Philosophen
auf sich gezogen haben, und deren Verwendung in der »naiven«
Mengentheorie zu den bekannten und vielfach diskutierten Antinomien geführt hat. Insoweit unendliche Kollektionen von Komplexen ebenso behandelt werden können wie endliche, gehorchen
auch sie der nichtmodifizierten zweiwertigen Logik. Was die Fragen über unendliche Gesamtheiten und unendliche Gesamtheiten
von unendlichen Gesamtheiten betrifft, empfiehlt es sich, sie an anderer Stelle gesondert zu diskutieren. Der Unterschied zwischen
allen Formen konstruktiver und der finiten Arithmetik besteht
in der Annahme, daß arithmetische Aussagen nicht nur über effektiv
konstruierte und vorliegende Aussagen gemacht werden können,
sondern auch über konstruierbare. Und von der nichtkonstruktiven Arithmetik unterscheidet sie die Annahme, daß unendliche
Gesamtheiten nicht konstruierbar sind.

Eine der ersten Fragen, die sich hier stellen, ist, ob eine Aussage wie daß etwas *nicht* konstruierbar ist sinnvoll ist oder nicht. Es gibt für diese Aussagen mindestens zwei Interpretationen: einmal die, daß sie in einem Aussagensystem über das Konstruierbare nicht zulässig sind, und zum andern die, daß solche Aussagen als Ausdrücke einer logischen Unmöglichkeit bzw. Absurdität verstanden werden müssen. Wenn wir uns an die erste Alternative halten und arithmetische Wahrheit mit Konstruierbarkeit identifizieren, dann kommen wir zu einer negationsfreien Logik der konstruktiven Arithmetik. Und im zweiten Falle (wenn wir mit »$n$ ist konstruierbar« mehr meinen als »Es ist nicht absurd anzunehmen, daß $n$ konstruierbar ist«) muß der Satz vom ausgeschlossenen Dritten, von der doppelten Negation und viele andere Prinzipien der klassischen Logik aufgegeben werden.

Es gibt hauptsächlich zwei Methoden, mit deren Hilfe man den Begriff des ideal Konstruierbaren klären kann. Die direktere besteht in der Formulierung der Regeln, denen die ideale Konstruktion folgt. Diese folgt dem Vorbild bestimmter Regeln für empirische Konstruktionen, z. B. den Regeln gewisser Spiele, läßt aber die Grenzen des physisch Möglichen außer acht. So beruht der ideale Kalkül, der den Regeln (1)–(4) entspricht, auf der Annahme, daß ein unbegrenzter Vorrat von Atomen eines hinreichend beständigen Materials zur Verfügung steht, und ebenso ein unbegrenzter Raum und eine endlose Zeit, in der Konfigurationen erzeugt werden können. Die Formulierung der Regeln für ideale Konstruktionen kann und wird in vielen Fällen erst in Angriff genommen, nachdem man zuversichtlich den Unterschied zwischen korrekten und inkorrekten Konstruktionen festgelegt hat. Man kann gleichsam intuitiv erkennen, welche Konstruktionen korrekt sind und welche nicht und was in diesem Sinne konstruierbar ist oder nicht. Das Handeln nach Regeln ist unabhängig von ihrer Formulierung – ja selbst von der Fähigkeit, sie vollständig zu formulieren, ebenso wie das Handeln selbst unabhängig von den Aussagen ist, die man über es machen kann. Es ist diese Unabhängigkeit, die die Intuitionisten und andere »Konstruktivisten« zu der Behauptung geführt hat, daß die konstruktive Mathematik wesentlich »sprachfrei« sei.

Der indirekte Weg, auf dem man seinen Begriff des ideal Konstruierbaren klären kann, besteht in der Aufstellung eines axiomatischen Systems. Man kann dabei mit einer Axiomatisierung der klassischen Logik anfangen und diejenigen Axiome ausstreichen, die nicht mehr akzeptabel sind, wenn der gewünschte Konstruierbarkeitsbegriff an die Stelle des Wahrheitsbegriffs, durch den das klassische axiomatische System interpretiert wird, treten soll. Die klassische Negation und die anderen Junktoren wird man, ebenso wie die Quantoren, dementsprechend uminterpretieren müssen. Wenn die Schlußregeln, z. B. die üblichen Substitutionsregeln und der *modus ponens* unter konstruktivistischem Gesichtspunkt brauchbar sind, kann man sie übernehmen. Man kommt dann entweder zu einer positiven, negationsfreien Logik oder zum axiomatischen System Heytings.[4]

Die Resultate beider Methoden müssen miteinander verträglich sein. Der Konstruktivist wird überdies die direkte Methode als die fundamentalere und als Rechtfertigung des axiomatischen Systems verstehen. Vor der Veröffentlichung des Heytingschen Axiomensystems hatten viele Mathematiker den Eindruck, daß der Begriff der intuitionistischen Konstruierbarkeit nur den Intuitionisten selber klar sei. Und auch später hatte man immer noch das deutliche Bedürfnis, den Konstruktionsprozeß, der die Regeln dieses Begriffs vollständig erzeugt, direkt beschrieben zu bekommen. Wir haben in dieser Richtung Lorenzen[5] wesentliche Fortschritte zu verdanken.

Eine andere Fassung der konstruktiven Arithmetik ist die rekursive Arithmetik, die zuerst ausführlich von Skolem dargestellt worden ist. Ihre Hauptcharakteristika sind die Verwerfung der uneingeschränkten Quantifikation und die schrittweise Konstruktion aller arithmetischen Funktionen durch rekursive Definition. Es gibt enge Zusammenhänge zwischen der intuitionistischen und der rekursiven Arithmetik, die von Kleene und anderen untersucht worden sind.[6] Wir brauchen hier nicht weiter ins Detail zu gehen, um uns über die nichtempirische Natur der konstruktiven, ja selbst der finiten Arithmetik Klarheit zu verschaffen. Es handelt sich bei den Aussagen solcher Systeme um ideale Aussagen, in denen exakte Prädikate auf konstruierte oder konstruierbare

4 Vgl. A. Heyting, *Intuitionism*, Amsterdam 1956.
5 Vgl. u. a. *op. cit.*
6 Vgl. Kleene, *op. cit.*, Kap. XV.

ideale Komplexe oder Prozesse idealer Konstruktion angewandt werden. Und obgleich diese idealen Prädikate, Komplexe und Konstruktionen ziemlich genau empirischen Vorbildern folgen, mit denen sie für bestimmte Zwecke identifiziert werden können, sind sie nicht empirisch. Auf diesen Punkt muß Gewicht gelegt werden, weil man sonst leicht zu der Ansicht kommen kann, daß es sich zwar bei der Mathematik unendlicher Gesamtheiten um eine Idealisierung der Erfahrung handle, die finite und konstruktive Mathematik aber empirisch sei.

### 4. Der logische Status der Aussagen der finiten und konstruktiven Arithmetik

Für Intuitionisten und andere »konstruktivistische« Philosophen der Mathematik stellt sich die Frage nach dem logischen Status der Arithmetik nicht; denn für sie besteht die Arithmetik nicht aus einem System von Aussagen sondern aus Handlungen, und Handlungen sind etwas anderes als Aussagen. Aber weil auch die konstruktivistischen Philosophen über Handlungen im Gegensatz zu Aussagen *sprechen*, stellt sich die Frage nach dem logischen Status der Aussagen, in denen sie dies tun. Wenn es nach den Konstruktivisten also auch keine arithmetischen Aussagen gibt, bleiben metaarithmetische Aussagen nach wie vor zulässig.

Man ist sich jetzt allgemein darüber einig, daß die Aussagen – oder vielmehr Metaaussagen – der konstruktiven bzw. finiten Arithmetik nicht »logisch wahr« sind. Wenn logisch wahre Aussagen in allen nichtleeren Gegenstandsbereichen gelten, dann sind die der finiten bzw. konstruktiven Arithmetik nicht logisch wahr, weil sie nur in Bereichen gelten, in denen sämtliche nach den Regeln (1)–(4) des idealen Kalküls konstruierbare Komplexe zur Verfügung stehen. Wenn wir Aussagen, die nicht logisch wahr sind, als »synthetisch« bezeichnen, müssen wir zugeben, daß Kant hinsichtlich des logischen Status der Aussagen der finiten bzw. konstruktiven Arithmetik doch eher Recht hatte als seine Gegner, auch wenn er über keinen klaren Begriff der logischen Notwendigkeit verfügte und einige seiner expliziten Definitionen der logischen Notwendigkeit seinen eigenen impliziten Intentionen nicht gerecht geworden sind.

Auch die logizistische These, daß die Aussagen der Arithmetik (in einem weiteren Sinne von »logischer Notwendigkeit«) logisch notwendig sind, muß verworfen werden. Nach Frege und Russell ist eine Aussage logisch notwendig, wenn es sich bei ihr entweder um ein logisches Axiom handelt oder sie aus endlich vielen solcher Axiome ableitbar ist. Abgesehen davon, daß es diesen Denkern nicht gelungen ist, ein allgemeines Kriterium für logische Notwendigkeit zu finden, benutzen sie in ihren Ableitungen auch das nichtlogische »Unendlichkeitsaxiom«. Dieses Axiom verlangt nicht nur die Verfügbarkeit von Komplexen, die nach dem Idealkalkül erzeugt werden können, sondern einen aktual unendlichen Individuenbereich. Und darüber hinaus nahmen die Logizisten noch an, daß eine vollständige Axiomatisierung aller wahren logischen und arithmetischen Aussagen möglich sei, eine Annahme, die durch den Gödelschen Unvollständigkeitssatz widerlegt worden ist.[7]

Wenn nun aber die Aussagen der konstruktiven Arithmetik nicht logisch notwendig sind, stellt sich die Frage, ob sie empirisch sind oder nicht. Entgegen der Ansicht, daß jede nicht logisch notwendige Aussage empirisch ist – eine Ansicht, die mittlerweile selbst von Empiristen nur noch selten vertreten wird –, gibt es Aussagen (z. B. solche, in denen nur theoretische Begriffe auftreten), die weder logisch noch empirisch sind. Die Formalisten und die Intuitionisten sind sich zwar darin einig, daß die Aussagen der konstruktiven Arithmetik synthetisch sind; aber die Formalisten sprechen oftmals so, als ob sie arithmetische Konstruktionen als eine Abart der Konstruktion empirischer Komplexe betrachteten, und demzufolge die Aussagen der konstruktiven Arithmetik als empirische Beschreibungen. Nach Auffassung der Intuitionisten hingegen vollziehen sich die Konstruktionen im Medium einer nichtempirischen Anschauung, und die Aussagen über sie sind nichtempirisch.

Aus dem, was hier über die Notwendigkeit gesagt worden ist, zwischen empirischen und idealen Kalkülen zu unterscheiden, und aus der Forderung, die Regeln (1)–(4) durch Regeln für die ideale Konstruktion idealer Komplexe zu ersetzen, folgt, daß die Aussagen der konstruktiven, ja selbst der finiten Arithmetik nicht em-

7 Zur Kritik der logizistischen Philosophie der Mathematik vgl. *Philosophy of Mathematics*, London 1960; New York 1962; dt.: *Philosophie der Mathematik*, München 1968.

pirisch sind. Es scheint also, als ob Kant der Wahrheit nicht nur dadurch sehr nahe gekommen wäre, daß er die Arithmetik als synthetisch bezeichnete, sondern auch dadurch, daß er ihre apriorische Natur erkannte. Man muß hier jedoch vermeiden, den Begriff der nichtempirischen oder idealen Aussage im oben erklärten Sinne (vgl. Kap. IV, § 4) mit dem ganz anderen Kantschen Begriff der synthetisch-apriorischen Aussage durcheinander zu bringen.

Nach Kant handelt es sich bei der Wahrnehmung von Dingen um die Wahrnehmung einer sinnlichen Mannigfaltigkeit, die a priori durch *die* Formen von Raum und Zeit geordnet ist, und deren (singuläre) Struktur durch die Axiome und Theoreme der reinen Mathematik *beschrieben* wird. Für die Geometrie mußte man diese Ansicht aufgeben, als sich nach der Konstruktion nichteuklidischer Geometrien herausstellte, daß weder eine euklidische noch eine nichteuklidische Geometrie für sich genommen die Erfahrung irgendwie richtig oder falsch beschreibt, und daß eine in die klassische Logik und eine nichteuklidische Geometrie eingebettete Physik adäquater sein kann (und es im Augenblick ja auch ist) als eine Physik, die die euklidische Geometrie verwendet. Selbst solche Philosophen, die die Natur von Idealisierungen und ihre Beziehung zur Erfahrung nicht weiter untersucht haben, erkennen weitgehend an, daß es sich bei den verschiedenen Systemen der Geometrie um Idealisierungen und nicht um Beschreibungen handelt. Obgleich das zweite Problem – die Beziehung von Idealisierungen zur Erfahrung – später (im Kapitel XII) noch ausführlicher diskutiert werden wird, ist doch bereits soviel klar, daß es einen Unterschied macht, ob man zwischen falschen und richtigen geometrischen Beschreibungen der Erfahrung unterscheidet und im Anschluß an Kant die nichteuklidischen Geometrien als falsche Beschreibungen betrachtet, oder ob man zwischen adäquaten und inadäquaten bzw. mehr oder minder adäquaten Idealisierungen unterscheidet.

Für Kant sind die Axiome und Theoreme der reinen Mathematik nichtlogische Beschreibungen unveränderlicher Strukturen, ohne die keine Sinneswahrnehmung möglich wäre. Die Intuitionisten pflichten ihm hierin nur hinsichtlich der Arithmetik bei. Ich habe hier zu zeigen versucht, daß selbst die Aussagen der finiten bzw. konstruktiven Arithmetik Idealisierungen der Erfahrung sind. Es handelt sich bei ihnen nicht um synthetisch-apriorische Aussagen im

Sinne Kants, sondern um synthetische (d. h. nichtlogische) ideale Aussagen.

Die Konstruktion nichteuklidischer Geometrien und ihre erfolgreiche Anwendung in den Naturwissenschaften hat die Kantsche Auffassung, daß es sich bei den Axiomen und Theoremen der Geometrie um synthetische Beschreibungen handle, gleichsam von außen widerlegt. Es ist viel weniger wahrscheinlich, daß man auch die Existenz arithmetischer Alternativen bereitwillig einräumen und dann die Kantsche und intuitionistische Auffassung der Arithmetik als synthetische Beschreibung der Erfahrung ebenso als von außen her widerlegt betrachten wird. Aber ich bin der Ansicht, daß es sich bei der finiten und bei der konstruktiven Arithmetik um zwei wirklich verschiedene und gleich nützliche Idealisierungen bestimmter Typen von empirischen Komplexen und Komplexkonstruktionen handelt. Überdies kann man – wie wir sehen werden, wenn wir über die konstruktive Arithmetik hinaus- und zu Systemen übergehen, in denen unendliche Gesamtheiten zulässig sind – die Existenz verschiedener Arithmetiken nicht länger aus vernünftigen Gründen bezweifeln, weil die Bedeutung einfacher arithmetischer Gleichungen wie $1 + 1 = 2$ verschieden ausfällt, je nach dem erweiterten arithmetischen System, in das man sie einordnet.

Die These, daß die Aussagen der finiten und der konstruktiven Arithmetik nichtlogisch und ideal sind, impliziert die Existenz idealer Entitäten. Der Sinn, in dem diese »ontologische Verpflichtung« zu verstehen ist, ist von Quine erläutert worden und auch von Church, der eine Modifikation der Quineschen Analyse vorgeschlagen hat.[8] Wenn eine Theorie in eine Logik eingebettet ist, die eine Theorie der Quantoren umfaßt, verpflichtet einen die Behauptung $(\exists x)M$ zu der Annahme, daß die Dinge, von denen $M$ gilt, existieren. Folglich verpflichtet uns die Aussage der konstruktiven Arithmetik, daß es ideale Komplexe *gibt*, die größer sind als andere, zu der Annahme, daß solche Komplexe existieren.

Die Verpflichtung zur Annahme der Existenz idealer Komplexe ist natürlich nicht das Ergebnis einer empirischen Differenzierung

---

8 Vgl. A. Church, »Ontological Commitment«, *The Journal of Philosophy*, Vol. LV, 1958, und W. V. Quine, »On what there is«, *Review of Metaphysics*, Vol. II, 1948.

der Welt, sondern das Ergebnis der Idealisierung einer empirisch bereits differenzierten. Die Idealisierung besteht in der Ersetzung empirischer Prädikate, deren Träger vorfindlich sind, durch nicht-empirische Prädikate, deren Träger nicht vorgefunden, sondern postuliert werden. Der Unterschied zwischen empirischen und idealen Prädikaten, Individuen und Aussagen impliziert einen ähnlichen Unterschied zwischen empirischer und idealer Existenz. Es muß betont werden, daß die aus der Idealisierung resultierende »ideale Existenz« etwas ganz anderes ist als eine von Idealisierungen unabhängige »ideale Existenz«. Ein Empirist könnte, ohne sich etwas zu vergeben, ideale Gebilde der ersten Art zulassen, etwa als bloße Hilfskonstruktionen. Um sein empiristisches Gewissen nicht zu belasten, könnte er alle Idealbegriffe als synkategorematische Ausdrücke in empirischen Kontexten behandeln. Und aus diesem Grunde erscheint mir der Ausdruck »ontologische Verpflichtung« etwas zu stark. Ich würde eine schwächere, mehr mit der traditionellen Sprechweise in Einklang stehende Formulierung vorziehen. Vielleicht sollte man die durch den Quine- Church-Test aufweisbare Verpflichtung als »quasi ontologische« oder *»prima facie* ontologische« bezeichnen, um anzudeuten, daß die ideale Existenz in der Mathematik und anderswo durch Platonisten, Empiristen usw. metaphysisch noch unterschiedlich gedeutet werden kann. Daß eine solche terminologische Vorsicht angeraten ist, wird uns noch deutlicher werden, wenn wir die verschiedenen Begriffe des aktual Unendlichen diskutieren.

# VIII

## Zur Mathematik unendlicher Gesamtheiten

Die Mathematik, die wir in wissenschaftlichen Lehrbüchern finden, ist nicht konstruktiv. Es werden dort Begriffe verwandt, die voraussetzen, daß unendliche Gesamtheiten von Individuen, ja selbst unendliche Gesamtheiten, die ihrerseits aus solchen unendlichen Gesamtheiten bestehen, existieren. Der Anlaß zur Verwendung solcher Begriffe hat sich nicht immer nur in der Mathematik ergeben. Er ist auch bei anderen Tätigkeiten aufgetreten, von denen einige, wie etwa das theologische Denken, nur ganz entfernt in einem Zusammenhang mit der Mathematik stehen. In der Mathematik selbst sind sie zuerst im Zusammenhang mit dem Bemühen aufgetreten, gewissen geometrischen Begriffen, vor allem dem Begriff des geometrischen Kontinuums, eine arithmetische Gestalt zu geben. Ich möchte in diesem Kapitel einige Punkte diskutieren, die sich aus der philosophischen Reflexion über die Mathematik der unendlichen Gesamtheiten ergeben, und die für ein Verständnis der Rolle, die diese Mathematik in wissenschaftlichen Theorien spielt, relevant sind.

### 1. Unendliche Gesamtheiten

Empirische Komplexe, die aus empirischen Individuen konstruiert werden, umfassen immer nur endlich viele Individuen. Die Absicht des Konstruktivisten, alle mathematischen Konstruktionen so weit wie möglich empirischen anzugleichen, führt ihn zu der Vorstellung, daß sich bei jeder Konstruktion nur endliche Komplexe ergeben. In der Sprechweise des Konstruktivisten selbst ist eine Konstruktion natürlich nichts, das man sich nur vorstellen könnte, sondern etwas, das ausgeführt wird, und das man dann wahrnimmt bzw. anschaulich erfaßt.

Die nichtkonstruktive Mathematik unterscheidet sich von der konstruktiven durch die Annahme, daß es unendliche Gesamtheiten gibt, die man entdecken, erfinden oder postulieren kann. Innerhalb der nichtkonstruktiven Mathematik kann man verschiedene mehr oder minder radikale Typen voneinander unterscheiden, von denen einige nur unendliche Gesamtheiten von Individuen zulassen, andere dagegen auch unendliche Gesamtheiten, die ihrerseits aus unendlichen Gesamtheiten bestehen. Gesamtheiten der zweiten Art werden in der klassischen Theorie der reellen Zahlen vorausgesetzt und bringen besondere Probleme mit sich. Aber philosophisch wichtige Probleme stellen sich anläßlich aller Arten von unendlichen Gesamtheiten.

Eine Gesamtheit ist eine Vielheit von Individuen, die entweder selber ein Individuum oder in einigen Hinsichten mit einem Individuum vergleichbar ist. Jedes Individuum, das aus einer Vielheit von Teilen besteht – jedes komplexe Individuum – ist somit eine Gesamtheit. Jeder Komplex korrespondiert einer Klasse, nämlich der Klasse seiner Teile, aber nicht zu jeder Klasse gibt es einen Komplex. Ich habe schon im Voraufgegangenen festgestellt, daß man keine scharfe Trennung zwischen solchen Klassen, hinter denen gleichsam Komplexe stehen, und solchen, bei denen dies nicht der Fall ist, vornehmen kann. Man könnte die hier in Frage stehende Unterscheidung auf verschiedene Weisen verschärfen, z. B. durch die Forderung, daß die Teile vollständig – entweder gleichzeitig oder nacheinander – überschaubar sein sollten. Diese Forderung wird in der konstruktiven Mathematik allgemein akzeptiert, und daher kann es in ihr keine unendlichen Komplexe geben. Offen bleibt dabei allerdings noch die Frage, ob es zu jeder endlichen Klasse einen Komplex gibt, und das ist eine Frage, die nur mit Hilfe einer weiteren Festsetzung befriedigend beantwortet werden kann.

Aber selbst wenn es eine Festsetzung gibt, nach der jeder endlichen Klasse ein Komplex korrespondiert, müssen wir immer noch zwischen den Elementen der endlichen Klasse und den Teilen des zugehörigen Komplexes unterscheiden, d. h. zwischen der Allheit der Elemente und der Allheit der Gesamtheit. Im Falle endlicher Klassen hat diese Unterscheidung vielleicht nur im Hinblick auf subtilere metaphysische Streitfragen Bedeutung, aber im Falle unendlicher Klassen kann man sie nicht umgehen. Jede Klasse *enthält* nämlich alle ihre Elemente, aber nicht jede faßt sie zu einer Gesamtheit zusammen. Das war schon Cantor[1] klar:

1 G. Cantor, *Gesammelte Abhandlungen*, Berlin 1932, S. 443.

»Eine Vielheit kann nämlich so beschaffen sein, daß die Annahme eines ›Zusammenseins‹ *aller* ihrer Elemente auf einen Widerspruch führt, so daß es unmöglich ist, die Vielheit als eine Einheit, als ein ›fertiges Ding‹ aufzufassen. Solche Vielheiten nenne ich *absolut unendliche* oder *inkonsistente Vielheiten*. . . . Wenn hingegen die Gesamtheit der Elemente einer Vielheit ohne Widerspruch als ›zusammenseiend‹ gedacht werden kann, so daß ihr Zusammengefaßtwerden zu ›*einem* Ding‹ möglich ist, nenne ich sie eine *konsistente Vielheit* oder eine *Menge*. . . .«

In modernerer Terminologie würde man dies so ausdrücken: alle Mengen sind Klassen, aber nicht alle Klassen sind Mengen.

Wenn eine Klasse nicht nur eine Vielheit, sondern eine Gesamtheit ist, dann können wir sie als Gesamtheit erkennen, ohne ihre Elemente zu kennen. Für endliche Klassen, die Komplexen korrespondieren, gilt dies offensichtlich. Ein komplexes Individuum kann bekannt sein, bevor seine Teile im einzelnen identifiziert worden sind. Es ist in diesem Falle auch möglich, daß wir die Teile kennen, ohne gleich zu erkennen, daß es sich um Teile eines Komplexes bzw. Elemente der zugehörigen Klasse handelt. Das gleiche gilt für einige endliche Klassen, deren Elemente nur nacheinander, in einer endlichen Anzahl von Schritten, überschaubar sind. Bei zunehmender Anzahl dieser Schritte wird die faktische Überschaubarkeit zu einer »prinzipiellen«, deren Vollzug durch die physischen Gegebenheiten Grenzen gesetzt werden, und wenn man diese physischen Einschränkungen vernachlässigt, kommt man zur bloß logischen Möglichkeit einer Übersicht.

Die Existenz einer Gesamtheit ist mit der Existenz nicht identifizierter, ja sogar nicht identifizierbarer Elemente vereinbar. Weyl[2] vergleicht eine bloße Existenzbehauptung (z. B. die Behauptung, daß es transzendentale Zahlen gibt), bei der ein Gegenstand der Behauptung nicht effektiv aufgewiesen wird (wie es beim Beweis der Transzendenz von $\pi$ der Fall ist), mit einem Dokument, in dem von einem Schatz die Rede ist, ohne daß angegeben wird, wo er vergraben ist. Aber wenn es so etwas wie nicht lokalisierte Schätze, unbekannte Individuen und Gesamtheiten gibt, müssen die Eigenschaften der betreffenden Sache von ihrem Aufweis unabhängig

---

2 Vgl. *Philosophie der Mathematik und Naturwissenschaften*, München 1927.

sein, und jedes exakte Prädikat muß dieser Sache entweder zukommen oder nicht. Und weiter: entweder kommt jedem Element einer Gesamtheit das fragliche Prädikat zu, oder es gibt wenigstens ein Element, das diese Eigenschaft nicht besitzt. Der Satz vom ausgeschlossenen Dritten gilt für endliche wie für unendliche Gesamtheiten. Jedenfalls implizieren alle üblichen Begriffe einer Gesamtheit die Gültigkeit dieses Satzes, und dies unabhängig von den Kontroversen darüber, ob es einen Grund gibt, aus dem man den Begriff der unendlichen Gesamtheit verwerfen sollte, auch wenn er in sich widerspruchsfrei ist. Interessant ist in diesem Zusammenhang eine Bemerkung, die Dedekind zugeschrieben wird: er stelle sich eine Menge wie einen zugebundenen Sack vor, in dem sich bestimmte Dinge befinden, die man jedoch nicht sehen kann, und von denen man nichts weiß, als daß es sie gibt, und daß es sich um ganz bestimmte Dinge handelt.[3]

Weil Gesamtheiten unabhängig von der Identifizierbarkeit ihrer Elemente existieren, ist es zulässig, ein Element mit Hilfe der Gesamtheit, zu der es gehört, zu identifizieren – es, wie das manchmal heißt, imprädikativ zu definieren. (Es ist durchaus zulässig, ein bestimmtes Klubmitglied dadurch zu identifizieren, daß man sagt, es handle sich um das Mitglied, das alle Klubmitglieder nicht leiden können, nicht einmal er selbst.) In der klassischen Mathematik, etwa der Dedekindschen Theorie der reellen Zahlen, treten solche Identifizierungen mit Hilfe präexistent gedachter Gesamtheiten häufig auf.

Die Unterklassen einer endlichen Klasse von empirischen Individuen können ohne Widerspruch – und, wenn die Klasse hinreichend klein ist, auch ohne Schwierigkeit – als eine neue Gesamtheit betrachtet werden. Für diese neue Klasse kann nun wiederum die Klasse ihrer Unterklassen gebildet werden, usf. Nichts in der physischen Welt widerspricht der Annahme, daß es zu jeder Klasse empirischer Individuen die Klasse ihrer sämtlichen Unterklassen gibt, auch wenn dies nicht heißt, daß sie damit faktisch konstruiert werden kann. Aber keine Klasse von Klassen ist eine empirische Klasse, weil nur empirische Individuen Elemente einer empirischen Klasse sein können.

3 Vgl. O. Becker, *Grundlagen der Mathematik in geschichtlicher Entwicklung*, Freiburg 1954, S. 316.

Der Unterschied zwischen einer Klasse *qua* Vielheit und *qua* Gesamtheit, die Möglichkeit, eine Gesamtheit unabhängig von ihren Elementen zu identifizieren, die Gültigkeit des Satzes vom ausgeschlossenen Dritten für Prädikate, die Möglichkeit imprädikativer Definitionen und die Zulässigkeit der Annahme, daß die Klasse aller Unterklassen einer gegebenen Klasse eine Gesamtheit ist: diese Eigenschaften sind für Klassen charakteristisch, hinter denen empirische Komplexe stehen, und die Annahme, daß alle Klassen empirischer Individuen diese Eigenschaften besitzen, ist natürlich. Wenn endliche *und* unendliche Klassen idealer Individuen als zulässig betrachtet werden, kann man diese Forderungen bis zu einem gewissen Grade voneinander trennen und je für sich akzeptieren oder verwerfen. In intuitionistischen Systemen z. B. können Gesamtheiten nur vorher aufgewiesene Elemente enthalten, der Satz vom ausgeschlossenen Dritten gilt nicht uneingeschränkt, und die Existenz von Klassen von Unterklassen ist von der voraufgegangenen Erzeugung der Unterklassen durch Konstruktion ihrer Elemente abhängig. Es gibt Systeme, in denen die natürlichen Zahlen als unendliche Gesamtheit zulässig sind, aber nicht die Klasse aller ihrer Unterklassen. Es gibt auch Systeme, in denen alle Merkmale finiter empirischer Klassen auf unendliche Klassen übertragen werden, in denen aber die imprädikative Definition – d. h. die Charakterisierung eines Objekts durch die Gesamtheit, der es angehört – unzulässig ist. Die klassische – in einigen vorliegenden Axiomatisierungen inkonsistente – Mathematik überträgt alle von mir genannten Merkmale finiter empirischer Klassen auf endliche oder unendliche Klassen idealer Individuen.

Es wäre falsch, zu sagen, daß die klassische Mathematik selber inkonsistent ist. Man würde dann wenigstens zwei falsche Annahmen machen: Einerseits, daß die klassische Mathematik als Ganzes axiomatisiert werden kann – eine Annahme, deren Wahrheit in Anbetracht des Gödelschen Unvollständigkeitssatzes höchst unwahrscheinlich ist, auch wenn Gödel selbst vermutet, daß die von ihm entdeckte Unvollständigkeit darauf zurückzuführen sein könnte, daß einige erforderliche Axiome bisher nicht entdeckt worden sind. Und andererseits würde man zu Unrecht aus der Inkonsistenz einiger auf die aller möglicher Axiomatisierungen schließen. Der Umstand, daß Widersprüche durch hinreichende Sorgfalt oder einen »sicheren mathematischen Instinkt« vermieden werden können, spricht für die Möglichkeit, ziemlich umfängliche Teile der klassischen Mathematik widerspruchsfrei zu axiomatisieren.

## 2. Abzählbare und überabzählbare unendliche Gesamtheiten

Wir haben bereits bemerkt, daß die Unvollständigkeitstheoreme von Gödel und anderen die Tendenz zu einer konstruktiven und gleichsam empirienahen Mathematik verstärkt haben. Weil wir es jedoch auch bei der konstruktiven Mathematik mit einer Idealisierung zu tun haben, die auf Festsetzungen und nicht auf Entdekkungen beruht, hat das Bedürfnis nach präziser Fassung der intendierten Festsetzungen das Interesse an axiomatischen oder zumindest symbolischen Formulierungen wiederbelebt. Selbst wenn man mit den Intuitionisten behaupten wollte, daß die Mathematik auf Anschauung beruht, bliebe doch noch das Bedürfnis nach einer präzisen Vermittlung des Angeschauten bestehen.

So hat z. B. das Auftreten wenigstens zweier verschiedener Negationsbegriffe in der intuitionistischen Mathematik einen Teil der Aufmerksamkeit von der Frage, welches der richtige Begriff der Verneinung sei, auf die Frage, wie der jeweils gerade gemeinte oder intendierte Begriff der Negation zu formulieren sei, abgelenkt. Es hat sich inzwischen herausgestellt, daß die Vielfalt der vernünftigen Negationsbegriffe bei weitem größer ist als es auf den ersten Blick erscheint, ein Umstand, der von Curry[4] sehr klar dargestellt worden ist. Es gibt noch andere, spezifisch mathematische Begriffe – z. B. in der konstruktiven Theorie der reellen Zahlen –, die in verschiedenen Varianten auftreten. Ein zusätzliches Motiv für axiomatische Verfahren ergibt sich aus dem Umstand, daß in der konstruktiven Mathematik gewisse Hilfsbegriffe zusammen mit Regeln für ihre Elimination bzw. Trennung von den eigentlichen Begriffen der Theorie auftreten. Ein Beispiel dafür wäre die Einführung fiktiver unendlicher Gesamtheiten und eines fiktiven Satzes vom ausgeschlossenen Dritten: sie erfordern eine axiomatische Behandlung, wenn Mehrdeutigkeiten vermieden werden sollen.

4 Vgl. H. B. Curry, *Foundations of Mathematical Logic*, New York 1963, Kap. VI.

Die Axiomatisierung der konstruktiven Mathematik ist eine deduktive Vereinheitlichung von Aussagen, bei denen es sich bereits um Idealisierungen handelt. Die Entsprechung zwischen idealen Komplexen und ihren empirischen Gegenstücken ist (wenn sie besteht) wohl das attraktivste Merkmal der konstruktiven Mathematik, ob sie nun axiomatisiert ist oder nicht. Diese Entsprechung geht verloren, wenn in das System ideale unendliche Gesamtheiten aufgenommen werden, für die es keine empirischen Gegenstücke gibt. Es gibt zwei philosophische Positionen, die angesichts solcher »infinitistischen« axiomatischen Systeme eingenommen worden sind. Nach der einen handelt es sich bei allen innerhalb des Systems auftretenden unendlichen Gesamtheiten um Hilfsbegriffe, für die es keine Gegenstücke außerhalb des Systems gibt. Wenn man – irrigerweise – die konstruktive Mathematik für empirisch hielte, müßte man also unendliche Gesamtheiten für theoretische Begriffe derselben Art halten, wie sie in der theoretischen Physik anzutreffen sind. Wenn man den idealen Charakter der konstruktiven Mathematik erkennt, könnte man immer noch unendliche Gesamtheiten als Hilfsbegriffe betrachten und von solchen mathematischen Begriffen unterscheiden, für die es empirische Gegenstücke gibt. Diese Einstellung wird manchmal als »positivistisch« bezeichnet und kann in vielen Varianten auftreten, je nachdem, ob man allen oder nur hinreichend kleinen endlichen idealen Komplexen Gegenstücke zuschreibt.

Bei der anderen Position handelt es sich um den Platonismus bzw. seine Varianten. Nach ihm gibt es für alle oder einige unendliche Gesamtheiten Gegenstücke außerhalb des Systems. Weil diese Gegenstücke als ideal betrachtet werden müssen, legt ihre Annahme die Folgerung nahe (auch wenn sie sie nicht erzwingt), daß es sich bei ihnen um Bestandteile einer idealen Welt handelt, die ebenso »bewußtseinsunabhängig« ist wie die physische Welt. Die Mathematik, in der einige Aspekte der physischen Welt idealisiert werden, ist dann gleichzeitig eine Beschreibung – oder wenigstens der Versuch einer Beschreibung – einer idealen Welt. Diese Auffassung wird der Überzeugung gerecht, daß es nur eine wahre Mathematik geben kann, und der Erkenntnis, daß die Mathematik auf die empirische Welt nicht genau zutrifft. Dies ist, wie ich meine, der Kern der Philosophie Platons, und nicht nur seiner Philosophie der Mathematik.

Um die Situation etwas zu verdeutlichen, möchte ich jetzt eine seit Dedekind geläufige Unterscheidung zwischen endlichen und unendlichen Klassen betrachten: Eine Klasse ist dann unendlich, wenn es eine Funktion gibt, die eine umkehrbar eindeutige Zuordnung zwischen den Elementen dieser Klasse und den Elementen einer ihrer echten Unterklassen herstellt. Wenn eine Klasse nicht unendlich ist, ist sie endlich. So ist z. B. die Klasse der natürlichen Zahlen unendlich, weil man durch Multiplikation mit 2 eine umkehrbar eindeutige Beziehung zu einer echten Unterklasse, nämlich der Klasse aller geraden Zahlen herstellen kann. Diese Unterscheidung zwischen endlichen und unendlichen Klassen ist zwar nicht die einzig mögliche, aber für unsere Zwecke hinreichend.

Betrachten wir also eine axiomatische Theorie $T$ und eine Menge $m$ innerhalb dieses Systems. Wenn wir entscheiden wollen, ob $m$ im Rahmen der Theorie endlich oder unendlich ist, müssen wir *innerhalb* des Systems nach einer Funktion suchen, die eine umkehrbar eindeutige Beziehung zwischen $m$ und einer echten Untermenge von $m$ herstellt. Wenn innerhalb des Systems keine solche Funktion zur Verfügung steht, dann ist $m$ im Rahmen des Systems endlich. Angenommen, dies ist der Fall: dann können wir die Theorie $T$ durch Hinzufügung neuer Funktionen und Axiome erweitern. Es ist nun möglich, daß in der erweiterten Theorie $T'$ eine Funktion existiert, durch die sich eine umkehrbar eindeutige Beziehung zwischen $m$ und einer echten Untermenge von $m$ herstellen läßt. Mit anderen Worten: relativ auf $T$ ist $m$ endlich, relativ auf $T'$ aber unendlich. Diese Relativität im Begriff der Kardinalzahl einer Menge und des axiomatischen Mengenbegriffs ist von Skolem bereits 1922 aufgewiesen worden.[5]

Man kann sie aufheben, wenn man annimmt, daß das innerhalb des Systems gegebene $m$ mit einer unabhängig gegebenen, außerhalb des Systems liegenden Menge $M$ gleichgesetzt werden kann. Wenn $M$ – aufgrund außersystematischer Betrachtungen – unendlich und $m$ endlich relativ auf $T$ ist, können wir $T$ verwerfen, weil es unsere Absicht, die außersystematische Unterscheidung zwischen endlichen und unendlichen Mengen auch innerhalb von $T$ zu er-

---

5 Vgl. Th. Skolem, »Einige Bemerkungen zur axiomatischen Begründung der Mengenlehre«, *Conférences faites au V^me Congrès des Mathematiciens Scandinaves 1922;* Helsingfors 1923.

halten, nicht angemessen erfüllt. So würden z. B. die meisten Mathematiker wohl behaupten, daß sie eine so klare außersystematische Vorstellung von den natürlichen Zahlen haben, daß sie jedes axiomatische System, in dem mangels einer entsprechenden Funktion die Gesamtheit der natürlichen Zahlen nicht auf eine echte Untermenge abgebildet werden kann, ohne weiteres als unzureichend verwerfen würden.

Wenn wir für irgendwelche innersystematische unendliche Gesamtheiten außersystematische ideale Gegenstücke annehmen, könnte das den Anschein erwecken, als ob wir uns damit auf irgendeine Art von Platonismus festgelegt hätten. Das ist jedoch nicht der Fall. Die außersystematischen idealen Gegenstücke brauchen nicht »bewußtseinsunabhängig« zu sein, nur unabhängig von der jeweils vorliegenden axiomatischen Theorie. Sie müssen unabhängig von ihr faßbar sein – ein Gedanke, der mit ihrer bewußtseinsabhängigen wie -unabhängigen Existenz verträglich ist und keines von beiden impliziert. Die idealen Gegenstücke können zwar platonische Ideen sein, sie brauchen es aber nicht zu sein; und es braucht nicht nur *ein* System zu geben, das sie enthält. Die Unterscheidung zwischen inner- und außersystematischen Gesamtheiten kann zur Unterscheidung zwischen einer – in eine interpretierte Logik eingebetteten – uninterpretierten axiomatischen Theorie einerseits und den Modellen, die sie erfüllen bzw. nicht erfüllen (vgl. S. 123), andererseits verschärft werden. Daß der Charakter unendlicher Modelle ideal ist, liegt auf der Hand.

Für die klassische Mathematik, die Mathematik der mathematischen und wissenschaftlichen Praxis, ist die Unterscheidung zwischen abzählbaren und überabzählbaren Mengen ebenso wichtig wie die Unterscheidung zwischen endlichen und unendlichen Mengen. Eine unendliche Menge ist überabzählbar, wenn sie nicht auf die Menge der natürlichen Zahlen abgebildet werden kann, d. h. keine Funktion existiert, die zwischen ihren Elementen und den natürlichen Zahlen eine umkehrbar eindeutige Zuordnung herstellt. Es kann wiederum vorkommen, daß in einer axiomatischen Theorie $T$ keine entsprechende Funktion zur Verfügung steht, was aber durch Erweiterung von $T$ zu $T'$ behoben werden kann. Es ist also möglich, daß $m$ im Hinblick auf $T$ überabzählbar und im Hinblick auf $T'$ abzählbar ist. Ähnliche Überlegungen gelten, wenn in

Übereinstimmung mit den üblichen axiomatischen Theorien nicht nur endliche, abzählbare und überabzählbare Mengen unterschieden werden, sondern zusätzlich noch eine Ordnung der überabzählbaren Mengen nach Größe eingeführt wird. Der Mathematiker von Neumann, der mit die bedeutendsten Beiträge zur axiomatischen Mengenlehre geliefert hat, hat diese Sachlage durch die Bemerkung gekennzeichnet, daß jede axiomatische Mengentheorie »den Stempel der Irrealität« trägt.[6]
So wie er hier auf überabzählbare Gesamtheiten angewendet wird, bedeutet der Ausdruck »irreal« mehr, als daß es sich bei ihnen um Idealisierungen handelt: »Realität« ist etwas, das von Neumann endlichen und abzählbar unendlichen Mengen zuschreibt. Einen der Gründe für das Ziehen einer scharfen Trennungslinie zwischen abzählbar und überabzählbar unendlichen Mengen liefert der Satz von Löwenheim und Skolem[7], der besagt, daß es für jede in die elementare klassische Logik eingebettete Theorie, für die es überhaupt Modelle gibt, auch ein abzählbares Modell gibt.
Es ist immer eines der Hauptziele der Mengentheoretiker gewesen, den intuitiven Unterschied zwischen überabzählbaren und abzählbaren Mengen in der axiomatischen Darstellung wiederzugeben, und man hatte anfangs nicht erwartet, daß es für jede axiomatische Theorie ein abzählbares Modell gibt. Die Überraschung, die der Satz von Löwenheim und Skolem verursacht hat, beruht auf dem Umstand, daß in jedem Falle ein abzählbares Modell mit Hilfe von Methoden konstruiert werden kann, die niemand, der abzählbar unendliche Gesamtheiten für zulässig hält, anfechten wird. Tatsächlich kann gezeigt werden, daß es sich bei diesem Satz um ein Korollar des Vollständigkeitsbeweises für die elementare klassische Logik handelt.[8]
Die Antwort auf die Frage, ob man angesichts dieses Satzes überabzählbare Gesamtheiten für »nicht real« und abzählbare für »real« halten solle, hängt davon ab, ob man neben der Unterscheidung zwischen dem Empirischen und dem Idealen noch wei-

6 J. von Neumann, »Eine Axiomatisierung der Mengenlehre«, *Journal für reine und angewandte Mathematik* 1923, § 3.
7 Für den Beweis vgl. Hilbert-Bernays, *op. cit.*, Bd. 2, § 3.
8 Vgl. z. B. Hilbert-Ackermann, *Grundzüge der theoretischen Logik*, Berlin 1959, 4. Aufl., § 9.

tere Unterscheidungen zwischen Arten oder Graden der Idealisierung treffen soll. Ein Platonist wie Gödel, der als erster die Vollständigkeit der elementaren Logik und die Unvollständigkeit der nichtelementaren Systeme bewiesen hat, wird keinen Grund finden, aus dem er den abzählbaren Mengen mehr Realität zugestehen sollte als den überabzählbaren.[9] Intuitionisten werden *alle* unendlichen Gesamtheiten verwerfen und Argumente, die zeigen sollen, daß überabzählbare Gesamtheiten real sind, als illusorisch betrachten. Für sich genommen – d. h. ohne die Verwendung weiterer philosophischer Prämissen – reicht der Satz nicht hin, um zwischen Konstruktivisten, Platonisten und »Denumerabilisten« zu entscheiden. Das ist Skolem auch durchaus klar gewesen.

Die vorausgegangenen Bemerkungen über die Beziehung zwischen innersystematischen und außersystematischen unendlichen Gesamtheiten haben gezeigt, daß die Mathematik ohne Zweifel ideal ist, soweit sie diese Gesamtheiten zum Gegenstand hat. Diese unbestrittene Auffassung findet sich manchmal mit der weiteren These kombiniert, daß die Mathematik der unendlichen Gesamtheiten nur dazu dient, einen harten Kern konstruktiver oder finiter Aussagen »abzurunden«, die von der Sinneserfahrung bzw. ihrer formalen Struktur gelten. Diese These halte ich für falsch: wenn man Idealisierungen der Erfahrung verbietet, verbietet man nicht nur einen Teil, sondern die ganze Mathematik.

### 3. Überabzählbare Gebilde

Die Probleme, die mit dem Begriff des Kontinuums zusammenhängen, sind nicht nur für die Entwicklung der Mathematik, sondern auch für die Entwicklung der Naturwissenschaften und der Philosophie von zentraler Bedeutung. Unter den Meilensteinen, die den Weg markieren, der zu unserer gegenwärtigen Diskussion führt, finden wir Zenons Paradoxien hinsichtlich der Unmöglichkeit der Bewegung, die Entdeckung der Inkommensurabilität von Seiten und Diagonalen im Quadrat – die beide aus dem 5. Jahrhundert v. Chr. stammen – und Cantors Diagonalverfahren, durch

9 Vgl. »Russell's Mathematical Logic« in: *The Philosophy of Bertrand Russell*, ed. P. A. Schilpp; Evanston, Ill., 1946.

das der Nachweis geführt wird, daß die Menge der reellen Zahlen nicht abzählbar ist.

Eines der Zenonschen Argumente besagt – in der Formulierung, die wir bei Aristoteles finden[10] –, daß die Bewegung unmöglich sei, weil jeder bewegte Körper, ganz gleich wie nahe er einem bestimmten Punkt schon sei, doch immer erst die Hälfte der verbleibenden Strecke zurücklegen müsse, und von dieser Hälfte wiederum die Hälfte, und so fort bis ins Unendliche, bevor er den Punkt erreichen könne. Das Paradox besteht darin, daß wir zwar wahrnehmen können, wie ein bewegter Körper den Endpunkt seiner Bahn erreicht, uns aber nicht ohne Inkonsistenz vorstellen können, wie eine unbeschränkte Anzahl von Schritten zu einem Ende führen sollte.

Es wird oft gesagt – besonders von Mathematikern –, daß der Anschein des Paradoxen in diesem Falle durch eine Limesbetrachtung leicht zerstreut werden kann: Wenn wir die Folge $\frac{1}{2}, \frac{1}{2^2}, \frac{1}{2^3} \ldots$ betrachten, erkennen wir, daß der Grenzwert, dem ihre Partialsummen zustreben, d. h. $\lim_{n \to \infty} (1 - \frac{1}{2^n}) = 1$ ist.

Diese Überlegung beruht jedoch auf der Annahme unendlicher Gesamtheiten, die der klassischen Mathematik zugrundeliegt. Es wird nämlich angenommen, daß $n$ jedes beliebige Element aus der Gesamtheit der ganzen Zahlen sein darf, und $\frac{1}{2^n}$ jeder Bruch aus einer unendlichen Gesamtheit der Brüche. Diese Annahmen erweisen sich natürlich als höchst zweckmäßig, zeigen aber, daß die vermeintliche Auflösung des Paradoxes eine idealisierte und nicht die wahrgenommene empirische Bewegung trifft.

In Wirklichkeit erfolgt die Auflösung dadurch, daß man zeigt, wie Zenons Argument den mathematischen und den empirischen Begriff der stetigen Bewegung miteinander vermengt. Zum mathematischen Begriff gehört eine Beziehung zwischen der unendlichen Gesamtheit $(1 - \frac{1}{2})$, $(1 - \frac{1}{2^2})$, $(1 - \frac{1}{2^3})$, . . . und 1, die in der klassischen Mathematik dadurch gekennzeichnet wird, daß man sagt, diese Folge habe den Grenzwert 1. Der empirische Begriff der

10 *Physik*, VI, IX.

stetigen Bewegung jedoch muß – nach dem Verfahren von Kapitel IV – auf eine endliche Folge von Phasen hin analysiert werden, die durch ihre gemeinsamen neutralen Bestandteile in einen Zusammenhang gebracht werden. In der Erfahrung gibt es nicht unendlich viele Phasen.

Die Trennung des empirischen vom mathematischen Begriff der Stetigkeit hebt keineswegs alle Probleme auf, die sich aus dem letzteren ergeben. Wenn man zwischen den Punkten einer Halbgeraden und den der Größe nach geordneten Brüchen eine umkehrbar eindeutige Zuordnung annimmt, kann man leicht sehen, daß die Diagonale des Einheitsquadrats $\sqrt{2}$ Einheiten lang ist, und daß es sich bei $\sqrt{2}$ nicht um einen Bruch – d. h. eine Zahl der Form $\dfrac{m}{n}$ wobei $n$ und $m$ natürliche Zahlen sind – handelt. Ein stetiger Streckenabschnitt wie die Diagonale des Einheitsquadrats enthält also neben unendlich vielen Punkten, die rationalen Zahlen entsprechen, noch weitere Punkte, die irrationalen Zahlen entsprechen.

Hier wird ein neues Paradox sichtbar, zumindest für diejenigen, deren Vorstellung vom Unendlichen hinreichend »naiv« ist: denn es sieht einerseits so aus, als ob ein unendlicher Prozeß der Aufteilung eines Streckenabschnitts durch Brüche zuletzt alle Punkte erreichen müßte, aus denen die Strecke besteht, während andererseits doch der Beweis für die Existenz irrationaler Punkte unangreifbar erscheint. Das ist paradox, aber nur, wenn man annimmt, daß bei unendlichen Gesamtheiten keine größer als die andere sein kann, bzw. wenn man sich eine unendliche Gesamtheit als ein Gebilde vorstellt, das an Größe nicht übertroffen werden kann. Bolzano[11] hat gezeigt, daß sich diese Verwirrung beheben läßt, wenn man die Relationen »gleich« und »größer als« mit Hilfe umkehrbar eindeutiger Zuordnungen zwischen den Elementen der verglichenen Gesamtheiten definiert.

Die Annahme von Größenunterschieden im Unendlichen ist jedoch nicht so unproblematisch, wie man in der Pionierzeit der Mengentheorie angenommen hat. Selbst wenn man die Antinomien eliminiert hat, die sich bei allzu unbedenklichem Umgang mit oder fehlerhafter Axiomatisierung der Mengen unbeschränkt anwachsen-

11 *Paradoxien des Unendlichen*, Prag 1851.

der Mächtigkeit ergeben, bleibt noch das Skolemsche Dilemma (vgl. § 2, oben): wir müssen wählen, ob wir den Begriff der unendlichen Menge und ihrer Kardinalzahl relativ auf das Axiomensystem, in dem er definiert ist, verstehen wollen, oder ob wir außerhalb des Systems liegende und von ihm unabhängige unendliche Gesamtheiten annehmen wollen – eine Wahl, die weder auf empirischen Feststellungen noch auf logisch-mathematischen Erwägungen beruht, sondern auf einer metaphysischen Position oder Einstellung.

Eine solche Einstellung wird schon vom Cantorschen Diagonalverfahren impliziert. Dieses Beweisverfahren überzeugt nur, wenn man die Prämisse akzeptiert, daß die »Diagonale« – die Basis des ganzen Arguments – als abgeschlossene Gesamtheit existiert. Bekanntlich widerstrebte es den griechischen Mathematikern und Philosophen, aus der Inkommensurabilität von Seite und Diagonale des Quadrats den Schluß zu ziehen, daß es Irrationalzahlen gibt. Dieses Widerstreben hat eine gewisse Ähnlichkeit mit dem Widerstreben moderner Mathematiker, aus Cantors Prämissen zu folgern, daß etwa die Punkte auf einer Geraden eine Menge von überabzählbarer Mächtigkeit bilden. Es handelt sich in beiden Fällen um einen philosophischen Widerstand.

Man kann das bekannte Argument von Cantor wie folgt formulieren: Angenommen, alle reellen Zahlen zwischen $0$ und $1$ seien als nichtabbrechende dyadische Brüche aufgeschrieben und abzählbar. Dann können sie in der folgenden abzählbar unendlichen Anordnung dargestellt werden:

$$0, a_{11}\, a_{12}\, a_{13}\, a_{14} \ldots \ldots \ldots$$
$$0, a_{21}\, a_{22}\, a_{23}\, a_{24} \ldots \ldots \ldots$$
$$0, a_{31}\, a_{32}\, a_{33}\, a_{34} \ldots \ldots \ldots$$

$$\cdot$$
$$\cdot$$
$$\cdot$$
$$\cdot$$
$$\cdot$$

$$0, a_{m1}\, a_{m2}\, a_{m3}\, a_{m4} \ldots \ldots \ldots$$

Bei dieser Anordnung ergibt die Diagonale wiederum eine reelle

Zahl, und zwar 0, $a_{11}\,a_{22}\,a_{33}\ldots$, die mit einer der vorkommenden Zeilen identisch sein muß, wenn diese in ihrer Gesamtheit abzählbar sind. Nehmen wir nun an, daß wir jedes $a_{nn}$ der Diagonale durch 0 ersetzen, wenn vorher 1 dastand, bzw. durch 1, wenn vorher 0 dastand (weil ja nur diese Zahlen in der dyadischen Darstellung vorkommen). Die so modifizierte Diagonale wird sich nun von der ersten Zeile an der ersten Stelle unterscheiden, von der zweiten an der zweiten, von der $n$-ten an der $n$-ten Stelle, usf. Weil sie sich damit von *jeder* Zeile der abzählbaren Anordnung an mindestens einer Stelle unterscheidet und dennoch eine reelle Zahl darstellt, können die reellen Zahlen nicht abzählbar sein.

(Man kann mit Hilfe des Diagonalverfahrens auch zeigen, daß die Klasse der Unterklassen einer abzählbaren Klasse überabzählbar ist. Man betrachte dazu die abzählbare Gesamtheit der nach Größe geordneten natürlichen Zahlen 1, 2, 3, 4 ... Man bilde nun eine endliche oder unendliche Unterklasse dieser Gesamtheit und ersetze jede Zahl, die in diese Unterklasse aufgenommen werden soll, durch 1, alle übrigen dagegen durch 0. Auf diese Weise würde z. B. 01011 ... der Unterklasse {2, 4, 5 ...} entsprechen. Es wird so also eine umkehrbar eindeutige Zuordnung zwischen jeder Folge von Nullen und Einsen, d. h. jedem unendlichen dyadischen Bruch, d. h. also jeder reellen Zahl einerseits und jeder Unterklasse der Klasse der natürlichen Zahlen andererseits hergestellt. Weil nun die Klasse der reellen Zahlen überabzählbar ist, folgt, daß die Klasse aller Unterklassen der natürlichen Zahlen und folglich die Klasse aller Unterklassen jeder abzählbaren Gesamtheit überabzählbar ist.)

Das Cantorsche Diagonalverfahren setzt zunächst die Prämisse voraus, daß die natürlichen Zahlen eine Gesamtheit bilden: die Anordnung der $a_{mn}$ wird als vollständig ausgeführt vorgestellt, und es wird angenommen, daß alle natürlichen Zahlen zur Einordnung der $a_{mn}$ nach Zeile und Spalte zur Verfügung stehen.

Wenn diese Prämisse akzeptiert wird, folgt aus der Gegebenheit der durch die modifizierte Diagonale dargestellten Zahl $d$, daß die Vielheit der reellen Zahlen – d. h. die reellen Zahlen, die durch die Zeilen unserer Anordnung, die modifizierte Diagonale oder anderweitig dargestellt werden – keine abzählbare Gesamtheit bilden, d. h. nicht zugleich abzählbar und eine Gesamtheit sind. Es

folgt nicht, daß die Vielheit der reellen Zahlen eine überabzählbare Gesamtheit ist. Um dies – vielleicht etwas umständlich, aber
dafür deutlich – zu zeigen, bemerken wir zunächst, daß, wenn man
unendliche Vielheiten danach klassifiziert, ob es sich bei ihnen um
Gesamtheiten handelt oder nicht, und ob sie abzählbar sind oder
nicht, sich *prima facie* vier Möglichkeiten ergeben: (i) Vielheiten,
die Gesamtheiten und abzählbar sind, (ii) Vielheiten, die keine
Gesamtheiten aber abzählbar sind, (iii) Vielheiten, die weder Gesamtheiten noch abzählbar sind, und (iv) Vielheiten, die Gesamtheiten aber nicht abzählbar sind.

Was nun die Vielheit der reellen Zahlen betrifft, wird die Möglichkeit (i) durch Cantors Argumente ausgeschieden, wenn man voraussetzt, daß es abzählbare Gesamtheiten gibt. (ii) entfällt aufgrund seiner Definition der Abzählbarkeit. (iii) hingegen wird
durch Cantors Argument nicht ausgeschlossen. Es ist tatsächlich
möglich, nur abzählbare unendliche Gesamtheiten zuzulassen und
zu bestreiten, daß es überabzählbare Gesamtheiten gibt, wie es
z. B. Weyl (in seinem Buch *Das Kontinuum,* Berlin 1918) getan
hat. Wenn wir nur die vierte Möglichkeit offenhalten wollen, müssen wir noch eine weitere Prämisse zu Cantors Annahmen hinzufügen: daß es überabzählbare Gesamtheiten gibt. Aber selbst dies
reicht noch nicht hin, um zu beweisen, daß die Vielheit der reellen
Zahlen eine dieser überabzählbaren Gesamtheiten ist. Dazu brauchen wir noch die Prämisse: wenn die Vielheit der reellen Zahlen
keine abzählbare Gesamtheit ist, ist sie eine überabzählbare Gesamtheit.

Fassen wir zusammen: Das Diagonalverfahren beweist nicht, sondern setzt voraus: (*a*) daß die Vielheit der natürlichen Zahlen eine
Gesamtheit ist, (*b*) daß es überabzählbare Gesamtheiten gibt, (*c*)
daß die reellen Zahlen, wenn sie nicht abzählbar sind, eine überabzählbare Gesamtheit bilden und nicht bloß eine Vielheit. Nur
wenn man diese Voraussetzungen macht, folgt, daß die reellen
Zahlen eine überabzählbare Gesamtheit bilden. Die beiden ersten
Annahmen werden von den Intuitionisten verworfen, die zweite
und dritte von Weyl. Ich glaube, daß sich Cantor aller dieser Annahmen bewußt war. Worauf es ankommt ist in jedem Falle, daß
sie für seinen Beweis unumgänglich sind.

Wir brauchen hier nicht auf die Beweise einzugehen, nach denen es

Gesamtheiten von höherer Kardinalzahl als der der reellen Zahlen
– oder, was auf dasselbe hinausläuft, der Klasse aller Unterklassen
der natürlichen Zahlen – gibt. Sie alle nehmen, unter Voraussetzung der Widerspruchsfreiheit, an, daß eine Vielheit, die weder
dieselbe noch eine kleinere Kardinalzahl besitzt als eine gegebene
Gesamtheit, eine Gesamtheit höherer Kardinalzahl sein muß. Diese
und ähnliche Fragen sind für unsere gegenwärtige Untersuchung
nur von geringem Interesse. Philosophisch gesehen ist die Frage
wichtiger, wie weit die konstruktive Mathematik als Instrument
zur Untersuchung der nichtkonstruktiven Mathematik verwendet
werden kann, wenn man die letztere als ein System von Regeln
zur Konstruktion von Komplexen auffaßt, die aus uninterpretierten Symbolen bestehen, d. h. den Umstand außer acht läßt, daß
einige dieser Symbole außerhalb des Systems als unendliche Gesamtheiten interpretiert werden.[12]

### 4. Der logische Status der Aussagen der nichtkonstruktiven Mathematik

Von Mathematikern wird die konstruktive Mathematik gelegentlich mit der Sinneserfahrung verglichen, und die nichtkonstruktive
mit der Interpretation der Sinneserfahrung durch Begriffe wie
»materieller Gegenstand« u. ä., und sie setzen dann das Verhältnis
zwischen konstruktiver und nichtkonstruktiver Mathematik in
Beziehung zum Verhältnis zwischen der uninterpretierten und der
durch Dingbegriffe interpretierten Sinneserfahrung. »Man kann
sich jedoch auch«, so sagt Gödel[13]

»Klassen und Begriffe als reale Gegenstände vorstellen, nämlich Klassen als
›Vielheiten von Dingen‹, und Begriffe als Eigenschaften von und Beziehungen
zwischen Dingen, die unabhängig von unseren Definitionen und Konstruktionen
existieren.«

Es scheint ihm,

»daß die Annahme solcher Gegenstände ebenso legitim ist wie die Annahme
physischer Dinge, und daß es ebensoviel Grund gibt, an ihre Existenz zu glauben. Sie sind für ein befriedigendes System der Mathematik ebenso notwendig

---

12 Vgl. meine »Philosophie der Mathematik«, Kap. IV und V, sowie die dort
genannte Literatur.
13 »Russell's Mathematical Logic«, *op. cit.*, p. 137.

wie physische Gegenstände für eine befriedigende Theorie unserer Sinneswahrnehmungen, und in beiden Fällen stellt es sich als unmöglich heraus, die Aussagen, die man über diese Dinge machen möchte, als Aussagen über die ›Daten‹,
d. h. im letzteren Falle über die tatsächlich auftretenden Sinneswahrnehmungen,
zu interpretieren.«

Hierin drückt sich die Überzeugung einer langen und produktiven
Tradition der Mathematik und Philosophie der Mathematik aus,
der in der jüngeren Vergangenheit Cantor und Dedekind angehört
haben. Demgegenüber könnte ein Konstruktivist den Standpunkt
einnehmen, daß man zwar die Sinneswahrnehmung interpretieren
müsse, es einem aber unbenommen bleibe, die konstruktive Mathematik uninterpretiert zu lassen und sie dennoch – oder sogar nur
so – befriedigend zu finden. Selbst wenn es unmöglich sein sollte,
sich ohne Selbsttäuschung als Phänomenalisten zu bezeichnen,
braucht der mathematische Konstruktivist nicht die gleiche Gefahr
zu laufen und wird nicht notwendigerweise zur intellektuellen
Selbstverleugnung gedrängt.

Diese Positionen sind jedoch einander nicht so radikal entgegen-
gesetzt, wie es den streitenden Parteien manchmal erscheint. Die
vermeintlich harten Tatsachen in der mathematischen Erfahrung
des Konstruktivisten sind ebensosehr Idealisierungen wie die unendlichen Gesamtheiten des Nichtkonstruktivisten. Wenn Idealisierungen ein Verbrechen sein sollen, sind beide schuldig, und der
einzige Unterschied zwischen ihnen ist, daß der eine lieber für ein
Lamm und der andere lieber für ein Schaf hängen will.

Im Bereich empirischer Prädikate und Aussagen habe ich durch
Begriffe wie »*qual*-Implikation« und »ko-ostensiv« Unterscheidungen zwischen einem geringeren oder größeren Gehalt an Interpretation getroffen.[14] In der Mathematik wäre eine analoge Unterscheidung möglich. Anstelle der *qual*-Implikation würde ein entsprechender Begriff der logischen Ableitbarkeit treten, und an die
Stelle der Ko-ostensivitätsrelation die Beziehung, die zwischen zwei
idealen Prädikaten dann und nur dann besteht, wenn sie bei der
Anwendung der Mathematik auf die Erfahrung mit demselben
empirischen Prädikat identifiziert werden. Diese Beziehung, die
man als »Ko-Identifizierbarkeit« bezeichnen könnte, besteht z. B.
zwischen den natürlichen Zahlen Brouwers, Weyls und Cantors,

14 Vgl. S. 32 ff.

auch wenn sich diese drei Begriffe in anderen Hinsichten weitgehend unterscheiden: nach Brouwer gibt es keine Gesamtheit der
natürlichen Zahlen, nach Weyl bilden zwar die natürlichen Zahlen,
nicht aber die Klasse aller ihrer Unterklassen eine Gesamtheit, und
nach Cantor handelt es sich bei ihnen um eine Gesamtheit, deren
sämtliche Unterklassen wiederum eine Gesamtheit bilden. Die
Koidentifizierbarkeitsrelation kann auch auf andere – nichtmathe-
matische – ideale Prädikate, die die gleichen empirischen Gegenstücke haben, mit Nutzen angewandt werden. Wir wollen hier
jedoch nicht auf weitere Details eingehen.[15]

Was sich bei dieser Diskussion der Mathematik unendlicher Gesamtheiten herausgestellt hat, ist, daß ihre Aussagen – wie die Aussagen der konstruktiven Mathematik – weder logischen noch empirischen, sondern den Charakter von Idealisierungen haben. Der
Nichtkonstruktivist muß dabei natürlich eine reichhaltigere Ontologie idealer Entitäten annehmen als der Konstruktivist. Dieser
Umstand wird noch deutlicher, wenn man ihn im Licht des Löwen-
heim-Skolem-Theorems betrachtet: wenn der Nicht-Konstruktivist
die Wahl hat, seine Begriffe von endlichen, abzählbaren und überabzählbaren Gesamtheiten auf unterschiedliche Axiomensysteme
hin zu relativieren, oder aber systemunabhängige ideale Gesamtheiten anzunehmen, wird er die zweite Alternative wählen. Für
ihn handelt es sich bei Axiomatisierungen nicht um ein Erschaffen
von unendlichen Gesamtheiten, sondern nur um mehr oder weniger
erfolgreiche Versuche, sie zu definieren. Die Annahme system-
unabhängiger idealer Gesamtheiten wird zwar vom Platonismus
impliziert, impliziert jedoch ihrerseits keinen Platonismus, weil
systemunabhängige Gesamtheiten nicht notwendig bewußtseinsunabhängig sind. Darüber hinaus hat diese Diskussion die These
bekräftigt, daß es zur Entdeckung ontologischer – im Gegensatz zu
»quasi-ontologischen« – Verpflichtungen über den Quine-Church-
Test hinaus noch einer Unterscheidung zwischen innertheoreti-
scher und außertheoretischer Existenz und zwischen bewußtseinsabhängigen und -unabhängigen Entitäten bedarf.

15 Für eine Diskussion im Lichte der Limitationssätze der Mengentheorie und
des Cohenschen Unabhängigkeitsbeweises für die Kontinuumshypothese (1963)
vgl. »The Philosophical Implications of Post-Gödelian Mathematics« in: *Pro-
ceedings Int. Coll. of Science, London 1965; Amsterdam 1966.*

# Über Wahrscheinlichkeit und Statistik

Der Wahrscheinlichkeitsbegriff, oder vielmehr die verschiedenen Wahrscheinlichkeitsbegriffe, die es gibt, spielen in der Wissenschaft und Philosophie die vielfältigsten Rollen. Sie bilden z. B. einen Teil der theoretischen Physik, der statistischen und der Quantenmechanik; sie werden angewendet, wenn man versucht, die Induktion zu rechtfertigen und eine induktive Logik zu konstruieren, und wenn man meint, daß mit ihrer Hilfe eine Brücke erstellt werden kann, die Theorie und Erfahrung miteinander verbindet. Diese letztgenannte Funktion ist es, mit der wir uns hier – wie kurz auch immer – beschäftigen müssen. Ich werde daher nur solche Züge der geläufigen Wahrscheinlichkeitstheorien – der sogenannten logischen Theorie, der statistischen oder Häufigkeitstheorie und der abstrakten Theorie – betrachten, die relevant sind für das Problem des Zusammenhangs zwischen Wahrscheinlichkeitsaussagen und statistischen Verallgemeinerungen einerseits und empirischen Aussagen über Massenphänomene andererseits.

## 1. Die sogenannte logische Wahrscheinlichkeitstheorie

Der sogenannte logische Wahrscheinlichkeitsbegriff kann als eine Erweiterung und Modifikation des Ableitbarkeitsbegriffs der klassischen Logik verstanden werden. Es sei

$$p_1 \wedge p_2 \wedge \ldots p_n \vdash_L q_0$$

eine Aussage, die in der zweiwertigen klassischen Logik $L$ die Ableitbarkeit von $q_0$ aus den Prämissen $p_1, p_2, \ldots p_n$ ausdrückt. Weiterhin wollen wir annehmen, daß jede Prämisse in dem Sinne wesentlich ist, daß bei ihrer Ersetzung durch ihre Negation $q_0$ nicht mehr aus der neuen Konjunktion von Prämissen ableitbar ist.

Wenn wir wissen, daß die Prämissen wahr sind, können wir sagen, daß wir die stärksten möglichen Gründe für die Annahme der Wahrheit von $q_0$ haben, während wir – wenn wir nicht wissen, ob alle Prämissen wahr sind – sagen können, daß $q_0$ aufgrund des

vorliegenden Beweismaterials nur wahrscheinlich ist. Und weil der
Begriff der Ableitbarkeit ein Definiens des hier verwandten Wahr-
scheinlichkeitsbegriffs ist, können wir diesen Sinn von »Wahrscheinlichkeit« als logischen oder quasi-logischen bezeichnen. Um
die Sache anders zu formulieren: wenn wir die Beziehung vergleichen, die zwischen einer echten Untermenge unserer Prämissen –
etwa $(p_2, p_3, \ldots p_n)$ – und $q_o$ einerseits und einer Untermenge der
letzterwähnten Untermenge – etwa $(p_3, p_4, \ldots p_n)$ – und $q_o$ andererseits besteht, können wir sagen, daß $q_o$ im ersteren Falle durch
die Gegebenheiten in höherem Grade bestätigt wird als im zweiten.
Oder wir könnten das so ausdrücken, daß wir sagen, die im ersten
Falle vorliegenden Beweisgründe verleihen $q_o$ eine größere logische
Wahrscheinlichkeit als die im zweiten Falle vorliegenden. Wir
können jeden Bezug auf unser »subjektives« Wissen von der Wahrheit der Prämissen eliminieren, indem wir bloß die Beziehungen
zwischen Mengen oder Untermengen von Prämissen und der jeweiligen Konklusion betrachten. Und damit kommen wir zum
Kern der sogenannten logischen Wahrscheinlichkeitstheorie.
Die hier betrachteten Aussagen sind natürlich noch weit von einer
Theorie entfernt, die uns in die Lage versetzen würde, jeder logischen Wahrscheinlichkeit einen numerischen Wert zu geben, Bestätigungsgrade zu messen und sie miteinander zu vergleichen. Ein
allgemeines Verfahren hierfür geht bis auf Laplace und – unter
unseren Zeitgenossen – Wittgenstein und Waismann zurück. Es ist
mit klassischer Deutlichkeit von Carnap[1] dargestellt worden, der
sich von seinen Vorgängern nicht nur durch Gründlichkeit und
Klarheit in der Ausarbeitung der Theorie, sondern auch durch
einige wichtige inhaltliche Punkte unterscheidet. Diese Unterschiede
spielen im gegenwärtigen Kontext jedoch keine wichtige Rolle.
Die logische Wahrscheinlichkeits- bzw. Bestätigungstheorie, die
nach Carnap mit der induktiven Logik koinzidiert, wird nach ihm
»aus der deduktiven Logik durch Einführung der Definition für $c$
konstruiert« (wobei »$c$«, oder vollständiger: »$c(h,e) = r$« den
Grad $r$ bezeichnet, in dem die Daten $e$ die Hypothese $h$ bestätigen).
Carnap definiert zunächst die logische (oder $L$-) Implikation durch
Basispaare von Zustandsbeschreibungen und ihre Bereiche: Ein

1 Vgl. vor allem seine *Logical Foundations of Probability*, Chicago 1950; Vol. I.

Basispaar ist eine Klasse von zwei Sätzen, von denen der eine ein Elementarsatz und der andere dessen Negation ist (*op. cit.*, p. 67). Eine Zustandsbeschreibung – in einem endlichen Gegenstandsbereich (universe of discourse) $L_N$ oder in einem unendlichen Gegenstandsbereich $L\infty$ – ist eine Klasse, die genau einen Satz jedes Basispaares und keine weiteren Sätze enthält. Der Bereich eines Satzes $i$ – $R(i)$ – ist die Klasse derjenigen Zustandsbeschreibungen für einen gegebenen Gegenstandsbereich $L$, in der $i$ gilt (p. 79). Ein Satz $i$ $L$-impliziert einen Satz $j$ dann und nur dann, wenn $R(i)$ eine Unterklasse von $R(j)$ ist, d. h. wenn $R(i) \subset R(j)$.

Wenn der Bereich der Daten im Bereich der Hypothese enthalten ist, d. h. wenn: $e$ $L$-impliziert $h$, dann ist $c(h,e) = 1$, wobei 1 nach Übereinkunft der höchste mögliche Bestätigungsgrad ist. Entsprechend ist, wenn der Durchschnitt der Bereiche von $e$ und $h$ leer ist, d. h. wenn: $e$ $L$-impliziert $\nearrow h, c(h,e) = 0$, wobei 0 nach Übereinkunft der niedrigste mögliche Bestätigungsgrad ist. Soweit handelt es sich bei dieser Theorie nur um eine neue Formulierung dessen, was zu Beginn dieses Abschnitts über den logischen Wahrscheinlichkeitsbegriff gesagt worden ist.

Man braucht jedoch nun noch Regeln für die Zuschreibung numerischer Bestätigungsgrade in den Fällen, wo sich die Bereiche von $e$ und $h$ überschneiden. Und diese Regeln müssen überdies mit den üblichen Regeln der Wahrscheinlichkeitsrechnung übereinstimmen. Daraus ergibt sich die Notwendigkeit, den bisher verwendeten ziemlich einfachen Bestätigungsbegriff erheblich zu modifizieren. Wir brauchen hier nur den ersten der Schritte zu betrachten, die Carnap[2] in dieser Richtung unternimmt. (Und wobei er offenbar von der mathematischen Theorie der additiven Maßfunktionen geleitet wird, was nebenbei auch für die modernen axiomatischen Systeme der Wahrscheinlichkeitsrechnung gilt, für die vor allem die idealisierte Häufigkeitsauffassung der Wahrscheinlichkeit als Interpretation ins Auge gefaßt worden ist.)

Eine reguläre Maßfunktion $m$ für die Zustandsbeschreibungen $Z$ in einem endlichen Gegenstandsbereich $L_N$ wird durch zwei Bedingungen definiert: (*a*) daß für jedes $Z_i$ in $L_N$ $m(Z_i)$ eine positive reelle Zahl ist, und (*b*) daß die Summe der Werte von $m$ für alle

2 op. cit., Kapitel V.

$Z$ in $L_N$ l ist. Die Definition wird von den Sätzen in $L_N$, die Zustandsbeschreibungen sind, auf alle Sätze in $L_N$ ausgedehnt, indem man festsetzt, daß ($a$) für jeden $L$-falschen Satz $j$ in $L_N$ – m(j) $\frac{}{D}$. o, und daß ($b$) für jeden nichtfalschen Satz $j$ in $L_N$ m(j) $\frac{}{D}$. der Summe der Werte von $m$ für die $Z$ ist. Durch eine reguläre Maßfunktion $m$ wird eine reguläre Bestätigungsfunktion $c$ in $L_N$, durch die eine Hypothese $h$ und Daten $e$ zueinander in Beziehung gesetzt werden, auf die folgende Weise gegeben:

$$c(h,e) = \frac{m(e \cdot h)}{m(e)}, \quad \text{wobei} \quad m(e) \neq 0.$$ (Wobei einige Qualifikationen hier ausgelassen sind.) Die Erweiterung der Anwendung des Bestätigungsbegriffs von endlichen auf unendliche Gegenstandsbereiche wird durch das klassische Verfahren des Grenzübergangs erreicht. Weil für ein und denselben Gegenstandsbereich eine unbeschränkte Anzahl von Maßfunktionen und Bestätigungsfunktionen gewählt werden kann, muß die Theorie so erweitert werden, daß nur eine passende Maßfunktion und Bestätigungsfunktion übrigbleibt. Und es wird darüber hinaus noch eine Erweiterung nötig, weil nach Carnap die Theorie der regulären Funktionen – der Funktionen, die den Regeln der Wahrscheinlichkeitsrechnung gehorchen – nur einen kleinen Teil der Bestätigungstheorie bildet.

Das soeben skizzierte Fragment der Bestätigungstheorie reicht hin, um die Frage zu prüfen, ob es als Brücke zwischen Theorie und Erfahrung geeignet ist. Behauptet wird: (i) daß »Bestätigung« eine logische Beziehung zwischen zwei Aussagen ist, (ii) daß diese Beziehung immer zwischen irgend zwei Sätzen, vor allem zwischen irgend zwei empirischen Sätzen besteht, und (iii) daß die Bestätigungstheorie einer Logik der Induktion gleichzusetzen ist.

Die erste Behauptung muß aus Gründen verworfen werden, die bloß terminologisch erscheinen könnten, dennoch aber schwerwiegend genug sind, um hier ins Feld geführt zu werden. Carnap hat ohne Zweifel recht, wenn er betont, daß die Relation $c(h,e)$ nicht empirisch sei, aber er hat unrecht mit der Behauptung, daß sie – außer in einem allzu weiten und deshalb irreführenden Sinne – logisch sei. Die Definition von $c$ durch $m$ setzt die Grenzwerttheorie und einen beträchtlichen Teil der Mengentheorie voraus. In dem Sinne, in dem man ein Prinzip als logisch bezeichnet, wenn es in allen möglichen Bereichen gilt, kann man die Mengentheorie nicht als Logik betrachten.

Die zweite Behauptung muß verworfen werden, weil die Bestätigungstheorie in die klassische elementare Logik und einen beträchtlichen Teil der klassischen Mathematik eingebettet ist und damit den Einschränkungen unterworfen ist, die dieser logisch-mathematische Rahmen jeder Theorie auferlegt. So können z. B. weder $h$ noch $e$ intern inexakte Prädikate als Konstituenten haben. Die durch $c$ in Beziehung gesetzten Aussagen können nicht empirisch sein.

Drittens: weil weder $c$, noch $h$, noch $e$ empirisch sind, kann es sich bei den Prinzipien für das Feststellen von Bestätigungsgraden nicht um induktive Prinzipien handeln. Wie immer auch man sich solche Prinzipien denken könnte, sie müßten in jedem Falle eine Beziehung zwischen empirischen Aussagen als induktiven Prämissen und Folgerungen, zumindest aber doch als Induktionsprämissen herstellen.

Die Gründe, aus denen man die wesentlichen Ansprüche der Bestätigungstheorie verwerfen muß, implizieren auch, daß sie als Brücke zwischen Theorie und Erfahrung ungeeignet ist. Um eine solche Funktion erfüllen zu können, müßte $c$ jeweils eine empirische und eine theoretische Aussage zueinander in Beziehung setzen, und nicht zwei theoretische.

Um zusammenzufassen: während Carnap die Auffassung vertritt, daß es sich bei $c$ um eine logische Relation zwischen (möglicherweise) empirischen Aussagen handelt, handelt es sich in Wirklichkeit um eine ideale, nicht-logische Relation zwischen theoretischen Aussagen. Die Bestätigungstheorie liegt im ganzen jenseits der Lücke, die zwischen Ähnlichkeitsaussagen und -prädikaten sowie anderen empirischen Prädikaten und Aussagen einerseits und theoretischen andererseits besteht.

## 2. Ideale Häufigkeiten und abstrakte Wahrscheinlichkeiten

Der Häufigkeitsbegriff der Wahrscheinlichkeit, der – anders als der sogenannte logische – seinen festen Platz im wissenschaftlichen Theoretisieren hat, entspringt einer natürlichen Idealisierung empirischer Verhältnisse und gewisser Folgen solcher Verhältnisse. Ich mache eine empirische Aussage, wenn ich feststelle, daß das Verhältnis der schlechten zu den guten bei den heute von mir gekauften Äpfeln $1:5$ beträgt; und wenn ich vermute, daß dieses Verhältnis gleichbleiben wird, wenn ich noch mehr Äpfel kaufe (und zwar genau oder ungefähr gleichbleiben wird), dann mache ich eine empirische Verallgemeinerung. Solange die Komplexe, die ich auf diese Weise beurteile, noch übersehbar bleiben, handelt es sich bei dem Verhältnis »faul zu gut« um ein empirisches Prädikat. Wenn $N(P_o)$ die Zahl der Äpfel in diesem Komplex ist, und wenn $N(P_o \cap Q_o)$ die Zahl der faulen Äpfel bezeichnet, dann wird das fragliche Verhältnis durch $\dfrac{N(P_o \cap Q_o)}{N(P_o)}$ gegeben.

Allgemein können wir $\Phi = \dfrac{N(P \cap Q)}{N(P)}$ oder auch einfach $\Phi$ für empirische Verhältnisse der beschriebenen Art schreiben. Wenn wir nun die $P$ hinreichend vermehren, kann es dazu kommen, daß der Komplex unübersehbar wird. Wenn wir uns entschließen, diesen Umstand zu vernachlässigen und jede endliche Zahl als Anzahl von $P$ zuzulassen, erweitern wir damit den Komplexbegriff (wie in der finiten Arithmetik), und entsprechend auch unseren Begriff des Verhältnisses.

Wenn es sich bei $P$ und $Q$ um inexakte Prädikate handelt und der Komplex, für den das Verhältnis $\Phi$ bestimmt wird, neutrale Kandidaten von $P, Q$ oder beiden enthält, wird eine weitere Modifikation erforderlich. Wir würden zwischen provisorischen Verhältnissen, die unter Vernachlässigung der neutralen Kandidaten (von $P, Q$ oder beiden) bestimmt werden, und endgültigen Verhältnissen unterscheiden müssen, die bei verschiedener Verteilung der neutralen Kandidaten als Mitglieder bzw. Nichtmitglieder auf die Klassen $P$ und $Q$ zustandekommen. Überdies ist die Anzahl der möglichen endgültigen Verhältnisse nicht auf drei beschränkt – wie in der Logik der inexakten Klassen –, sondern kann für große Komplexe unübersehbar groß werden. Wenn wir die klassische (oder intuitionistische) Logik benutzen wollen, um Schlüsse von Verhältnisaussagen auf Verhältnisaussagen zu ziehen, dann müssen wir (wie in Kap. 111 gezeigt worden ist) die inexakten empirischen Prädikate $P, Q, \Phi$ so behandeln, als ob sie exakt wären.

Indem man Komplexe jeder beliebigen endlichen Größe zuläßt und die Inexaktheit von $P$, $Q$ und $\Phi$ eliminiert, macht man einen Übergang von empirischen zu idealen Prädikaten. Um diese Idealisierung von $\Phi$ zu kennzeichnen, werde ich für das idealisierte Verhältnis $f^*$ schreiben. Obwohl uns bei der Charakterisierung fast regelmäßiger Massenphänomene das Verhalten von Folgen empirischer Verhältnisse interessiert, nötigen uns sachliche Schwierigkeiten dennoch, die empirischen Folgen durch Folgen idealisierter Verhältnisse zu ersetzen. Und wiederum wird der Preis an Beschreibungstreue, den wir bezahlen müssen, durch den Gewinn an Einfachheit des Schließens und Rechnens ausgeglichen.

Was uns vor allem an Massenphänomenen interessiert, ist ihr Grad an Stabilität bzw. Instabilität. Ein natürlicher Ausdruck hierfür ergibt sich, wenn man von dem Anteil der $Q$ in einer wachsenden Folge ausgeht, die zuerst ein $P$, dann zwei $P$ usw. umfaßt, bis eine für unsere Zwecke hinreichend große Zahl $n$ von $P$s erreicht ist. Wenn die $P$ und $Q$ aus dem Kontext bekannt sind, kann man die (ideale) Folge von Verhältnissen so niederschreiben: $(f_1^*, f_2^*, \ldots f_n^*)$. Wir können dann sagen, diese Folge habe von einem gewissen Glied – etwa $f_N$ – an zumindest die Stabilität $\mathfrak{C}$, wenn die Differenz zwischen irgend zweien ihrer Glieder kleiner als $\mathfrak{C}$ ist, d. h. wenn für $m > N$, $|f_m^* - f_{m+p}^*| < \mathfrak{C}$, wobei $m$, $p$, $N$ ganze Zahlen sind. Die Stabilität der Folge wächst, wenn für $(f_1^*)$, $(f_1^*, f_2^*)$, $(f_1^*, f_2^*, f_3^*)$, usf. immer kleinere $\mathfrak{C}$ gefunden werden können. Auf analoge Weise kann die Stabilität abnehmen oder oszillieren.

Die Transformation empirischer Verhältnisse $\Phi$ in ideale Verhältnisse $f^*$ reicht, für sich genommen, noch nicht hin, um den Häufigkeitsbegriff der Wahrscheinlichkeit zu definieren. Ebenso wie der Übergang von empirischen Verhältnissen $\Phi$ zu idealen Verhältnissen $f^*$ ein Analogon im Übergang von der empirischen zur finiten Arithmetik hat, hat auch der weitere Übergang von $f^*$ zum Häufigkeitsbegriff der Wahrscheinlichkeit sein Analogon im Übergang von der finiten zur klassischen Arithmetik. Dort werden die – etwa durch I, II, III, IIII dargestellten – Komplexe, die ursprünglich als Elemente einer endlichen Folge beliebiger Länge aufgefaßt worden sind, so umdefiniert, daß sie – oder vielmehr die sie ersetzenden Komplexe – als Elemente unendlicher Folgen aufgefaßt werden. Auf die gleiche Weise werden die bereits idealisierten Verhältnisse $f_1^*$, $f_2^*$, $f_3^*$ usw., die Elemente endlicher Folgen sind, weiter idealisiert und durch Verhältnisse $f_1$, $f_2$, $f_3$ usw. ersetzt, die als Elemente unendlicher Folgen betrachtet werden. Überdies stellt man sich diese Folgen – weil ja die Wahrscheinlichkeitstheorie in sich den Rahmen der klassischen Mathematik eingebettet ist – als aktual unendlich vor. Und dadurch wird es möglich, unendliche ideale Häufigkeitsfolgen mit abnehmender Instabilität zu definieren, bei denen Є beliebig nahe bei Null gewählt werden kann. Mit anderen Worten: das klassische Verfahren des Grenzübergangs, das weder auf empirische Φ-Folgen noch auf idealisierte $f^*$-Folgen angewandt werden kann, wird bei idealisierten $f$-Folgen anwendbar.

Die formale Definition einer unendlichen idealen Häufigkeitsfolge, die stabil ist, oder vielmehr genauer: zur Stabilität tendiert, ist

$$(Є)(\exists N)(m)(p)[(m > N) \supset (|f_m - f_{m+p}| < Є)]$$

wobei Є eine beliebige positive und $N$, $m$, $p$ ganze Zahlen sind. Unendliche Folgen $f_1$, $f_2$, $f_3 \ldots$, sind konvergent und besitzen einen Grenzwert, wenn sie diese Bedingung erfüllen. Und dieser Grenzwert ist es, der als Wahrscheinlichkeit definiert wird. Mit anderen Worten: die Wahrscheinlichkeit $W(P, Q)$, daß ein $P$ auch ein $Q$ ist, wird durch

$$W(P, Q) \underset{D}{=} \lim_{n \to \infty} f_n$$

definiert. Wir brauchen hier nicht weiter ins Detail zu gehen. Man kann leicht sehen (und es wird auch in einschlägigen Lehrbüchern gezeigt), daß die üblichen Postulate der mathematischen Wahrscheinlichkeitstheorie erfüllt sind, wenn man die Wahrscheinlichkeit als den Grenzwert einer idealen Häufigkeitsfolge (allgemeiner: einer Häufigkeitsreihe) definiert.

Dieser Häufigkeitsbegriff der Wahrscheinlichkeit, wie er vor allem durch von Mises[3] entwickelt worden ist, ist nicht ganz frei von gewissen Schwierigkeiten. Die Begriffe der Folge bzw. Reihe und des Grenzwerts bei von Mises unterscheiden sich von ihren Gegenstücken in der klassischen Mathematik. Während in der klassischen Mathematik eine Folge durch eine Regel gegeben ist, die es gestattet, daß $n$-te Glied und den Grenzwert (wenn ein solcher existiert) zu konstruieren, sind die Häufigkeitsfolgen bei von Mises zufällig

---

3 Vgl. vor allem R. von Mises, *Wahrscheinlichkeitsrechnung*, Leipzig 1931.

in dem Sinne, daß es keine Regel gibt, nach der man das $n$-te Glied bestimmen könnte. Ein noch wichtigerer Punkt ist, daß er nicht zwischen den idealisierten Begriffen seiner Theorie und ihren empirischen Gegenstücken unterscheidet. Das ist zu Recht mit einer Verwechslung euklidischer Punkte, Geraden etc. und Wahrnehmungsobjekten verglichen worden.[4] Es ist ganz klar, daß es sich bei modernen Wahrscheinlichkeitstheoretikern bei idealen Häufigkeitsfolgen und ihren Elementen um Idealisierungen empirischer Begriffe handelt. Die meisten Theoretiker übersehen jedoch, daß selbst beim Übergang von einer endlichen Folge empirischer Verhältnisse ($\Phi_1$, $\Phi_2$, ...) zu einer endlichen Folge idealer Verhältnisse ($f_1^*$, $f_2^*$, ...) infolge der Zulassung von Komplexen beliebiger endlicher Größe und der Elimination inexakter Prädikate eine Idealisierung ins Spiel kommt.

Diese Schwierigkeiten haben unter anderem dazu geführt, daß viele Wahrscheinlichkeitstheoretiker den Versuch einer expliziten Definition von »Wahrscheinlichkeit« aufgegeben haben und die Wahrscheinlichkeitstheorie als ein axiomatisches System konstruieren, in dem eine bestimmte Klasse von Funktionen – genauer: reellwertiger mengentheoretischer Funktionen – implizit durch Postulate definiert wird, deren Auswahl nun aber wiederum durch dieselben anschaulichen Überlegungen hinsichtlich endlicher und unendlicher Häufigkeitsfolgen motiviert wird, die auch dem Häufigkeitsbegriff der Wahrscheinlichkeit zugrunde liegen.

Aus dem, was hier über den idealisierten Häufigkeitsbegriff und die abstrakten Begriffe der Wahrscheinlichkeit gesagt worden ist, geht hervor, daß wir mit diesen Begriffen keine Brücke zwischen Theorie und Erfahrung schlagen können. Ebenso wie die sogenannten logischen Wahrscheinlichkeitsbegriffe verbinden sie weder empirische mit empirischen noch theoretische mit empirischen, sondern nur theoretische mit theoretischen Aussagen. Nun könnte es aber so scheinen, als ob – auch wenn die Wahrscheinlichkeitstheorie für sich genommen die Lücke zwischen Theorie und Erfahrung nicht schließen kann – sie dies doch leisten könnte, wenn man sie durch weitere statistische Schlußprinzipien ergänzt. Das ist ein Gedanke, dem wir uns nun zuwenden müssen.

4 z. B. von H. Cramér, *The Mathematical Theory of Probability and Statistics*, Princeton 1946.

### 3. Über die statistische Analyse von Massenphänomenen

Es wird für unsere Zwecke hinreichen, wenn wir gewisse allgemeine Züge der Statistik betrachten.[5] Nehmen wir ein ideales, beliebig wiederholbares Experiment mit einer endlichen oder abzählbar unendlichen Anzahl von wohlunterschiedenen möglichen Ergebnissen. Wir können verschiedene mögliche Ergebnisse durch Punkte $x_1$, $x_2$, ... auf der reellen Zahlengeraden darstellen. Man pflegt das ideale Experiment als Zufallsvariable $\mathbf{x}$ und die Punktmenge $x_i$ der Resultate als den betrachteten Raum zu bezeichnen. Wir verknüpfen[6] die Wahrscheinlichkeit $p$, daß $x_i$ das Ergebnis des Zufallsexperiments $\mathbf{x}$ ist, mit einer Funktion von $x_i$, indem wir

$$p(\mathbf{x} = x_i) = f(x_i)$$

setzen und unterwerfen jede solche Funktion den Postulaten, die dem Häufigkeitsbegriff der Wahrscheinlichkeit angepaßt sind. Wir definieren die Funktion jedoch nicht explizit als ideale Häufigkeitsfunktion. Angenommen werden die folgenden Postulate:
(a) $f(x_i) \geqslant 0$; (b) $\Sigma f(x_i) = 1, i = 1, 2, \ldots$;
(c) $p(a \leqslant \mathbf{x} \leqslant c) = \Sigma f(x_i), a \leqslant x_i \leqslant c$.
Man bezeichnet jede solche Funktion als »diskrete Dichtefunktion«. Dieser Begriff läßt sich zwanglos auf Funktionen mit mehr als einem Argument – z. B. $f(x_i, y_i)$ – und auf den stetigen Fall erweitern, in dem wir

$$p(x \leqslant \mathbf{x} \leqslant x + dx) = f(x)dx$$

setzen und, in Analogie zum diskreten Fall,

(a) $f(x) \geqslant 0$; (b) $\int_{-\infty}^{+\infty} f(x)(dx = 1$; (c) $p(a \leqslant \mathbf{x} \leqslant c) = \int_{a}^{c} f(x)dx$

postulieren.
Neben den diskreten und stetigen Dichtefunktionen, für die uns eine einheitliche Technik der mathematischen Behandlung zur Verfügung steht, werden von Statistikern noch sogenannte Verteilungsfunktionen verwendet, zu denen man kommt, wenn man betrachtet, ob das Ergebnis eines Experiments kleiner als oder gleich einem bestimmten vorgegebenen Wert ist. Diese Wahrscheinlich-

---

5 Vgl. z. B. H. Freeman, *Introduction to Statistical Inference,* Reading, Mass. 1963, und H. Cramér, *op. cit.*
6 nach Freeman, *op. cit.*, p. 18 f.

keit wird wiederum mit einer Funktion verknüpft, für die Postulate gelten, die den Postulaten für Dichtefunktionen analog sind. Wir haben dann

$$p(\mathbf{x} \leqslant x) = F(x)$$

und die Postulate

(a) Wenn $b > a$, dann $F(b) \geqslant F(a)$; (b) $F(-\infty) = 0$ und $F(\infty) = 1$; (c) $p(\mathbf{x} \in E_1 + E_2 + \dots) = p(\mathbf{x} \in E_1) + p(\mathbf{x} \in E_2) + \dots$, wobei die $E$ eine endliche oder abzählbar unendliche Menge von disjunkten Intervallen auf der reellen Geraden sind. Auch der Begriff der Verteilungsfunktion kann auf mehrstellige Funktionen ausgedehnt werden. Die Postulate für Verteilungsfunktionen sind denen für Dichtefunktionen deduktiv äquivalent, so daß beide zur Grundlage der Theorie gemacht werden können.

Ein wesentlicher Teil der Theorie befaßt sich mit der Konstruktion verschiedener Dichte- und Verteilungsfunktionen und der Untersuchung ihrer Eigenschaften. Von den vielen Eigenschaften, die dazu dienen, die Funktionen untereinander zu vergleichen, will ich hier nur das Mittel

$$\lambda = \int_{-\infty}^{\infty} x f(x) dx,$$

die Varianz

$$\sigma^2 = \int_{-\infty}^{\infty} (x - \lambda)^2 f(x) dx$$

und die Standardabweichung $\sigma$ erwähnen, die als die positive Quadratwurzel von $\sigma^2$ definiert wird. Alle diese Begriffe involvieren die Annahme unendlicher Mengen, und sei es auch nur, weil die Zufallsvariable $x$ als unendlich wiederholbares ideales Experiment gedeutet wird. Um sie von entsprechenden Begriffen zu unterscheiden, in die der Begriff des Unendlichen nicht eingeht, werde ich hier – obgleich das nicht üblich ist – vom »infinitistischen« Mittel bzw. Varianz und Standardabweichung und von »infinitistischen« Dichte- und Verteilungsfunktionen sprechen. Dem infinitistischen Mittel $\lambda$ wäre z. B. das finitistische Mittel $\lambda^*$ gegenüberzustellen, das den Durchschnittswert einer Wertmenge angibt, die auf die Elemente einer endlichen Klasse verteilt ist; z. B. etwa die Durchschnittszensur einer Klassenarbeit. Ich werde hier generell die Symbole für finitistische Begriffe durch Sterne von den Symbolen für infinitistische Begriffe unterscheiden.

Diese sehr knappe Skizze der Anfangsgründe einer axiomatischen Statistik läßt erkennen, daß hier empirische Situationen auf folgende Weise idealisiert werden: (*a*) Endlich oft wiederholbare werden durch unendlich oft wiederholbare Experimente ersetzt; (*b*) es wird umfänglicher Gebrauch von der klassischen Mathematik gemacht, und (*c*) wird angenommen, daß die möglichen Ergebnisse jedes Experiments durch exakte Prädikate charakterisiert sind – eine Annahme, ohne die eine umkehrbar eindeutige Abbildung von Resultatmengen auf Punktmengen nicht möglich wäre. Wenn wir die erste Idealisierung, d. h. die unendliche Wiederholbarkeit, aufgäben und uns bei der zweiten auf die Verwendung eines kleineren Teils der klassischen Mathematik beschränkten (etwa durch Ausschluß des überabzählbaren Bereichs oder durch ausschließliche Zulassung der finiten Mathematik), die dritte aber – die Einschränkung auf exakte Prädikate – beibehielten, würden wir auf diese Weise doch wieder zu einem System idealer Prädikate kommen. Uns stehen also wenigstens drei Begriffssysteme zur Formulierung von Experimenten mit verschiedenen Ausgängen zur Verfügung: ein System von Ähnlichkeits- und anderen Prädikaten, ein System finitistischer Prädikate, und unser axiomatisches System infinitistischer Prädikate. Dieser Trichotomie entspricht genau die, zu der wir bei der Diskussion des Häufigkeitsbegriffs der Wahrscheinlichkeit gekommen sind, die zu einer Unterscheidung zwischen empirischen Verhältnissen $\Phi$, in einer finitistischen Arithmetik definierten Verhältnissen $f^*$, und (infinitistischen) idealen Häufigkeiten $f$ geführt hat.

Die theoretische Statistik ergänzt die Postulate der abstrakten Wahrscheinlichkeitstheorie und die verschiedenen infinitistischen Dichte- und Verteilungsfunktionen durch Abschätzungskriterien, nach denen wir entscheiden können, wann es *vernünftig* bzw. nicht vernünftig ist, finitistische ideale Charakteristika und ihre Realisierungen als identifizierbar – wenn auch nicht identisch – mit entsprechenden infinitistischen Charakteristika und ihren Realisierungen zu behandeln. Sie setzt damit, durch Prinzipien, die über die reine axiomatische Theorie hinausgehen, zwei verschiedene Arten von idealen Charakteristika in Beziehung zueinander. Daß sie den Übergang von empirischen zu den entsprechenden finitistischen idealen Charakteristika vernachlässigt, ist natürlich kein Einwand gegen die Statistik als solche. Wenn es aber darum geht, die Statistik in einem weiteren Kontext zu verstehen, muß die Lücke zwischen empirischen und den entsprechenden finitistischen idealen Charakteristika als wichtiger Spezialfall der Lücke zwischen empirischen und idealen Charakteristika überhaupt gekennzeichnet werden – und dies vor allem angesichts der oft wiederholten Behauptung, daß es letzten Endes die Statistik sei, die die Lücke zwischen Erfahrung und Theorie überbrücken könne.

Was die Beziehung zwischen finitistischen und infinitistischen statistischen Charakteristika betrifft, ist es vielleicht am besten, hier einige treffende Bemerkungen aus einem Standardtext zu zitieren:[7]

»... Wir werden es oft mit Situationen zu tun haben, wo es um eine mehr oder weniger komplizierte Hypothese hinsichtlich der Eigenschaften der Wahrscheinlichkeitsverteilungen bestimmter Variablen geht und geprüft werden soll, ob die verfügbaren statistischen Daten mit dieser Hypothese übereinstimmen oder nicht. ... Wenn die Hypothese wahr ist, sollten die Werte unseres Samples ein statistisches Bild der hypothetischen Verteilung ergeben, und dementsprechend führen wir für die Abweichung des Samples von dieser Verteilung ein geeignetes Maß $D$ ein. Vermittels der Sampleverteilung für $D$ finden wir dann eine Größe $D_o$, für die gilt: $W(D > D_o) = \varepsilon^8$. ... Wenn ein Fall auftritt, in dem der Wert $D > D_o$ ist, sagen wir, daß die Abweichung *signifikant* ist, und betrachten die Hypothese als widerlegt. Wenn andererseits $D \leqslant D_o$, betrachtet man die Abweichung als möglicherweise auf zufällige Schwankungen zurückführbar und die Daten als in Übereinstimmung mit der Hypothese befindlich. ...

In Fällen, wo unser Abweichungsmaß $D$ die Signifikanzgrenze $D_o$ überschreitet, betrachten wir also die Hypothese als durch die Erfahrung widerlegt. Das hat natürlich nichts mit einer *logischen* Widerlegung zu tun. Selbst wenn die Hypothese wahr ist, *kann* das Ereignis $D > D_o$ mit der Wahrscheinlichkeit $\varepsilon$ in Ausnahmefällen eintreten. Wenn $\varepsilon$ jedoch hinreichend klein ist, fühlen wir uns *praktisch* dazu berechtigt, diese Möglichkeit zu vernachlässigen.

Andererseits liefert das Auftreten eines einzigen Wertes $D \leqslant D_o$ auch keinen *Beweis* für die Wahrheit der Hypothese. Es zeigt vielmehr nur, daß unter den Bedingungen des verwendeten Tests eine zufriedenstellende Übereinstimmung zwischen Theorie und Beobachtungen besteht. Bevor eine statistische Hypothese als praktisch bestätigt gelten kann, muß sie wiederholte Tests verschiedener Art passieren.«

Abgesehen davon, daß hier die Aussage über die Verteilung der Werte im Sample als empirische Aussage und nicht als Idealisierung – wenn auch als finitistische – aufgefaßt wird, unterstützt das Zitat zwei der Hauptpunkte dieses Abschnitts. Erstens: die Sta-

7 Cramér, *op. cit.*, p. 334 ff.
8 Wobei »$W(D > D_o)$« die Wahrscheinlichkeit ist, daß $D > D_o$ ...

tistik geht über den Bereich der reinen Wahrscheinlichkeitstheorie hinaus, indem sie Prinzipien für die vernünftige bzw. praktische Identifizierung zweier Typen von Aussagen einführt, nämlich infinitistischer und finitistischer (idealer) Aussagen. Und zwar leistet sie dies durch die Einführung eines Abweichungsmaßes $D$. In der Praxis wird die Einführung eines solchen Standards der Vernünftigkeit immer auch von Überlegungen geleitet werden, die der Statistiker auf Grund einer mehr als oberflächlichen Vertrautheit mit den empirischen Gegenstandsbereichen anstellen muß – seien sie nun biologisch, ökonomisch oder physikalisch –, deren Massenphänomene er beobachtet, statistisch registriert und als Dichte- und Verteilungsfunktionen formuliert.

Zweitens: die zwischen finitistischen und infinitistischen (idealen) Charakteristika, z. B. $f^*$ und $f$ hergestellte Beziehung kann nicht mit einem logischen Beweis bzw. einer logischen Widerlegung gleichgesetzt werden. Selbst wenn es vernünftig ist, $f^*$ und $f$ miteinander zu identifizieren, können wir niemals $f^* \vdash_L f$ oder $f \vdash_L f^*$ erhalten. Der Grund für diese logische bzw. deduktive Unverbundenheit ist natürlich im Unterschied zwischen finitistischen und infinitistischen Begriffen zu suchen. Bei expliziter Formulierung der Prädikate $f^*$ und $f$ würden wir das erstere mit Hilfe von All- und Existenzquantoren über endlichen Klassen auszudrücken haben, das zweite jedoch mit Hilfe von uneingeschränkten All- und Existenzquantoren, wie wir das ja auch bei der expliziten Definition von $f$ als Grenzwert einer idealen Häufigkeitsfolge getan haben.

Ich habe wiederholt Nachdruck auf die deduktive Unverbundenheit zwischen Ähnlichkeitsprädikaten und -aussagen sowie anderen empirischen Prädikaten einerseits und idealen Prädikaten und Aussagen andererseits gelegt. Der Grund für diese deduktive Unverbundenheit, die für unsere Zwecke von fundamentaler Bedeutung ist, besteht darin, daß die ersteren Prädikate und Aussagen in eine modifizierte zweiwertige Logik eingebettet sind, die letzteren aber in die klassische Logik und verschiedene ihrer Erweiterungen. Wenn man die logische Unverbundenheit nicht nur zwischen empirischen Prädikaten über Massenphänomene – z. B. $\Phi$ – und ihren finitistischen oder infinitistischen Idealisierungen, sondern auch zwischen den finitistischen und den infinitistischen Idealisierungen selber erkennt, verfügt man damit über ein wichtiges – wenn auch keineswegs das einzige – Beispiel für eine logische Unverbundenheit zwischen zwei Typen von idealen Prädikaten und Aussagen, die zu ein und derselben Theorie gehören.

Dadurch, daß sie zwei Typen von Idealisierungen enthält, die zwar durch ein vernünftiges Verfahren, aber eben nicht deduktiv in einen Zusammenhang zu bringen sind, bleibt die Statistik hinter dem Standardbegriff der hypothetisch-deduktiven Theorie zurück, nach dem ein gerechtfertigter Schluß, genauer: der gerechtfertigte Übergang von einer Aussage zu einer anderen, entweder durch logische Implikation oder aber überhaupt nicht vermittelt wird.[9]

### 4. Statistische Verallgemeinerungen

Wir haben hier einen Punkt erreicht, an dem es angebracht ist, statistische mit vollständigen Verallgemeinerungen zu vergleichen und noch einmal unsere Charakterisierung empirischer Prädikate und Aussagen zu betrachten, um zu entscheiden, ob sie im Licht dessen, was über statistische Aussagen gesagt worden ist, revidiert werden muß. Es genügt dabei, Aussagen zu betrachten, die besagen, daß der Anteil der $Q$ an verschiedenen Kollektionen von $P$ – d. h. $\dfrac{N(P \cap Q)}{N(P)}$ – mehr oder weniger stabil ist. Ich habe drei Typen von Charakteristika für Massenphänomene unterschieden, nämlich empirische, ideal finitistische und ideal infinitistische; und es dürfte das beste sein, hier mit einer detaillierteren Analyse der empirischen Stabilität zu beginnen.

Betrachten wir, wie in §2, einen empirischen Komplex, bei dem alle Teile $P$ und einige oder alle $Q$ sind, und zählen alle die Teile,

---

9 Auf anderem Wege kommt auch Braithwaite (*op. cit.*, u. a. p. 118) zu der Folgerung, daß die theoretische Statistik keine hypothetisch-deduktive Theorie im üblichen Sinne ist, und er rekonstruiert sie so, daß Aussagen, die als »unterste Hypothesen (etwa: 51 % aller neugeborenen Kinder sind Knaben)« erscheinen, als »oberste Hypothesen in einer unendlich absteigenden deduktiven Hierarchie« behandelt werden müssen, »deren Schlußprinzipien einem (als *class-ratio*-Arithmetik zu bezeichnenden) neuen Zweig der Mathematik entstammen«. In unserem Kontext macht es jedoch kaum einen Unterschied, ob die fragliche Lücke nur in unendlich vielen Schritten oder überhaupt nicht deduktiv überbrückt werden kann.

die Elemente der Klasse $P$ und diejenigen von ihnen, die auch Elemente der Klasse Q sind, wobei wir alle neutralen Kandidaten einer oder beider Klassen vernachlässigen. Der Anteil $\frac{m}{n}$ von von $P$, die auch Q sind, ist das »provisorische $P$-Q-Verhältnis des Komplexes«. Statt – wie vorher – weiter von den neutralen Kandidaten abzusehen und die wichtigsten Idealisierungsschritte zu verfolgen, die uns von empirischen Verhältnissen zu den Begriffen der Wahrscheinlichkeitstheorie und Statistik führen, werde ich jetzt zwei empirische Stabilitätsbegriffe definieren, nämlich die Stabilität eines Komplexes und einer Folge von Komplexen.

Betrachten wir zu diesem Zweck zunächst einmal die verschiedenen möglichen »endgültigen Verhältnisse« des Komplexes, die sich bei unterschiedlicher Aufteilung der neutralen Kandidaten als Elemente oder Nichtelemente auf $P$ und Q ergeben. Es kann vorkommen, daß sich alle diese Verhältnisse – $\frac{m_1}{n_1}, \frac{m_2}{n_2} \ldots$ – um nicht mehr als eine kleine rationale Zahl $\varepsilon$ unterscheiden. In diesem Falle werde ich sagen, daß *das* (vom provisorischen oder irgendwelchen endgültigen zu unterscheidende) $P$-Q-Verhältnis des Komplexes $\varepsilon$-stabil ist. Dieser Begriff der $\varepsilon$-Stabilität ist – wenn wir uns an das halten, was beobachtbar und faktisch abzählbar ist – ein empirisches, im Rahmen der modifizierten zweiwertigen Logik definierbares Prädikat. Dementsprechend ist die Aussage, daß ein Komplex $\varepsilon$-stabil ist, ihrerseits auch eine empirische Aussage.

Als nächstes betrachten wir eine Folge von Komplexen, die jeweils aus ein, zwei, drei usw. Elementen bzw. neutralen Kandidaten von P bestehen, wobei wir natürlich annehmen, daß die Folge hinsichtlich der Anzahl ihrer Elemente überschaubar bleibt. Ich werde sagen, daß von einem gewissen Element der Folge – etwa dem $N$-ten – ab das $P$-Q-Verhältnis der Folge $\varepsilon$-stabil ist, wenn dieses Element und seine sämtlichen Nachfolger $\varepsilon$-stabil sind. Die $\varepsilon$-Stabilität einer Folge ist, ebenso wie die $\varepsilon$-Stabilität von Komplexen, durch die sie definiert wird, ein empirisches Prädikat – vorausgesetzt natürlich wiederum, daß wir uns in den Grenzen des Beobachtbaren und faktisch Abzählbaren halten. Von dieser Einschränkung und der Berücksichtigung nicht nur provisorischer sondern auch endgültiger Verhältnisse abgesehen, ist der empirische

Begriff der ε-Stabilität hier analog zu den entsprechenden finitistischen und infinitistischen idealen Begriffen definiert worden. Es wäre einfach zu langwierig, hier noch weitere empirische Begriffe mit Hilfe der empirischen ε-Stabilität definieren zu wollen.

Und es wäre ebenso langatmig, wenn man im einzelnen zeigen wollte, wie der Begriff der ε-Stabilität durch Ähnlichkeitsklassen und empirische, umkehrbar eindeutige Zuordnungen im Rahmen der modifizierten zweiwertigen Logik definiert werden kann. Aber auch ohne ausführliche Darstellung der Definition dürfte klar sein, daß in ihr wenigstens ein Existenzquantor auftreten muß (»... es *existiert* ein Element $N$ der Folge ...«), und wenigstens ein Allquantor (»... dieses Element und *alle* seine Nachfolger ...«). Das bedeutet, daß es niemals genügen kann, nur ein Element der Folge zu betrachten, wenn wir herausfinden wollen, ob die Aussage, daß eine Folge von Komplexen stabil ist, wahr ist. In dieser Hinsicht unterscheiden sich die hier in Frage stehenden Aussagen fundamental von allen empirischen Aussagen, in denen entweder nur ein Existenzquantor oder nur ein Allquantor auftritt.

Eine empirische Aussage der Form $(x) (\ldots x \ldots)$, in der $x$ die einzige Variable ist, kann durch ein einziges $x_0$ falsifiziert werden, für das $(\ldots x_0 \ldots)$ falsch wird. Verifiziert kann sie nur durch die Durchmusterung aller Gegenstände werden, bei denen man sinnvoll fragen kann, ob sie die Bedingung $(\ldots x \ldots)$ erfüllen oder nicht. Eine empirische Aussage der Form $(\exists\, x) (\ldots x \ldots)$ dagegen kann durch ein einziges $x_o$ verifiziert werden, für das $(\ldots x_o \ldots)$ wahr ist, und falsifiziert nur durch Musterung aller Gegenstände, bei denen man sinnvoll fragen kann, ob sie die Bedingung $(\ldots x \ldots)$ erfüllen oder nicht. Eine Aussage der Form $(\exists\, x) (y) (\ldots x \ldots, \ldots y \ldots)$ kann folglich weder verifiziert noch falsifiziert werden, indem man ein einziges Paar von geordneten Gegenständen $x_o$ und $y_o$ betrachtet, oder eine Situation, in der dieses Paar auftritt, und bei der man sinnvoll fragen kann, ob die Bedingung $(\ldots x \ldots, \ldots y \ldots)$ erfüllt wird oder nicht.

Die Aussage, daß eine Folge $s_o$ von $P$-Komplexen einen ε-stabilen $Q$-Anteil enthält, muß nun, wie wir gesehen haben, mindestens einen Existenzquantor und einen Allquantor enthalten. Sie hat die Form $(\exists x) (y) (\ldots x \ldots, \ldots y \ldots, \ldots s_0 \ldots)$ und kann folglich durch einen Einzelfall $(\ldots x_0 \ldots, \ldots y_0 \ldots, \ldots s_0 \ldots)$, bei

dem keine freien Variablen auftreten, weder verifiziert noch falsifiziert werden. Für die Verifikation wie die Falsifikation gibt es
kein anderes Verfahren als das Durchgehen der gesamten Folge,
oder wenigstens eines beträchtlichen Abschnitts, bis klar wird, daß
der verbleibende Rest an der Stabilitätsaussage im wesentlichen
nichts mehr ändern wird. In vielen Fällen wollen wir nicht nur
von einer bestimmten Folge $s_0$ der Art $(\ldots s \ldots)$ behaupten, daß
sie ε-stabil ist, sondern von allen Folgen dieser Art. Der entsprechende Ausdruck unterscheidet sich dann von unserer letzten
Formel durch einen weiteren Allquantor und die Variable $s$, die
an Stelle der Konstanten $s_0$ tritt, hat also die Form $(s)\,(\exists\,x)\,(y)$
$(\ldots x \ldots, \ldots y \ldots, \ldots s \ldots)$. Diese Aussage kann natürlich wieder nicht durch Betrachten eines einzigen Tripels $x_0$, $y_0$ und $s_0$
verifiziert oder falsifiziert werden.

Wenn die ε-Stabilität einer Folge von $P$-Komplexen nicht schlüssig
verifiziert oder falsifiziert werden kann, weil sie für die Überprüfung jedes einzelnen $P$-Komplexes zu lang ist, können und müssen
wir uns oft mit unschlüssigen, widerrufbaren bzw. korrigierbaren
Tests begnügen und uns entscheiden, die Stabilität einer Folge als
verifiziert bzw. falsifiziert zu betrachten, wenn ein »hinreichend«
langer Abschnitt sich als stabil bzw. instabil erwiesen hat – mit der
Einschränkung, daß diese Entscheidung unter Umständen nach
Überprüfung eines noch längeren Abschnitts revidiert werden muß.
Diese Korrigierbarkeit von Stabilitätsvermutungen wird von den
meisten einschlägigen Autoren betont, was immer auch ihre Kriterien für die hinreichende Länge eines Abschnitts sein mögen.
Allerdings unterscheiden sie in der Regel nicht zwischen Folgen,
die für eine schlüssige Überprüfung faktisch zu lang sind, und unendlichen Folgen oder zwischen empirischen Prädikaten und ihren
finitistischen oder infinitistischen Idealisierungen.

Bei solchen statistischen Konjekturen folgern wir also *precario*,
um einen prägnanten und oft falsch übersetzten Ausdruck Bacons
zu gebrauchen, den dieser der juristischen Terminologie entlehnt
hat.[10] Die korrigierbare Verifizierung oder Falsifizierung ist ein
*precarium* im Sinne eines jederzeit widerrufbaren Kredits, für dessen Aufrechterhaltung der Kreditgeber keine verbindliche Abma-

10 *Novum organum*, Lib. I, 105.

chung eingegangen ist – und der Kreditgeber ist in diesem Falle die gesamte Folge der *P*-Komplexe oder, wenn wir so wollen, die Natur, die bei den meisten wichtigen Geschäften keine Verbindlichkeiten uns gegenüber eingeht.

Was Stabilitätsaussagen in meinem Sinne des Ausdrucks empirisch[11] macht, ist, daß die sie konstituierenden Prädikate entweder Ähnlichkeitsprädikate oder Kombinationen von Ähnlichkeitsprädikaten mit Hilfe der Junktoren und Quantoren der modifizierten zweiwertigen Logik sind. Dieser Sprachgebrauch steht im Konflikt mit vielfach vorgeschlagenen Festsetzungen, nach denen empirische von anderen Arten von Aussagen nicht anhand der sie konstituierenden Prädikate unterschieden werden sollen, sondern danach, ob sie (schlüssig) verifizierbar oder wenigstens falsifizierbar sind. Weil jedoch die Praxis der Statistiker und anderer Wissenschaftler auf der Annahme beruht, daß Aussagen über stabile Verhältnisse – wenn auch nicht schlüssig – prüfbar sind, ist die schlüssige Verifizierbarkeit bzw. Falsifizierbarkeit ein zu enges Kriterium für den empirischen Charakter solcher Aussagen. Ich sehe infolgedessen keinen Grund, von meiner ursprünglichen Definition empirischer Aussagen und Prädikate abzugehen.

11  Vgl. Kap. IV, § 4.

# X

# Quantitative Theorien

Finite und konstruktive Mathematik, die Mathematik unendlicher Gesamtheiten, mathematische Wahrscheinlichkeitstheorie und Statistik kann man nur in einem sehr weiten Sinne des Worts als wissenschaftliche Theorien bezeichnen. Obgleich sie weniger allgemein sind als die ihnen zugrundeliegende Logik, bilden sie, zusammen mit ihr, doch nicht mehr als den logisch-mathematischen bzw. formalen Rahmen einer großen Vielfalt spezifisch wissenschaftlicher Theorien der Physik, der Biologie, der Ökonomie usf. Und diese enthalten neben den formalen (logischen und mathematischen) inhaltliche, vor allem auch quantitative Begriffe und Aussagen. Es ist verhältnismäßig einfach, qualitative oder klassifizierende inhaltliche Begriffe in ein formales Gerüst einzuordnen – die Ersetzung inexakter durch exakte Prädikate und Klassen geht dabei mehr oder weniger direkt vonstatten. Die Einordnung quantitativer Begriffe ist jedoch eine komplexere Angelegenheit. Sie involviert sowohl empirische Meßverfahren wie Prinzipien für die exakte Formulierung der Meßergebnisse. Wenn etwas in einer bestimmten Hinsicht gemessen wird – etwa hinsichtlich seiner Länge, seiner Dauer, seiner elektrischen Ladung, oder auch in mehreren dieser Hinsichten gleichzeitig –, werden die Dinge, die unter einen bestimmten Begriff fallen, in Quantitäten verwandelt, Objekte bestimmter Länge, bestimmter Dauer, bestimmter Ladung usf. Die meisten – wenn nicht alle – wichtigen inhaltlichen Aussagen der Naturwissenschaften stellen funktionelle Beziehungen zwischen Klassen von Quantitäten her. Dieses Kapitel wird sich einer Betrachtung des Messens und der Beziehungen zwischen Klassen von Quantitäten widmen.

## *1. Die allgemeinen Bedingungen des Messens*

In seinem allgemeinsten Sinn bedeutet der Ausdruck »Messen« das systematische Zuordnen von Zahlen zu Dingen. Solche Zuordnungen dienen natürlich für sich genommen noch nicht dem Vergleich von Quantitäten, weil numerierte Dinge keine Quantitäten sind, selbst wenn sie der Reihe nach gezählt werden. Im vollen Sinne des Ausdrucks müssen Quantitäten – obgleich es sich bei ihnen nicht um Zahlen handelt – addierbar und als Vielfache anderer Quantitäten ausdrückbar sein. Daß es sich bei der Addition und Multiplikation von Quantitäten nur um Analoga der arithmetischen Addition und Multiplikation handelt, wird sofort klar, wenn wir Meßverfahren und die Formulierung ihrer Ergebnisse betrachten. Das Messen hat einen empirischen und einen theoretischen Aspekt. Vor allem der theoretische Aspekt ist während des neunzehnten und des gegenwärtigen Jahrhunderts von philosophierenden Wissenschaftlern und Mathematikern und Wissenschaftsphilosophen weitgehend geklärt worden. An erster Stelle wäre hier von Helmholtz zu nennen.[1] Karl Menger, der die Helmholtzsche Darstellung des Messens übernommen und neu formuliert hat, hat ihr seine eigene Erläuterung der funktionellen Beziehung zwischen Klassen von Quantitäten hinzugefügt und dadurch den logischen Status der Naturgesetze in der mathematischen Physik und den anderen sogenannten mathematischen Wissenschaften weitgehend geklärt.[2] Bei der folgenden Darstellung der theoretischen Prinzipien des Messens und der Formulierung quantitativer funktioneller Beziehungen werde ich Menger folgen.

Bei jeder Messung wird vorausgesetzt, daß die folgenden Klassen abgegrenzt worden sind: eine Klasse $\mathfrak{B}$ von Objekten, eine Klasse $\mathfrak{N}$ von Zahlen (etwa die rationalen Zahlen) und eine Klasse $\mathfrak{M}$ von Verfahrensregeln, nach denen den Objekten Zahlen zugeordnet werden – und zwar jedem Objekt höchstens eine. Bei der Zuordnung einer Zahl zu einem Objekt ergibt sich ein geordnetes Paar, z. B. $(b_o, n_o)$. Ein solches Paar bezeichnet Menger als »Quantität«. Vereinbarungsgemäß werden die Bezeichnungen der Objekte zuerst und die der Zahlen an zweiter Stelle geschrieben, so daß in Analogie zur üblichen mathematischen Sprechweise $\mathfrak{B}$ den

1 Vgl. vor allem »Zählen und Messen – erkenntnistheoretisch betrachtet«, in *Ges. Abh.,* Bd. 3, Leipzig 1895.
2 Vgl. vor allem »Mensuration and other mathematical connections of observable materials«, in: *Measurement: Definitions and Theories,* ed. C. W. Churchman und P. Ratoosh, New York 1959.

Vor- bzw. Argumentbereich und $\eta$ den Nach- bzw. Wertbereich
der Klasse von Paaren bildet, die durch $\mathcal{B}$, $\eta$ und $\mathcal{m}$ bestimmt
wird. (Ein Beispiel: $\mathcal{B}$ könnte die Klasse aller britischen Staats-
bürger sein, $\eta$ die Klasse der rationalen Zahlen und $\mathcal{m}$ eine Reihe
von Vorschriften, nach denen ihre Größe in Zoll zu messen wäre.)
Nach diesen Definitionen ergäbe sich ein Widerspruch, wenn man
dem gleichen Objekt zwei verschiedene Zahlen zuordnen wollte.
Eine solche Zuordnung würde zwei miteinander unverträgliche
Quantitäten liefern. Folglich sind zwei Quantitäten dann und nur
dann miteinander verträglich, wenn ihre ersten Glieder voneinander verschieden oder aber – wenn sie gleich sind – auch die zweiten
Glieder gleich sind. Menger bezeichnet eine Klasse untereinander
verträglicher Quantitäten als »konsistente Klasse von Quantitäten« oder »fluens« – womit er einen Terminus Newtons wiederbelebt und die Mehrdeutigkeit von »physikalische Variable« oder
gar »Variable« vermeidet.
Die Definitionen der Quantität und des Fluens setzen voraus, daß
wir bestimmen oder entscheiden können, ob zwei Objekte gleich
sind. Überdies liefern sie uns kein Kriterium für die Gleichheit
oder Äquivalenz von Quantitäten. Dieses Kriterium muß in den
Verfahrensregeln, d. h. in $\mathcal{m}$ aufzufinden sein. Was man hier unter
Äquivalenz zwischen zwei Quantitäten zu verstehen hat, wird
einerseits durch verschiedene empirische Verfahren nahegelegt –
wie etwa das Abwägen zweier Körper auf einer Waage oder das
Zur-Koinzidenz-Bringen der Endpunkte von Maßstäben –, andererseits aber durch die Überlegung, daß für diese Äquivalenz die
gleichen Postulate gelten wie für die mathematische Äquivalenz.
Wenn man $A$, $B$, $C$, $D$ für beliebige Quantitäten schreibt, und »$\equiv$«
für eine Äquivalenzrelation zwischen ihnen, dann lauten diese
Postulate:

 (i) $A \equiv A$.
 (ii) Wenn $A \equiv B$, dann $B \equiv A$.
 (iii) Wenn $A \equiv B$ und $B \equiv C$, dann $A \equiv C$.

Quantitative und mathematische Äquivalenz – z. B. etwa die
Gleichheit zwischen Zahlen oder Funktionen, oder die Äquivalenz
*modulo* einer bestimmten Zahl – sind beide reflexiv, symmetrisch
und transitiv, unterscheiden sich in anderen Hinsichten aber fun-

damental. Im Falle mathematischer Äquivalenzen sind die Relata
definiert, und die Frage nach ihrer Äquivalenz wird ausschließlich
mit Hilfe logisch-mathematischer Begriffe, Aussagen und Schlußregeln entschieden. Im Falle einer quantitativen Äquivalenz müssen die zu vergleichenden Quantitäten mit Hilfe nicht logisch-
mathematischer Mittel aufgewiesen werden, und auch die Verfahrensregeln, die angewendet werden müssen, sind nicht logisch-mathematischer Natur. Auf ähnliche Weise müssen wir zwischen mathematischer und quantitativer Addition unterscheiden, der Addition von Zahlen, Vektoren etc. einerseits und
der Addition verschiedener Quantitäten andererseits, und ebenso
zwischen der mathematischen Multiplikation, der wiederholten
Addition $n$ gleicher Zahlen oder Vektoren und der wiederholten
Addition $n$ gleicher Quantitäten. Die quantitativen Operationen
bedürfen wiederum einer Bezugnahme auf nicht logisch-mathematische Objekte und nicht logisch-mathematische Verfahren des
»Addierens« verschiedener Quantitäten bzw. der wiederholten
»Addition« $n$ gleicher Quantitäten. Dennoch genügen die quantitative Addition und Multiplikation (hier jeweils durch $\oplus$ und
Verkettung gekennzeichnet) Postulaten, die – mit Ausnahme von
$(ix)$ – auch durch die ganzen Zahlen erfüllt werden. Sie werden
von Menger wie folgt formuliert:
(iv) Wenn $A \equiv B$, dann $(A \oplus C) \equiv (B \oplus C)$
 (v) $(A \oplus B) \equiv (B \oplus A)$
(vi) $(A \oplus (B \oplus C)) \equiv ((A \oplus B) \oplus C)$
Wenn $A \equiv B$, kann man für »$A \oplus A$« auch $2A$ schreiben.

Ausdrücke der Form $n\,A$, $\frac{n}{m}\,A$, wobei $n$ und $m$ natürliche Zahlen

sind, werden durch die folgenden Definitionen eingeführt:
 (vii) Wenn $(A \not\equiv B)$, dann gibt es ein $D$, so daß entweder $(A \oplus D)$
       $\equiv B$ oder $(B \oplus D) \equiv A$.
(viii) $(A \oplus B) \not\equiv A$ für irgend zwei Elemente $A$ und $B$.
  (ix) Zu jedem Element $A$ gibt es ein Element $A'$, so daß $A \equiv 2A'$
       oder $A' \equiv {}^{1}\!/_{2}\,A$.
   (x) Zu irgend zwei Quantitäten $A$ und $B$ gibt es eine positive
       ganze Zahl $m$ und eine Quantität $C$, so daß $mA \equiv (B \oplus C)$.
Menger bezeichnet jede Klasse, die die Postulate (i)–(x) erfüllt, als
eine »positive Verhältnisklasse« (positive ratio class). Man kann

in ihr ein Einheitselement $E_1$ auswählen, indem man $E_1$ und jedem äquivalenten Element die Zahl 1 zuordnet, und jedem Element $A$ der Klasse das Verhältnis $\dfrac{A}{E_1}$ als Maß von $A$. Ich werde diese Postulate im folgenden als die Helmholtz-Menger-Bedingungen oder die allgemeinen Bedingungen des Messens bezeichnen. (Übrigens kann man zeigen, daß eine Klasse, die diese Bedingungen erfüllt, auch die Bedingungen für Messungen im schwächeren Sinne des linearen Ordnens erfüllt.)

## 2. Die speziellen Bedingungen des Messens

Weil der Argumentbereich einer Klasse von Quantitäten aus nicht-mathematischen Objekten einer bestimmten Art besteht, bilden die Helmholtz-Menger-Bedingungen keinen Bestandteil, sondern eine Erweiterung des logisch-mathematischen Gerüsts von Theorien. Für sich genommen, liefern sie natürlich noch keine Kriterien, nach denen man entscheiden könnte, ob (i) ein bestimmtes Objekt dem Argumentbereich $\mathfrak{B}_o$ einer Klasse von Quantitäten angehört, (ii) ob irgend zwei Objekte, die diesem Bereich angehören, gleich sind oder nicht, (iii) ob irgend zwei Meßverfahren äquivalent sind oder nicht, und (iv) ob die Ergebnisse zweier Anwendungen des gleichen Meßverfahrens äquivalent sind oder nicht. Diese Kriterien, die die speziellen Bedingungen bilden, durch die sich verschiedene Arten des Messens voneinander unterscheiden, müssen wir nun kurz betrachten.

Zunächst muß es sich bei dem Bereich $\mathfrak{B}_o$ um eine exakte Klasse handeln, weil in der allen Theorien zugrundeliegenden Logik nur exakte Klassen zulässig sind. Diese Bedingung schließt noch nicht aus, daß $\mathfrak{B}_o$ eine empirische Klasse ist, weil einige empirische Klassen exakt sind.

Zweitens brauchen wir eine Methode, um Gleichheit zwischen Objekten festzustellen, weil, wie bereits gezeigt worden ist, zwei Quantitäten $(b_1, n_1)$ und $(b_2, n_2)$ miteinander unverträglich sind, wenn $n_1 \neq n_2$ und $b_1 = b_2$. Durch empirische Methoden können wir jedoch nur herausfinden, ob zwei Objekte in einer oder mehreren Hinsichten wahrnehmungsmäßig ununterscheidbar sind; und die wahrnehmungsmäßige Ununterscheidbarkeit ist eine nichttransitive Beziehung – was auf die Natur empirisch stetiger Folgen und letzten Endes auf die Inexaktheit von Ähnlichkeitsklassen zurückzuführen ist. Nach den Helmholtz-Menger-Bedingungen aber muß es sich – in Anbetracht der ihnen zugrundeliegenden Logik – bei der Gleichheit zwischen Objekten um eine Äquivalenzrelation, d. h. eine transitive Beziehung handeln. Das bedeutet, daß die nichttransitive empirische Beziehung der Ununterscheidbarkeit mit einer transitiven, idealen Äquivalenzrelation identifiziert, d. h. durch sie ersetzt werden muß.

Diese Modifikation affiziert alle Wahrnehmungseigenschaften, wie das wahrgenommene Gewicht, die Härte, Farbe oder Dauer, durch die die Elemente von $\mathcal{B}_o$ charakterisiert werden. Sei nun $Q_o$ eine Klasse, die durch ein solches Unterscheidungsmerkmal bestimmt wird (z. B. durch »Härte«), und seien $Q_1$ und $Q_2$ zwei Unterklassen von $Q_o$, die sich im Hinblick auf diese Eigenschaft voneinander unterscheiden, etwa die Klasse der sehr harten und die Klasse der mäßig harten Objekte. Wenn $(b_1 \varepsilon Q_1)$ und $(b_2 \varepsilon Q_2)$, dann ist $b_1 \neq b_2$, d. h.: $b_1$ und $b_2$ sind voneinander verschieden.

Weil die Gleichheitsbeziehung (als Äquivalenzrelation) reflexiv, transitiv und symmetrisch ist, sind die Unterklassen von $\mathcal{B}_o$, die im Hinblick auf $Q_o$ untereinander gleiche – d. h. gleich harte – Objekte enthalten, untereinander elementenfremd und bilden zusammen eine vollständige Zerlegung von $Q_o$; es handelt sich bei ihnen um sogenannte Äquivalenzklassen. Kein Element von $\mathcal{B}_o$ ist daher ein gemeinsamer neutraler Kandidat irgend zweier solcher Unterklassen. Zum Zweck der Unterscheidung der Elemente von $\mathcal{B}_o$ im Hinblick auf $Q_o$, d. h. die Klasse der mehr oder weniger harten Objekte, wird postuliert, daß $Q_o$ ausschließlich in exakte Unterklassen aufteilbar, d. h. intern exakt ist.

Wahrnehmungscharakteristika bestimmen jedoch intern inexakte Klassen, d. h. Klassen, die in zusammenhängende Unterklassen mit gemeinsamen neutralen Kandidaten aufteilbar sind, und letzten Endes in eine endliche Menge intern inexakter und unteilbarer Unterklassen, die in einer empirisch stetigen Folge angeordnet werden können. Um irgendein spezifisches Kriterium für die Gleichheit oder Ungleichheit der Elemente eines Bereichs $\mathcal{B}_o$ zu erfüllen, muß man somit durch intern exakte Idealisierungen die intern inexakten Wahrnehmungsklassen ersetzen, auf die man sich bei Entscheidungen über empirische Unterscheidbarkeit oder Ununterscheidbarkeit bezieht. Das bedeutet weiterhin, daß die Elemente von $\mathcal{B}_o$, die nur als Elemente von intern exakten Klassen unterscheidbar sind, ideale Objekte sind, und daß $\mathcal{B}_o$ eine exakte Klasse ist.[3]

Drittens: Jede Messung muß wiederholbar sein, wenn sie wissenschaftlich relevant sein soll. Das bedeutet nicht nur, daß das gleiche oder ein äquivalentes Objekt für mehr als eine Messung verfügbar sein muß, sondern auch, daß das gleiche oder ein äquivalentes Meßverfahren wiederholbar sein muß. Das Kriterium für die Äquivalenz von Meßverfahren, ihre Fähigkeit, die gleiche physikalische Größe zu messen, kommt selbst bei den einfachsten Fällen ins Spiel, z. B. wenn derselbe Körper zweimal auf der gleichen Waage oder auf zwei verschiedenen Waagen gewogen wird.

In der Regel handelt es sich bei der Äquivalenz von Meßverfahren um weitaus subtilere Fragen, besonders, wenn die entsprechenden physikalischen Operationen sehr verschieden voneinander sind, wie es etwa der Fall ist, wenn Längen sowohl durch optische wie durch mechanische Verfahren gemessen werden. Schematisch kann man die folgenden Stadien voneinander unterscheiden: (a) Man bemerkt zunächst, daß zwei Klassen von physikalischen Operationen $M_1$ und $M_2$ (etwa die Operationen, die man vornimmt, wenn man die träge und die schwere Masse mißt) zur gleichen Zahl führen, oder vielmehr zu Zahlen, die in einen Bereich benachbarter Zahlen fallen, wenn die Messungen am gleichen Körper vorgenommen werden. (b) Danach stellt man die empirische Vermutung auf, daß die beiden physikalischen Operationen immer zum gleichen Resultat führen, wenn man sie auf den gleichen Körper anwendet, in symbolischer Formulierung: $(x)(M_1(x) \leftrightarrow M_2(x))$, wobei $M_1$ und $M_2$ als Charakteristiken physikalischer Operationen inexakt sind und »$\leftrightarrow$« die zweiseitige Implikation der in Kapitel V skizzierten modifizierten zweiwertigen Logik ausdrückt.

So wie sie dasteht, kann diese empirische Verallgemeinerung nicht als Prämisse in einer Theorie auftreten, deren Rahmen die klassische Logik ist. Um das zu erreichen, muß man (c) $M_1$ und $M_2$ durch

---

3 Vgl. Kap. IV, § 3 und § 4.

exakte Prädikate ersetzen, und die empirische Verallgemeinerung durch: $(x)\,(M'_1(x) \equiv M'_2(x))$, wobei »≡« für die zweiseitige Implikation der klassischen Logik steht. Dieser Satz drückt innerhalb der Theorie aus, daß die idealisierten, exakten Verfahren $M'_1$ und $M'_2$ immer zum gleichen Resultat führen.

Während nach der jetzt gegebenen Aussage die gemessenen Objekte und die Meßergebnisse äquivalent sind, gilt dies noch nicht für die Meßverfahren. Um das zu erreichen, muß man eine weitere Entscheidung ($d$) treffen, nämlich $M'_1$ und $M'_2$ durch $M''_1$ und $M''_2$ ersetzen, so daß sich ergibt:

$$\vdash_{\overline{L}} (x)(M''_1\,(x) \equiv M''_2(x)).$$

Das bedeutet, daß man die zweiseitige Implikation durch die zweiseitige Ableitbarkeit bzw. die logische Implikation ersetzen muß. Z. B.: die Operationen, mit denen man vorher die schwere und die träge Masse eines Körpers je für sich gemessen hat (auch wenn dies zum gleichen Resultat führte), sind nunmehr äquivalente Verfahren, mit denen man ein und dieselbe physikalische Größe mißt, und zwar nicht mehr die alte träge bzw. schwere Masse, sondern eine neue Größe, die träge-und-schwere Masse. Der Unterschied zwischen Messungen verschiedener Größen, die zum gleichen Resultat führen, und äquivalenten Messungen der gleichen Größe ist nicht immer klar, und das ist auch nicht in allen Fällen erforderlich. Logiker, die immer darauf bestehen, daß eine direkte Frage auch direkt beantwortet wird, verfehlen manchmal den Punkt, auf den es ankommt, und der kann sehr wohl darin bestehen, daß man zunächst einmal abwartet, zusieht und nachdenkt. Und Wissenschaftshistoriker, die darlegen, daß zu einem bestimmten Zeitpunkt ein Übergang von äquiresultanten zu äquivalenten Messungen und die mit ihm einhergehenden Begriffsveränderungen unvermeidlich waren, dürften ihre Darstellung des Geschehens manchmal durch eine Verwechslung der nachträglichen Einsicht mit einer hypothetischen Voraussicht verschönern.

Es ist nicht so, daß ein Stadium der Gleichheit in den Resultaten eine Voraussetzung einer späteren Äquivalenz wäre. So werden z. B. gewisse Längenmeßverfahren im Bereich des täglichen menschlichen Handelns wie im Bereich des sehr Kleinen oder sehr Großen vielfach als äquivalent betrachtet, obgleich sie nicht zu denselben Resultaten führen können. Die Durchmesser von Fußbällen, von Atomen und von Sonnen werden nicht mit Hilfe der gleichen Operationen gemessen. P. W. Bridgman[4] hat mit bewunderungswürdiger Klarheit die komplexen Beziehungen innerhalb der Vielfalt physikalischer Operationen untersucht, die uns zu Urteilen über die Ergebnisgleichheit und Entscheidungen über die Äquivalenz von Messungen, und infolgedessen zu begrifflichen Veränderungen in der Physik führen. Er übersieht dabei jedoch die Übertragung empirischer oder operationeller Begriffe aus dem Bereich des empirischen Denkens in den der Theorien. Diese Übertragungen, die durch das zugrundeliegende logisch-mathematische Gerüst sowie die allgemeinen und speziellen Bedingungen des Messens erzwungen werden, werden von ihm unter dem Titel »Papier- und Bleistift-Operationen« zusammengefaßt und offenbar für problemlos gehalten.

Außer den Kriterien dafür, ob ein Objekt zum Bereich der gemessenen Quantitäten gehört, ob zwei Objekte dieses Bereichs äquivalent sind, und ob zwei Meßverfahren äquivalent sind, gehört zu den speziellen Bedingungen des Messens noch ein viertes Kriterium, nach dem man entscheiden kann, ob zwei Resultate des gleichen Typs von Messung äquivalent sind. Ich habe bisher so gesprochen, als ob der Vergleich zweier Meßergebnisse, oder genauer: zweier äquivalenter Meßverfahren, nicht mehr involvierte als die Erkenntnis, daß zwei Zahlen oder numerische Ausdrücke gleich bzw. ungleich sind. Aber wenn die numerische Gleichheit der Resultate verschiedener Messungen des gleichen Objekts durch das gleiche Verfahren eine notwendige Bedingung des Messens wäre, wären Messungen nur selten oder überhaupt nicht möglich. Denn dann hätten wir es jedesmal, wenn die Wiederholung der gleichen Messung nicht zur selben, sondern zu verschiedenen, über ein gewisses Intervall gestreuten Zahlen führte, mit einer inkonsistenten Klasse von Quantitäten zu tun – wo dem gleichen Objekt verschiedene Zahlen zugeordnet werden.

Dies ist nun aber der Punkt, an dem statistische Überlegungen eine entscheidende Rolle spielen. Die verschiedenen Zahlen, die ein und demselben Objekt als Resultat empirischer Operationen zuge-

schrieben werden, betrachtet man als um *eine* relevante Zahl ge-
streut, die mitunter als der »wahre Wert« bezeichnet wird und
dem Objekt als Meßergebnis zugeschrieben werden soll. Diese Zahl
ist das Ergebnis einer statistischen Abschätzung, die – wie wir im
voraufgegangenen Kapitel gezeigt haben – darin besteht, daß man
zunächst eine empirische Häufigkeitsverteilung mit einer finitistischen (idealen) identifiziert, und diese dann wiederum mit einer
infinitistischen Häufigkeit oder einer bloß implizit definierten
Wahrscheinlichkeit. Die Anwendung der Statistik ist also weit davon entfernt, die Idealisierungen, die in die Begriffsbildung einer
Theorie eingegangen sind, aufzuheben; sie bringt vielmehr noch
eine weitere Idealisierung mit sich, die zu den Helmholtz-Menger-
Bedingungen und den Äquivalenzkriterien für Objekte und Verfahren hinzugezählt werden muß.

Es gibt Philosophen[5], die die Annahme eines »wahren Werts«, der
aus einer gegebenen Wertmenge durch statistische Verfahren er-
mittelt werden kann, als eine unrealistische Fiktion betrachten.
Anstelle einer ein-eindeutigen Zuordnung zwischen einem Objekt
und einer als Resultat verschiedener Messungen an diesem Objekt
ermittelten Zahl nehmen sie eine ein-mehrdeutige Zuordnung zwischen dem Objekt und verschiedenen Meßergebnissen an, die sich
auf ein begrenztes Intervall verteilen. Auf diese Weise lassen sich
Wahrscheinlichkeitsüberlegungen ausschließen, »weil es nichts zu
approximieren gibt, und weil es nichts gibt, zu dem die Meßergebnisse in einer Wahrscheinlichkeitsbeziehung stehen könnten«.
Wenn man jedoch funktionelle Zusammenhänge zwischen den
Resultaten von Messungen verschiedener Größen herstellen oder
entscheiden will, wann zwei Meßverfahren ergebnisgleich oder
äquivalent sind, muß man auch bei dieser Auffassung verschiedene
spezielle Kriterien festlegen, mit deren Hilfe man entscheiden
kann, welche (durch die Standardabweichung usw. gemessene)
Streuung von Werten in verschiedenen Typen von Fällen zulässig
ist. Mit anderen Worten: eine Definition des Messens, bei der Objekten nicht Zahlen, sondern Zahlenmengen zugeordnet werden,
würde immer noch den allgemeinen Bedingungen des Messens ge-

5 Z. B. L. Chwistek in »Problems of the Exact Sciences«, in: *The Limits of
Science*, London 1948, p. 256.

horchen müssen und spezielle Bedingungen für exakte Äquivalenzen erforderlich machen.

Und wenn einige Realisten verlangen, die ein-eindeutige Zuordnung zwischen Objekten und Zahlen durch eine ein-mehrdeutige Zuordnung zu ersetzen, könnten subjektive Idealisten ebensogut verlangen, hier eine mehr-eindeutige Zuordnung einzuführen, weil es unzulässig sei, verschiedene Erscheinungen zu einem Objekt zusammenzufassen, oder auch verschiedene Akte des Messens zu Wiederholungen ein und desselben. Sie könnten Neudefinitionen des Messens fordern, bei denen zwischen Objektbereichen (Wahrnehmungsfolgen) und Zahlenbereichen mehr-eindeutige oder gar beiderseits mehrdeutige Zuordnungen hergestellt werden. Auch solche Neudefinitionen würden idealisierende Äquivalenzkriterien erforderlich machen, deren Natur uns hier aber nicht weiter interessieren kann.

### 3. Quantitative Gesetze

Ein empirisches Gesetz, das zwei inexakte Prädikate miteinander verknüpft, liegt außerhalb jeder Theorie, die in eine – klassische oder andere – Logik eingebettet ist, in der nur exakte Prädikate zulässig sind. Das Ersetzen der inexakten durch exakte Prädikate verwandelt, für sich genommen, das empirische Gesetz noch nicht in ein quantitatives, sondern bloß in ein exakt qualitatives Gesetz. Ein quantitatives Gesetz verknüpft zwei exakte Prädikate erst dann, wenn die den Prädikaten korrespondierenden Klassen die Argumentbereiche zweier konsistenter Klassen von Quantitäten oder »Fluenten« bilden. Die allgemeinen Bedingungen, denen alle quantitativen Gesetze unterliegen, sind von Menger (*op. cit.*) weitgehend geklärt worden. Wie die allgemeinen Bedingungen des Messens müssen auch sie durch verschiedene spezielle Bedingungen ergänzt werden, mit deren Hilfe sich dann verschiedene Typen quantitativer Gesetze voneinander unterscheiden lassen.[6]

Es wird genügen, wenn wir hier einmal die allgemeine Zustandsgleichung für Gase und das Galileische Fallgesetz genauer betrach-

---

6 Wir werden Mengers eleganter Darstellung hier jedoch nicht in jedem Detail folgen.

ten. Das Gasgesetz verknüpft Druck, Volumen und Temperatur eines idealen Gases miteinander. Der Druck wird definiert durch: (i) den Argumentbereich – eine Klasse konsistenter Quantitäten –, der alle Proben idealer Gase umfaßt, (ii) ein Verfahren $M_p$, etwa eine Klasse von Regeln für das Ablesen von Manometern, durch das jeder Gasprobe eine Zahl zugeordnet wird, und (iii) den Wertbereich all der Zahlen, die in Übereinstimmung mit $M_p$ Gasproben zugeordnet werden können. Entsprechend ist unter dem Druck die Klasse aller geordneten Paare $(g, M_p g)$ zu verstehen, wobei $g$ eine Probenvariable und $M_p g$ ein Funktor ist, der bei Anwendung auf ein $g$ eine Zahl liefert. Das Volumen wird durch die Klasse aller geordneten Paare $(g, M_v g)$ und die Temperatur durch die Klasse aller geordneten Paare $(g, M_{temp} g)$ gegeben. Weil es sich bei diesen drei Klassen geordneter Paare um Verhältnisklassen handelt, nehmen wir an, daß für jede von ihnen ein Einheitselement gewählt worden ist, und daß das zweite Element jedes Paars auf der Basis der entsprechenden Einheit ausgedrückt wird.

Das Gesetz kann dann wie folgt niedergeschrieben werden:

$$(g)\,(\exists\,k)\,(M_p g \cdot M_v g = k M_{temp} g),$$

wobei $k$ eine Zahl ist. Anders als bei der üblichen Formulierung $p \cdot v = kT$ wird hier der logische Status des Gesetzes sofort deutlich. Man sieht, daß eine Gleichheit nicht nur zwischen Zahlen behauptet wird, die sich als Resultat mathematischer Operationen ergeben, sondern zwischen Zahlen, die weitgehend aus nichtmathematischen Operationen resultieren. Es ist dies keine logisch-mathematische Aussage, und auch keine, die aus logisch-mathematischen Operationen und Definitionen allein ableitbar wäre. Sie ist deswegen aber nicht gleich empirisch, weil die hier angewendeten Zuordnungsverfahren für Zahlen den allgemeinen und speziellen idealen Bedingungen des Messens genügen müssen.

Zusätzlich zu den Bedingungen des Messens unterliegt die funktionelle Beziehung zwischen diesen verschiedenen Klassen von Quantitäten – Druck, Volumen und Temperatur – noch wenigstens einer weiteren Bedingung. Um uns das deutlich zu machen, brauchen wir nur noch einmal auf die empirischen Operationen in dem Zustand zurückzublicken, in dem sie und ihre Objekte noch nicht in die Zwangsjacke der verschiedenen Äquivalenzklassen gesteckt worden sind. Es ist zumindest vorstellbar, daß zwar jeder Typ von Messung am gleichen oder einem äquivalenten Objekt wiederholbar ist, ihre Durchführung das Objekt aber so verändert, daß weder es selbst noch ein Äquivalent für andere Typen von Messungen erhalten bleibt. Allgemeiner: verschiedene Abfolgen unserer drei Typen von Messungen könnten zu verschiedenen Ergebnissen führen. Man kann in Anbetracht dieser Situation die auftretenden Unterschiede als vernachlässigbar und statistisch korrigierbar betrachten, wie man es tut, wenn zwei Messungen des gleichen Typs am gleichen Objekt zu verschiedenen Ergebnissen führen. Oder aber wir können die Abfolge verschiedener Typen von Messungen als theoretisch relevant betrachten.

In beiden Fällen brauchen wir ein Kriterium, um zu entscheiden, ob zwei verschiedene Abfolgen verschiedener Typen von Messungen äquivalent sind oder nicht. In der klassischen Physik gelten alle Abfolgen von verschiedenen Typen von Messungen, die sich voneinander nur in der Anordnung ihrer Elemente unterscheiden, als äquivalent. In der Quantenmechanik können zwei Klassen von Abfolgen nichtäquivalent sein, auch wenn die Elemente jeder Folge die gleichen sind. Aus diesem Grunde muß man die funktionellen Beziehungen zwischen quantenmechanischen Quantitäten in einer nichtkommutativen Algebra formulieren. In jedem Falle jedoch setzt die Formulierung funktioneller Beziehungen voraus, daß eine weitere Äquivalenz-Klassifizierung vorgenommen wird, die die empirische und deshalb nichttransitive Ununterscheidbarkeit einiger Abfolgen verschiedener Typen empirischer Messungen idealisiert, indem sie die Irrelevanz ihrer Abfolge postuliert.

Im allgemeinen verknüpfen quantitative Gesetze nicht Klassen von Quantitäten desselben Bereichs, sondern aus verschiedenen Bereichen miteinander. Ein einfaches Beispiel für ein quantitatives Gesetz, das Klassen von Quantitäten verschiedener Bereiche miteinander verknüpft, ist das Fallgesetz. In Übereinstimmung mit Mengers Analyse muß seine übliche Formulierung $h = \dfrac{g\,t^2}{2}$ ($h$ = Fallhöhe, $t$ = Fallzeit, $g$ = Gravitationskonstante) durch einen expliziteren Ausdruck ersetzt werden. Eine der Klassen, die durch das Gesetz miteinander verknüpft werden, ist die Klasse der geordneten Paare ($h$, $M_d h$), wobei h die Sample-Variable für die Fallhöhen ist, $M_d$ das idealisierte Verfahren der Zuordnung von Zahlen zu den Fallhöhen, und $M_dh$ (oder genauer: die Klasse aller $h$, so daß $M_dh$) der Nachbereich dieser Klasse von geordneten Paaren. Die andere Klasse ist die Klasse aller geordneten Paare $(t, M_tt)$, wo $t$ die Sample-Variable für die Zeitintervalle seit Beginn des Falls ist, $M_t$ das Verfahren, diesen Zeitintervallen Zahlen zuzuordnen, und $M_tt$ der Nachbereich der Klasse geordneter Paare.

Bevor man das Fallgesetz formulieren kann, muß man die verschiedenen Vorbereiche der beiden Quantitäten paarweise einander zuordnen, indem man die Klasse aller Paare gleichzeitig gemessener Fallhöhen und Zeitintervalle bildet. Diese Paarbildung, die Menger »Gleichzeitigkeits-« oder »Galileipaarung« nennt, und als deren symbolische Formulierung hier $\Gamma(h, t)$ eingeführt werden soll, muß in der vollständigen Formulierung des Fallgesetzes auftreten, die nun wie folgt aussieht:

$$M_dh = \frac{g}{2}(M_tt)^2, \text{ wenn } (h, t) \, \varepsilon \, \Gamma(h, t).$$

Man könnte natürlich sagen, daß diese oder ähnliche Galilei-Paarungen trivial sind, oder wenigstens doch im Laufe der seit Galilei verflossenen Zeit trivial geworden sind. Aber wie Menger zeigt, ist ihr expliziter Aufweis u. a. deshalb wichtig, weil auch bei der Formulierung anderer Gesetze, etwa in der Biologie, Paarungsprinzipien verwendet werden.

Und wiederum muß betont werden, daß zu einem Paarungsprinzip auch ein Kriterium gehört, nach dem man entscheiden kann, ob zwei Paare äquivalent sind oder nicht, daß empirische Verfahren nur Kriterien der (nichttransitiven) Ununterscheidbarkeit liefern, und daß zum Zweck der Formulierung funktioneller Beziehungen zwischen Klassen von Quantitäten mit verschiedenen Bereichen die Ununterscheidbarkeit zweier Paare von Objekten zu einer Äquivalenz idealisiert wird. Das wohlgeordnete Verfahren der Bildung von Äquivalenzklassen wird vom Messen auf die Aufstellung quantitativer Gesetze übertragen.

Jede neue Präzisierung der Beziehungen zwischen Klassen von Quantitäten, d. h. zwischen geordneten Paaren von Objekten und Zahlen, die ihnen ursprünglich mit Hilfe empirischer Verfahren zugeschrieben werden, durch weitere Äquivalenzbedingungen involviert also eine weitergehende Modifizierung der Objekte und

Zahlen. Die Objekte werden durch schrittweise Idealisierung aus
den Trägern von Wahrnehmungseigenschaften in ideale Individuen
verwandelt; und die ursprünglich auf eine endliche Klasse von
Brüchen beschränkten Zahlen werden zu Elementen einer Klasse
von rationalen (oder auch reellen) Zahlen in einem endlichen Intervall, dessen Größe von der Kalibrierung realer und idealisierter
Instrumente abhängt. In gewissen Stadien legen die Vorteile, die
sich aus der Anwendung bestimmter mathematischer Methoden
ergeben, die Einführung neuer Bedingungen für die funktionellen
Beziehungen zwischen den Klassen von Quantitäten nahe.

In der klassischen Mechanik werden die fundamentalen Operationen der Längen-, Massen- und Zeitmessung so definiert, daß
alle reellen Zahlen als Wertbereich von Messungen zur Verfügung
stehen. Alle anderen funktionellen Beziehungen werden durch
diese fundamentalen Quantitäten definiert – wobei man von den
Funktionen Stetigkeit und – in der Regel – Differenzierbarkeit
verlangt. Auf diese Weise kann man die Differential- und Integral-
rechnung zum Ausdruck der Verknüpfungen zwischen durch empirische Operationen erzielten Meßergebnissen und idealisierenden
Formulierungen verwenden. Der bekannt enge Zusammenhang
zwischen der Entwicklung der Mechanik und der Infinitesimalrechnung fügt sich zwanglos in diese Auffassung vom Messen und
den quantitativen Gesetzen ein. Die Differentiation und Inte-
gration quantitativer Gesetze werden selten – wenn überhaupt jemals – als Nachvollzug des Ablaufs empirischer Phänomene betrachtet. Aber selbst bei der einfachen Addition von Quantitäten
und der bloßen Behauptung einer Gleichheit zwischen ihnen handelt es sich bereits um rationale Rekonstruktionen, d. h. um eine
idealisierende Rekonstruktion empirischer Situationen und Ereignisse.

### 4. Reine Mathematik, angewandte Mathematik
### und Anwendung der Mathematik

An dieser Stelle dürften einige Bemerkungen über den Unterschied
zwischen reiner und angewandter Mathematik angebracht sein.
Während es zwischen Mathematikern und Physikern wenig wirkliche Differenzen darüber gibt, was als reine und was als ange-

wandte Mathematik zu gelten hat, macht sich ein gewisses Unbehagen bemerkbar, sobald dieser Unterschied allgemein formuliert
werden soll – ein Unbehagen, das manchmal zu Temperaments-
ausbrüchen führt.

Alle Theorien, die in die klassische (oder intuitionistische) zweiwertige elementare Logik eingebettet sind, sind idealisiert und
unterscheiden sich von Systemen empirischer Aussagen, die aus
Ähnlichkeitsprädikaten oder Zusammensetzungen von Ähnlichkeitsprädikaten bestehen. Die reine Mathematik – oder vielmehr
die verschiedenen Theorien, die die reine Mathematik ausmachen –
sind Erweiterungen der elementaren Logik und enthalten nur die
Individuen, die Prädikate und die Aussagen der (bzw. einer)
Arithmetik und der (bzw. einer) Mengentheorie. Man ist sich allgemein einig, daß Arithmetik und Mengentheorie (von den durch
Gödel u. a. entdeckten Einschränkungen abgesehen) für die Formulierung aller Theorien der reinen Mathematik hinreichend sind.
Diese herkömmliche Abgrenzung schließt jede Theorie aus der
reinen Mathematik aus, die sich ausdrücklich auf außermathematische Objekte bezieht, d. h. auf andere Dinge als Zahlen, Mengen und die funktionellen Beziehungen zwischen ihnen.

Sie schließt jedoch nicht die sogenannte implizite Definition außermathematischer Objekte aus, d. h. ihre Spezifikation als Objekte,
die den Postulaten einer bestimmten mathematischen Theorie genügen, und über die sonst nichts bekannt ist. So werden z. B. in
Hilberts und Veblens Axiomensystemen der Geometrie Punkte,
Geraden, Ebenen usw. implizit definiert, als Objekte, die gewissen
Postulaten genügen, die ihrerseits ausschließlich mit Hilfe von
arithmetischen und mengentheoretischen Konstanten und verschiedenen Klassen von Variablen für (mögliche) außermathematische
Objekte formulierbar sind – und in denen außer den arithmetischen
und mengentheoretischen keine anderen Konstanten auftreten.
Man könnte also innerhalb der reinen Mathematik zwischen solchen Theorien unterscheiden, in denen Variable für mögliche außermathematische Objekte (bzw. Klassen solcher Objekte) auftreten, und anderen Theorien, bei denen dies nicht der Fall ist.

Es wäre jedoch ein Irrtum, wenn man annehmen wollte, daß die
reine Mathematik anwendbar und zu angewandter Mathematik
wird, wenn man einfach für die Variablen mit möglichen außer-

mathematischen Wertbereichen die Namen empirischer Individuen oder Klassen einsetzt: das ist nicht möglich. Wie wir gesehen haben, sind die logischen Beziehungen zwischen empirischen Klassen einerseits und solchen Klassen, die in den Rahmen der klassischen Logik eingeordnet sind, untereinander nicht isomorph. Empirische Individuen und Klassen ergeben keine möglichen Einsetzungen für die Individuen- und Klassenvariablen der reinen Mathematik.[7]

Die hier zulässigen außermathematischen Objekte und Klassen sind selber idealisiert, obgleich sie weder zur Arithmetik noch zur Mengentheorie gehören. Die Anwendung mathematischer Methoden auf sie kann eine von zwei möglichen Formen annehmen: Man kann durch Bezugnahme auf ideale Operationen, einschließlich idealisierter Messungen, die Objekte explizit definieren, und zwar so, daß sie zu möglichen Einsetzungen in implizit definierte Variable werden. Oder aber man kann wie Helmholtz und Menger eine Theorie unter Verwendung von Quantitätsbegriffen entwickeln – d. h. der Begriffe »geordnetes Paar, das aus einem außermathematischen Objekt und einer Zahl besteht«, »konsistente Klasse von Quantitäten« und »funktionelle Beziehung zwischen konsistenten Klassen von Quantitäten«.

In beiden Fällen wird sich die »angewandte« von der »reinen« Theorie unterscheiden, weil sie explizit auf außermathematische ideale Objekte verschiedener Typen Bezug nehmen wird. In beiden Fällen werden sich überdies Isomorphismen zwischen reiner und angewandter Theorie herstellen lassen. In keinem Falle wird jedoch die angewandte Theorie eine Anwendung der reinen Theorie auf die Erfahrung sein – in dem Sinne, daß in ihr die Namen von (korrekt benannten) *empirischen* Individuen und Klassen als Einsetzungen für die Variablen der Theorie auftreten. Unter philosophischem Gesichtspunkt hat die zweite unserer Betrachtungsweisen der angewandten Mathematik den unzweifelhaften Vorteil, daß sie den Unterschied zwischen reiner und angewandter Mathematik einerseits und andererseits den zwischen angewandter Mathematik und Mathematik, die auf die Erfahrung angewandt wird, deutlich zeigt.

7 Für eine detailliertere Kritik der gegenteiligen Annahme bei Logizisten, Formalisten und Intuitionisten vgl. Kap. VIII meiner *Philosophie der Mathematik*, München 1968.

Die folgenden »Entfernungs«-Begriffe können uns die Unterscheidungen verdeutlichen, um die es hier geht: (i) Der analytische Begriff des Abstands im $n$-dimensionalen Raum- der als ein System von Relationen zwischen geordneten $n$-Tupeln von reellen Zahlen zu denken ist. Ein solcher Begriff wird etwa für den euklidischen Abstand zwischen $(x_1, x_2 \ldots x_n)$ und $(y_1, y_2 \ldots y_n)$ durch

$$\left[ \sum_{1}^{n} (x_i - y_i)^2 \right]^{\frac{1}{2}}$$

definiert. Ein Bezug auf außermathematische Objekte entfällt; es gibt keine Variablen über einem Bereich möglicher außermathematischer Gegenstände. (ii) Der topologische Abstandsbegriff wird für eine (als topologischer Raum charakterisierte) Menge $S$ nicht weiter spezifizierter Objekte als eine Funktion $d$ definiert, die jedes geordnete Paar von Elementen von $S$ auf eine reelle Zahl abbildet, sofern zwei Bedingungen erfüllt sind: (a) $d(x, y) = o$ dann und nur dann, wenn $x = y$; und (b) $d(x, y) + d(x, z) \geqslant d(y, z)$. $S$ und $d$ sind implizit definiert, und es gibt keinen Verweis auf außermathematische Objekte, die die gestellten Bedingungen erfüllen. Die analytischen und topologischen Entfernungsbegriffe gehören zur reinen Mathematik.
(iii) Eine Menge außermathematischer Objekte wird aufgezeigt, die die Bedingungen von $d$ erfüllt. $d$ wird dadurch zu einer Relation zwischen spezifischen außermathematischen Objekten und daher zu einem Begriff der angewandten Mathematik. (iv) Entfernung wird als eine konsistente Klasse von Quantitäten definiert, d. h. von geordneten Paaren, deren erste Glieder außermathematische Objekte und deren zweite Glieder reelle Zahlen sind. Die funktionellen Beziehungen zwischen der Entfernung und anderen Klassen von Quantitäten können so konstruiert werden, daß das System mit einer reinen Geometrie (einer euklidischen oder nichteuklidischen) isomorph wird. Im ersteren Falle kann man von einer angewandten euklidischen, im zweiten von einer angewandten nichteuklidischen Geometrie sprechen.
Von all diesen Fällen muß die Anwendung reiner oder angewandter Geometrie auf empirische – im Gegensatz zu idealen – Objekte unterschieden werden: Geometrie auf die Erfahrung anwenden heißt empirische Individuen, Prädikate und Aussagen mit idealen identifizieren, ganz gleich, ob die letzteren nun zur reinen oder zur angewandten Mathematik gehören. Ein Beispiel, bei dem es

nicht um »reine« oder »angewandte«, sondern um die Anwendung
von Mathematik auf die Erfahrung geht, ist die These, daß der
*Wahrnehmungsraum* euklidisch sei. Sie kann als eine Aussage verstanden werden, die besagt, daß – innerhalb eines bestimmten
Kontexts und für bestimmte Zwecke – die Identifizierung des Ent-
fernungsbegriffs und der übrigen Begriffe der euklidischen Geometrie mit gewissen empirischen Begriffen zu rechtfertigen ist, insbesondere, daß man innerhalb der erwähnten Grenzen aufgrund
empirischer Aussagen die Gültigkeit anderer empirischer Aussagen
vorhersagen kann. Die Natur dieser Vorhersagen, und, allgemeiner, die Prüfbarkeit von Aussagen, die die Identifizierung der idealen Begriffe einer Theorie mit empirischen Begriffen involvieren,
wird noch (im Kapitel XII) erörtert werden. Es sollte jedoch schon
klar geworden sein, daß es sich bei dem orthodoxen, hypothetisch-
deduktiven Bild von Voraussagen und ihrer Prüfbarkeit um eine
inadäquate Simplifikation handelt.

# XI

# Idealisierung und die Einheit inhaltlicher Theorien

Die voraufgegangenen Kapitel haben sich mit den Anforderungen befaßt, die von der exakten elementaren Logik, den Bedingungen des Messens und verschiedenen mathematischen Theorien an empirische Prädikate, Individuen und Aussagen gestellt werden. Aber für sich genommen bestimmt die Anpassung empirischer Prädikate an diese Erfordernisse noch nicht den spezifischen Inhalt irgendeiner Theorie. Dieser Inhalt — die inhaltlichen Begriffe und Aussagen der Theorie – hängt von verschiedenen Dingen ab: von dem Begriffs- und Aussagenmaterial, das der Idealisierung vorgegeben ist, von dem, was von ihm abstrahiert bzw. ihm hinzugefügt wird, von der Einführung von Begriffen, für die es keine empirischen Gegenstücke gibt, die aber für die deduktive Vereinheitlichung der Theorie erforderlich sind, und schließlich von dem Ausmaß, in dem eine deduktive Vereinheitlichung gelingt. Ich werde in diesem Kapitel die Abhängigkeit inhaltlicher Theorien von diesen variablen Faktoren unter allgemeinem Gesichtspunkt betrachten.

## 1. Deduktive Abstraktion

Es ist kaum möglich, all die Einflüsse aufzuzeigen, die bestimmt haben, auf welche Weise ein Mensch (oder eine Gesellschaft) die Welt, die ihm begegnet, und in der er denken und handeln muß, nach empirischen Individuen und Ähnlichkeitsklassen differenziert. Nur wenn man sich darüber klar ist, wie wenig das aussagt, kann man eigentlich sagen, daß das Abheben der Individuen von ihrem Hintergrund und die wichtigen Hinsichten, in denen sie als ähnlich oder unähnlich beurteilt werden, von der Lebensweise eines Individuums und seiner Gesellschaft »im Ganzen« abhängig sind. Wenn eine solche Lebensweise die Konstruktion – oder doch wenigstens die Kenntnis – von Theorien einschließt, werden die innerhalb der Theorien entwickelten Begriffe ihrerseits dann wieder in das Alltagsdenken und die Umgangssprache eingehen und dort in modifizierter Form verwendet werden, d. h. frei von den

allgemeinen und speziellen Restriktionen, die ihnen innerhalb der
Theorien, aus denen sie stammen, auferlegt waren. Ein lebhafter
und beständiger wechselseitiger Austausch zwischen Metaphysik,
Theologie und Wissenschaft einerseits und dem Alltagsdenken andererseits ist mit Differenzen im jeweiligen logischen bzw. logisch-
mathematischen Rahmen durchaus verträglich und überdies eine
unbestreitbare Tatsache. Die Geschichte der Veränderungen von
Begriffen wie »Naturgesetz« und »Substanz« in Wissenschaft und
Common Sense wäre zu diesem Punkt ein lehrreiches Beispiel.

Die Arbeit des theoretischen Systematisierens beginnt nicht an
einem Material des rohen Erlebens, sondern auf der Basis eines
bereits vorgegebenen Bestandes von empirischen Begriffen und
Aussagen, die auf komplexe und subtile Weise miteinander ver-
flochten sind. Sie beginnt mit Ähnlichkeitsprädikaten und Aussagen auf verschiedenen Ebenen der Interpretation, mit ihren – durch
die Junktoren der Aussagen- und Quantorenlogik hergestellten
– logischen Zusammensetzungen, mit empirischer Konstruktion
(Kap. V, § 3) und anderen Kombinationsformen, die hier nicht
diskutiert worden sind und sich einer erschöpfenden Analyse wahrscheinlich auch entziehen.

Wenn es jemals eine *tabula rasa* im menschlichen Bewußtsein gegeben hat, weiß das theoretische Systematisieren jedenfalls nichts
davon. Es findet allerdings auch kein Blatt vor, das mit reinlich
geordneter Schrift bedeckt wäre, die man nur passend umzuordnen
brauchte, sondern eher so etwas wie ein Blatt, das dichtgedrängt
und teilweise unleserlich bekritzelt ist, und in das man mit Radier-
gummi und angespitztem Bleistift Ordnung zu bringen suchen
muß. *Die bloße Eliminierung der Inexaktheit von Prädikaten und
der Indefinitheit von Individuen ist noch keine hinreichende Vorbereitung für den Aufbau einer brauchbaren inhaltlichen Theorie.*
Es bedarf darüber hinaus beträchtlicher Abstraktion – eines gut
Teils Ausradierens, sozusagen. Bei der Behandlung von idealen
Komplexen *qua* Komplexen als Gegenständen mathematischer
Theorien haben wir gesehen, daß die dabei ins Spiel kommende
Abstraktion so radikal war, daß wir sie nicht für sich zu betrach-
ten brauchten. Bei der Konstruktion inhaltlicher Theorien ist dieser
Prozeß jedoch weitaus weniger radikal und so heikel, daß er einer
genaueren Betrachtung bedarf.

Nehmen wir an, ein empirisches Individuum wird beobachtet, um zu einer wissenschaftlichen Aussage zu kommen, die im Rahmen einer wissenschaftlichen Theorie einen Zustand beschreibt oder eine Voraussage macht. Um genauer zu sein: nehmen wir an, daß es sich bei dem empirischen Individuum um ein Ding und bei der Theorie um die klassische Mechanik handelt. Das Ding besitzt eine Vielfalt von Wahrnehmungseigenschaften und steht in wahrnehmbaren Beziehungen zu anderen Dingen. Diese Wahrnehmungsprädikate sind inexakt oder – falls es sich um ihre *summa genera* oder Determinablen handelt – intern inexakt. Zwischen einigen der Determinablen – wie Farbe, Ausdehnung, Gewicht, relative Position und Gestalt – gibt es deduktive Zusammenhänge. Die Wahrnehmungscharakteristika von Dingen, die für die klassische Mechanik relevant sind, sind die wahrnehmbare Masse und die wahrnehmbare (raumzeitliche) Position relativ zu einem fixierten Gegenstand. Andere Wahrnehmungseigenschaften sind irrelevant. Ich werde »$W_o$« für die wahrnehmbare (z. B. durch Wiegen zu bestimmende) Masse schreiben, »$Q_o$« für die wahrnehmbare relative Position, und »$P$« als Variable für die anderen, irrelevanten Wahrnehmungseigenschaften verwenden.

Was immer nun eine wahrnehmbare Masse oder Position oder beides besitzt, besitzt notwendigerweise auch noch eine andere, von diesen beiden verschiedene Wahrnehmungseigenschaft. Es handelt es sich hier um eine »begriffliche«[1] Notwendigkeit, die sich zu einer logischen Notwendigkeit verschärfen läßt und dann so ausgedrückt werden kann:

(i)  $\vdash (x)((x \,\varepsilon\, W_o) \to (\exists P)(x \,\varepsilon\, P))$, und entsprechend

(ia) $\vdash (x)((x \,\varepsilon\, Q_o) \to (\exists P)(x \,\varepsilon\, P))$,

wobei »$\vdash$« anzeigt, daß das folgende ein inhaltliches Theorem einer in die klassische Logik eingebetteten Theorie ist, vorausgesetzt, daß es aus exakten Prädikaten besteht – eine Annahme, die man für Wahrnehmungsdeterminable vernünftigerweise machen darf, selbst wenn sie für die unter diese fallenden Determinierten nicht gelten sollte.

Die Individuen der klassischen Mechanik, ihre Partikel, unter-

1 Vgl. Kap. V, § 3.

scheiden sich von anderen Dingen dadurch, daß sie *nur* Masse und
eine raumzeitliche Position in bezug auf einen festgelegten Null-
punkt besitzen. Das Vorhandensein irrelevanter Eigenschaften
wird nicht einfach ignoriert; es wird vielmehr vorausgesetzt, daß
sie nicht vorhanden sind. So könnte man sich z. B. die Wärme nicht
als die Energie eines Systems bewegter Partikel vorstellen, wenn
man nicht voraussetzte, daß diese Partikel ihrerseits weder warm
noch kalt sind. Und Entsprechendes gilt für alle übrigen irrelevanten Eigenschaften. Es ist dieser Umstand, der sich hinter der Unterscheidung zwischen primären und sekundären Qualitäten ver-
steckt, einer Unterscheidung, die das, was im Hinblick auf eine
bestimmte Theorie – nämlich die klassische Mechanik – relevant
und irrelevant ist, irrigerweise als einen absoluten Unterschied
fixiert. Man fragt sich z. B., ob nach Lockes Auffassung »elektri-
sche Ladung« als eine primäre oder als eine sekundäre Qualität
zu gelten hätte.
Um auszudrücken, daß ein Individuum, z. B. ein Partikel der klassischen Mechanik, *nur* Masse und Position besitzt, schreiben wir:

(ii) $\vdash (x)((x \varepsilon W'_o) \to \mathcal{7} (\exists P)(x \varepsilon P))$,
(iia) $\vdash (x)((x \varepsilon Q'_o) \to \mathcal{7} (\exists P)(x \varepsilon P))$.

Ich habe hier »$W'_o$« statt »$W_o$« und »$Q'_o$« statt »$Q_o$« geschrieben,
weil durch die Aussagen (i) und (ii) unterschiedliche Prädikate von
Masse und Position bestimmt werden, nämlich Wahrnehmungsprädikate einerseits und »mechanische« andererseits.
Wenn wir (i) und (ii) vergleichen, bemerken wir, daß die Aussage,
ein Objekt besitze $W_o$, von der Aussage, es besitze $W'_o$ weder
logisch impliziert werden noch sie implizieren kann. Tatsächlich
sind diese beiden Aussagen miteinander nicht verträglich, und die
Klassen $W_o$ und $W'_o$ (mit ihren jeweiligen Unterklassen) schließen
einander aus. Schematisch kann man diese Beziehung zwischen $W_o$
und $W'_o$ durch

(iii) $\vdash (x) [(x \varepsilon W_o) \to \mathcal{7} (x \varepsilon W'_o)]$

oder durch $W_o/W'_o$ ausdrücken, und auf ähnliche Weise kommt
man zu
(iiia) $Q_o/Q'_o$.
Wenn es um Wahrnehmungseigenschaften geht, besteht die hier in
Frage stehende Abstraktion in der Unterscheidung zwischen rele-

vanten und irrelevanten Determinablen und – wenn man so sagen darf – der Extraktion der Ableitbarkeitsbeziehungen, die zwischen relevanten und irrelevanten Determinablen bestehen. Das führt zur Bildung neuer, »abstrakter« Determinablen – wobei sich abstrakte Determinable und ihre wahrnehmbaren Gegenstücke wechselseitig ausschließen. Die Theorie, im Hinblick auf die der Unterschied zwischen relevanten und irrelevanten Wahrnehmungsdeterminablen gemacht worden ist, enthält nur solche abstrakten Determinablen, die den relevanten Wahrnehmungsdeterminablen entsprechen, und keine anderen.

Dieser Typ von Abstraktion, den ich, um ihn von anderen Arten zu unterscheiden, als »deduktive Abstraktion« bezeichnen werde, und bei dem Wahrnehmungs- durch abstrakte Determinable ersetzt werden, verstärkt den Gesamteffekt der Einschränkungen, die der logisch-mathematische Rahmen jeder Theorie den Wahrnehmungseigenschaften auferlegt. Die deduktive Abstraktion, das Ausgrenzen des Irrelevanten, einerseits und die Eliminierung der Inexaktheit andererseits, das Festlegen scharfer Grenzen für vorher ungenau begrenzte Begriffe, werden bei der Konstruktion von Theorien zwar zumeist gemeinsam angewendet, müssen aber voneinander unterschieden werden. Der logisch-mathematische Rahmen, in den Theorien eingebettet sind, erzwingt die Eliminierung der Inexaktheit und andere Modifikationen, legt aber nichts darüber fest, was an Wahrnehmungsaussagen und -prädikaten – am vortheoretischen Rohmaterial – für die Konstruktion einer Theorie relevant ist und was nicht.

## 2. Idealisierung innerhalb von Theorien

Die Aussagen, Prädikate und Individuen, die sich aus der Eliminierung der Inexaktheit und der deduktiven Abstraktion ergeben, schließen sich noch nicht von sich aus zu deduktiv vereinheitlichten Systemen zusammen. Wenn man einen hinreichend hohen Grad deduktiver Organisation erreichen will, können weitere Idealisierungen und die Einführung unabhängig gebildeter idealer Begriffe erforderlich oder doch nützlich sein. Solche weiteren Idealisierungen können in deduktiver Abstraktion an idealen Prädikaten be-

stehen, oder auch in der umgekehrten Operation des Hinzufügens
neuer Bestimmungen zu idealen Prädikaten, die auf diese Weise
durch an deduktiven Beziehungen reichere ideale Prädikate ersetzt
werden. Die Grenze zwischen unabhängig gebildeten und durch
weitere Schritte deduktiver Abstraktion erreichten idealen Begriffen ist nicht scharf und braucht hier nicht weiter verschärft zu werden. Vielleicht läßt sich »Wahrscheinlichkeit« – wie wir das in
Kapitel IX getan haben – am besten als eine weitere Idealisierung
der »finitistischen idealen Häufigkeit« verstehen, die ihrerseits
wiederum eine Idealisierung des »empirischen Verhältnisses« ist;
und vielleicht wäre es – im Gegensatz zu unserem Vorgehen in
Kapitel VIII – ein zwangloseres Verfahren, die »überabzählbar
unendliche Menge« als einen unabhängig gebildeten idealen Begriff
zu betrachten.

Ebenso wie die Idealisierung durch Abstraktion und Eliminierung
der Inexaktheit, wenn man sie auf Wahrnehmungsprädikate und
-aussagen anwendet, zu einer logischen Unverbundenheit zwischen
diesen und ihren exakten bzw. abstrakten Gegenstücken – zwischen der Theorie und dem Bereich ihrer wahrnehmbaren Gegenstände – führt, können weitere Schritte der Idealisierung auch zu
logischen Unverbundenheiten innerhalb der Theorie führen. Wir
haben bereits ein Beispiel dafür kennengelernt. Bei der Behandlung des statistischen Schließens habe ich auf den Übergang aufmerksam gemacht, der in der theoretischen Statistik von der finitistischen (idealen) Häufigkeitsfunktion $f^*$ zur infinitistischen
Dichtefunktion $f$ führt. Es handelt sich hierbei, wie allgemein zugestanden wird, um keinen irgendwie deduktiven Zusammenhang,
sondern um einen Zusammenhang, der durch Identifizierung der
Elemente des deduktiv unverbundenen Paares $f^*$ und $f$ gestiftet
wird, und diese Identifizierung wird durch den vorliegenden Kontext und Zweck und durch den Rückgriff auf gewisse (zum Teil
willkürlich gesetzte) Abschätzungsstandards gerechtfertigt.

Um die Natur von Theorien mit inneren Unverbundenheiten und
des Identifizierens zweier unverbundener Aussagen besser zu verstehen, wollen wir hier noch einmal die Struktur einer vollkommen vereinheitlichten deduktiven Theorie betrachten, in der keine
Unverbundenheiten auftreten. Eine solche Theorie besteht aus Bildungsregeln (für ihre Ausdrücke), aus logisch-mathematischen und

inhaltlichen Postulaten (z. B. den Newtonschen Bewegungsgesetzen), und aus Schlußregeln, die die Ableitung von Aussagen entweder aus einer (Einsetzungsregel) oder aber aus zwei anderen Aussagen (etwa beim *modus ponens*) gestatten. Jede Ableitung innerhalb der Theorie kann dann als eine endliche Folge von Aussagen hingeschrieben werden, und jede dieser Aussagen ist dann entweder eine Annahme, ein Postulat oder aber eine unmittelbare Folgerung aus ein oder zwei Vorgängern in der Folge. Wenn z. B. in der Folge

$$
\begin{array}{ll}
\cdot \\
\cdot \\
\cdot \\
\cdot \\
\cdot \\
(m) & p_0 \\
(m+1) & q_0 \\
\cdot \\
\cdot \\
\cdot
\end{array}
$$

$q_0$ weder ein Postulat noch eine Folgerung aus ein oder zwei Vorgängern von $p_0$ ist, muß es sich bei $q_0$ um eine Folgerung aus $p_0$ oder aus $p_0$ zusammen mit einem Vorgänger von $p_0$ handeln.

Die deduktive Unverbundenheit zwischen einer Theorie und ihren Gegenständen in der Wahrnehmung kann jetzt auch so ausgedrückt werden, daß man sagt: in keiner ihrer Ableitungssequenzen tritt eine Wahrnehmungsaussage oder ein Wahrnehmungsprädikat auf. Daß dies so sein muß, ist klar. Inexakte Wahrnehmungsprädikate können in einer solchen Folge ohnehin nicht vorkommen, und die exakten – wenn auch intern inexakten – Determinablen sind auf dem Wege der Abstraktion durch Nicht-Wahrnehmungsprädikate ersetzt worden – ganz zu schweigen von den weiteren Ersetzungen, zu denen es aufgrund der allgemeinen und speziellen Bedingungen des Messens kommt.

Keine Wahrnehmungsaussage wird als letztes Glied in einer Ableitungssequenz auftreten. Die Theorie ist mit der Wahrnehmung nicht auf dem Wege der Deduktion, sondern auf dem Wege von Identifizierungen verbunden. So wird man z. B. eine Aussage der klassischen Mechanik $(x'_o \varepsilon W'_o)$, in der es heißt, daß ein *Partikel* (oder eine Konfiguration von Partikeln) Masse (bzw. eine bestimmte Masse) im Sinne der Theorie hat, mit einer Aussage $(x_o \varepsilon W_o)$ identifizieren, in der es heißt, daß ein *Ding* Masse (bzw. eine bestimmte Masse) hat, in dem Sinne, in dem man durch empirische Verfahren die Masse von etwas inexakt feststellen kann – und das, obgleich

$$\vdash (x)\, (x \,\varepsilon\, W_o) \to \, \neg \, (\text{x} \,\varepsilon\, W'_o),$$

d. h. obgleich $W_o$ und $W'_o$ sich wechselseitig ausschließen. Und diese Identifizierung tritt *nicht* innerhalb der Theorie, d. h. in irgendeiner ihrer Ableitungssequenzen auf.

Es gibt jedoch auch Theorien – z. B. die Theorie des statistischen Schließens –, innerhalb derer theoretische Aussagen mit sich wechselseitig ausschließenden Prädikaten miteinander identifiziert werden. Bei solchen Theorien werden die Glieder von Ableitungssequenzen nicht nur durch Deduktion, sondern auch durch *innere* Identifizierungen verbunden. In allen solchen Theorien kommt wenigstens eine Folge

·
·
·
·

$$(n) \qquad (x'_o \,\varepsilon\, P'_o)$$
$$(n+1) \qquad (x_o \,\varepsilon\, P_o)$$

·
·
·
·

vor, bei der $P'_o / P_o$, und bei der der Übergang von der $n$-ten zur $(n+1)$-ten Zeile *nicht* deduktiv ist. Die an dieser Stelle unterbrochene Kette der Deduktionen wird durch eine nicht-deduktive Identifizierung gleichsam geflickt. (Statt der einstelligen Prädikate unseres Beispiels hätte man auch mehrstellige verwenden können.) Man muß hier noch einige Bemerkungen hinzufügen. Aus der Unverträglichkeit von $P_o$ und $P'_o$ folgt nicht, daß die Menge der Aussagen in der Ableitungssequenz oder in der Theorie als ganzer inkonsistent wäre. Dieser Fall würde nur eintreten, wenn $P_o$ und

$P'_o$ dem gleichen Individuum zugeschrieben würden. Wir haben hier keinen logischen Fehltritt vor uns, sondern einen nicht-deduktiven Schritt, den die Theorie mehr oder minder ausdrücklich gestattet, weil sie neben ihren Schlußregeln noch eine Regel oder Konvention enthält, die (allgemein oder unter bestimmten Bedingungen) einen Schritt dieser Art zulässig macht. Und schließlich: Der nicht-deduktive Schritt kann nicht etwa dadurch als deduktiv legitimiert werden, daß man $\vdash (x)((x \varepsilon P_o) \rightarrow (x \varepsilon P'_o))$ setzt, denn das stünde im Widerspruch zu der durch $\vdash (x)((x \varepsilon P_o) \rightarrow \neg (x \varepsilon P'_o))$ festgelegten Bedeutung von $P_o$ und $P'_o$.

Die Theorie des statistischen Schließens ist nicht das einzige wichtige Beispiel einer im Inneren deduktiv unverbundenen Theorie. Die vielleicht wichtigste und die ohne Zweifel am häufigsten diskutierte Theorie dieser Art ist die Quantenmechanik in der Form, die sie in der ersten Hälfte dieses Jahrhunderts angenommen hat. Es handelt sich bei der Quantenmechanik nicht einfach um eine »Verallgemeinerung« der klassischen Mechanik; und man kann die klassische Mechanik nicht einfach als »Spezial-« bzw. »Grenzfall« der Quantenmechanik für Situationen betrachten, in denen Quanteneffekte vernachlässigt werden können. Daß die Beziehung zwischen den beiden Theorien komplexer ist, wird auf die eine oder andere Weise von den meisten Physikern konstatiert. Man vergleiche etwa die folgende typische Bemerkung aus einem Standardwerk[2]: »Die Quantenmechanik nimmt unter den Theorien der Physik eine höchst ungewöhnliche Stellung ein: sie enthält die klassische Mechanik als Grenzfall, setzt aber diesen Grenzfall bei ihrer eigenen Formulierung schon voraus.«

Die klassische Mechanik geht in die Quantenmechanik ein, weil alle quantenmechanischen Messungen mit Hilfe von klassischen Apparaturen vorgenommen werden; es werden bei ihnen Verfahren angewandt, bei denen man die Gültigkeit der Gesetze der klassischen Mechanik voraussetzt. So beruht – um ein klassisches Beispiel zu zitieren – die Bestimmung des klassischen Impulses und der Position eines Objekts auf der Annahme, daß die Ergebnisse dieser Messungen von ihrer Reihenfolge unabhängig sind – tech-

---

2 *Quantum Mechanics – Non Relativistic Theory,* von Landau und Lifschitz; aus dem Russischen übersetzt: London 1958, p. 3.

nisch ausgedrückt: daß Impuls und Position kommutative Größen
sind. Ich werde »$(x \varepsilon M_c)$« für »$x$ hat einen klassischen Impuls«
schreiben, und »$(x \varepsilon O)$« für »Messungen an $x$ sind von ihrer Reihenfolge unabhängig«. Wir kommen dann zu dem Schema:

$$\text{(i)} \quad \vdash (x)((x \varepsilon M_c) \rightarrow (x \varepsilon O)).$$

In der Quantenmechanik gelten Impuls und Position – ebenso wie
alle anderen sogenannten »konjugierten Größen« – als nichtkom-
mutativ, d. h. die Ergebnisse von Messungen werden als von der
Reihenfolge der Messungen abhängig betrachtet, und diese Nicht-
kommutierbarkeit ist entweder eines der inhaltlichen Postulate
dieser Theorie oder aber eine logische Folgerung aus ihren Postulaten. Wenn wir »$(x \varepsilon M_q)$« für »$x$ hat einen quantenmechanischen
Impuls« schreiben, erhalten wir also:

$$\text{(ii)} \quad \vdash (x)((x \varepsilon M_q) \rightarrow \nearrow (x \varepsilon O)).$$

Der Vergleich von (i) mit (ii) zeigt, daß $M_q$ und $M_c$ sich wechselseitig ausschließen. Die Aussage, daß $M_q$ klassisch gemessen wird,
bedeutet, daß die tatsächlich gemessene Größe $M_c$ ist, und daß diese
dann mit $M_q$ identifiziert wird.

Die Beziehung zwischen der klassischen Physik und der Quantentheorie entspricht also der Beziehung zwischen Wahrnehmungsaussagen und den Aussagen der klassischen Physik. Ebenso wie
keine Ableitungssequenz der klassischen Physik mit einer Wahrnehmungsaussage endet und wie diese Lücke in der Deduktion
durch eine Identifizierung geschlossen wird, ebenso endet auch
keine Ableitungssequenz der Quantenmechanik in einer Aussage
der klassischen Physik, und die entsprechende Deduktionslücke
wird durch eine Identifizierung geschlossen. Der Unterschied zwischen beiden Fällen besteht darin, daß im letzteren beide identi-
fizierten Aussagen theoretisch sind. Wegen der Unvermeidbarkeit
dieser Identifizierung bilden die beiden Theorien eine in sich unvollständig verbundene Struktur.

Die Frage, ob diese Struktur (die deduktiv unverbundene und im
Zuge von Ableitungssequenzen miteinander identifizierte Aussagen enthält) durch eine deduktiv vollkommen vereinheitlichte
Theorie von gleicher oder größerer Vorhersageleistung und »Verständlichkeit« ersetzt werden kann, läßt sich *a priori* nicht beantworten. Der einzige überzeugende Beweis einer solchen Möglichkeit bestünde im Vorlegen dieser Theorie. Andererseits beweist

der Umstand, daß die Quantentheorie in ihrem gegenwärtigen Zustand gewissen allgemeinen Prinzipien entspricht – wie dem Korrespondenzprinzip und dem Komplementaritätsprinzip –, nicht die Unmöglichkeit einer vollständig vereinheitlichten Theorie.

In vielen Fällen steht dem Übergang von der friedlichen Koexistenz zweier durch Identifizierungen miteinander verbundener Theorien zu einer deduktiv vereinheitlichten Theorie kein Hindernis entgegen. Während sich z. B. die verschiedenen Begriffe der ganzen Zahl im System der ganzen, der rationalen und der reellen Zahlen wechselseitig ausschließen, kann man ihre Identifizierung umgehen, indem man diese drei Systeme durch das eine System der reellen Zahlen ersetzt. Die innere Unverbundenheit von Theorien ist eine häufige und wahrscheinlich normale Situation bei Wissenschaftsbereichen, die sich im Zustand der Entwicklung befinden, und die Frage nach ihrer Aufhebung wird nur dann dringlich, wenn deren Möglichkeit geleugnet wird.

Weil viele theoretische Strukturen, insbesondere die Theorie des statistischen Schließens und die orthodoxe Quantenmechanik, üblicherweise »Theorien« genannt werden, obwohl sie intern unverbunden sind, schiene es mir falsch zu sein, diese Bezeichnung ausschließlich deduktiv vollständig vereinheitlichten Theorien vorzubehalten. Ich werde sie daher so verwenden, daß sie Systeme mit ausschließlich deduktiven Ableitungssequenzen ebenso deckt wie Systeme, in denen sowohl deduktiv wie durch Identifizierung deduktiv unverbundener Prädikate und Aussagen gefolgert wird. Unter Wissenschaftlern ist es sogar üblich, von Theorien zu sprechen, wenn die deduktive Vereinheitlichung noch weitaus weniger vollständig ist als in unseren Beispielen. Um eine Struktur zu einer Theorie zu machen, genügt es offenbar schon, daß überhaupt einige logisch-mathematische Ableitungsketten in ihr möglich sind.

### 3. Theorien und die Erhaltung von Individuen

Die klassische Logik als Mittel der Vereinheitlichung von Erfahrungsbereichen zu Theorien setzt nicht nur die Exaktheit der Prädikate voraus, sondern auch die Unveränderlichkeit der Indivi-

duen, auf die diese Prädikate angewendet werden. Es ist eine Vorbedingung für die Axiomatisierung jeder inhaltlichen Theorie, daß
ein bestimmter Individuenbereich von vornherein festgelegt wird.[3]
Und wenn es sich um eine deduktive Vereinheitlichung mit den
Mitteln der intuitionistischen Logik handelte, könnte zwar die
Konstruktion neuer Individuen innerhalb der Theorie zulässig
sein, aber auch diese müßten danach unverändert bleiben. Weil
es aber üblich ist, die intuitionistische Logik ausschließlich als einen
logischen Rahmen der reinen Mathematik zu betrachten, braucht
sie im gegenwärtigen Kontext nicht weiter erörtert zu werden.

Die Erhaltung der Individuen wird von jeder Theorie vorausge-
setzt, wenn auch verschiedene Theorien die Erhaltung bzw. Un-
veränderlichkeit verschiedener Individuenbereiche voraussetzen.
Das Postulat, daß der Individuenbereich einer Theorie erhalten
bleiben muß, ist also in keinem Falle absolut und zieht keinen
Platonismus nach sich, der ja eine von allen Theorien und allem
Theoretisieren unabhängige Beständigkeit der »Formen« annimmt.
Es gibt kein System von empirischen Aussagen, aus dem die
Existenz beständiger empirischer Individuen logisch folgte. Die
Dinge, über die wir sprechen und die die Gegenstände des alltäg-
lichen menschlichen Handelns sind, sind ja in der Tat – wenigstens
zum größten Teil – unbeständig und zerstörbar.

Dennoch zeigen gewisse Voraussage- und Erklärungsgewohnhei-
ten, die zumindest im Denken der westlichen Kulturen fest ver-
wurzelt sind, eine deutliche Affinität zu der theoretischen Annahme einer Beständigkeit der Individuen innerhalb einer Theorie. So neigen wir z. B. dazu, die Zerstörung einiger Dinge durch
Veränderungen an anderen Dingen zu erklären, die dauerhafter
sind. Wir unterscheiden vor allem drei Typen von Veränderungen
an den Dingen, die uns umgeben: (i) Veränderungen ihrer relativen Position, (ii) Veränderungen ihrer nichträumlichen Eigenschaften und (iii) Veränderungen, bei denen einige von ihnen aufhören
zu existieren. Und wir finden im großen und ganzen den ersten
Typus von Veränderungen verständlicher als den zweiten und
dritten, und auch den zweiten noch verständlicher als den dritten.
Die offensichtliche Eignung unveränderlicher Dinge, einen Bereich

3 Vgl. Kap. VI, § 3.

beständiger Individuen zu konstituieren, und die intellektuelle Befriedigung, die resultiert, wenn man alle Veränderungen als Veränderungen der relativen Position dieser Individuen erklären kann, gehören ohne Zweifel zu den Motiven, die schon so früh die Suche nach atomistischen Theorien in Gang gebracht haben.

Der Atombegriff läßt sich leichter in Theorien einführen, wenn man Raum und Zeit selber als feste Individuenbereiche betrachtet – den Raum als einen Bereich beständiger Punkte oder Regionen, und die Zeit als einen Bereich beständiger Augenblicke. Die Bewegung eines Atoms $a_1$ aus dem Bereich $r_1$, den es zur Zeit $t_1$ einnimmt, in den Bereich $r_2$, den es zur Zeit $t_2$ einnimmt, kann dann als eine Beziehung zwischen zwei geordneten Tripeln ausgedrückt werden, bei denen jedes drei beständige Individuen als Elemente hat, z. B. durch: $(a_1, r_1, t_1) R (a_1, r_2, t_2)$.

Die theoretische Annahme der vorgängigen Existenz von beständigen Atomen, Regionen und Zeitpunkten, die in einer Aussage zutagetritt, die, wenn sie wahr ist, für alle Zeiten wahr ist, markiert einen der wesentlichen Unterschiede zwischen theoretischen und Wahrnehmungsaussagen über Bewegungen. Die theoretische Aussage ignoriert alle Unterschiede zwischen der erlebten Vergangenheit und der erwarteten Zukunft und das Erlebnis des Neuen im Übergang vom einen zum anderen. Es ist, glaube ich, auf ein Übersehen dieses Unterschieds zurückzuführen, wenn es zu metaphysischen Theorien kommt, die unserem Vorstellungsvermögen widerstreben, etwa der Theorie, daß es sich beim Ablauf der Zeit, bei Bewegungen und Veränderungen überhaupt um bloße Illusionen handle. Ich habe schon früher eine ähnliche Verwechslung empirischer mit mathematischer Stetigkeit erwähnt, die zu der metaphysischen Ansicht führt, daß »Bewegung« nicht nur eine Illusion, sondern auch ein in sich widersprüchlicher Begriff sei. Wir müssen hier jedoch der Versuchung widerstehen, noch weiter auf die metaphysischen Ansichten einzugehen, die sich ergeben, wenn man Wahrnehmungsprädikate mit theoretischen Prädikaten und Aussagen verwechselt.

Wenn wir Bezugspunkte in Raum und Zeit wählen und empirische Verfahren des Messens von Entfernungen und Zeitabschnitten einführen, werden die Bereiche der Punkte und der Augenblicke zu den Vorbereichen zweier Klassen von Quantitäten, zwischen denen

sich funktionelle Beziehungen herstellen lassen. Ein deduktives
System solcher Beziehungen ist ein System der Kinematik. Und
wenn darüber hinaus den Atomen noch meßbare Massen zugeschrieben werden, wird damit eine Dynamik möglich.

Die Erhaltung einiger Individuen ist gleichsam der fundamentale
Erhaltungssatz der Wissenschaft. Wenn jedes solche Individuum
als Träger einer bestimmten meßbaren Größe charakterisiert wird,
bleibt infolge der Erhaltung der Individuen auch die Summe dieser
Größen erhalten. Und ebenso wie die Individuenbereiche unterscheiden sich auch die Erhaltungssätze verschiedener Theorien.

Obgleich jede deduktiv vereinheitlichte Theorie bei ihrer Formulierung schon einen festen Bereich unveränderlicher Individuen
voraussetzt, muß es sich bei diesen Individuen nicht um bewegliche
Atome handeln, d. h. bewegliche Dinge, die eine Beständigkeit besitzen, wie sie den gewöhnlichen zerstörbaren Dingen abgeht.
In der Tat legt der theoretische Begriff der Bewegung von Atomen
als (u. a.) eine Beziehung zwischen vorgegebenen Punkten und
Zeitpunkten (die ihrerseits Elemente einer vorgegebenen Gesamtheit von Punkten und Zeitpunkten sind), bei der zwischen Vergangenheit und Zukunft nicht unterschieden wird, den Gedanken
nahe, daß man bewegliche Dinge in Raum und Zeit möglicherweise ganz eliminieren könne. Ich bin auf diese Möglichkeit schon
an anderer Stelle (im ersten Kapitel) eingegangen, wo ich gezeigt
habe, daß man die Welt der Erfahrung auch auf diese Weise individuieren und klassifizieren könnte – welchen Weg z. B. Spinoza
eingeschlagen hat. Die allgemeine Relativitätstheorie Einsteins gibt
uns ein theoretisches System für ein dingfreies Universum. Die Individuen, die in ihr auftreten, sind Raum-Zeit-Regionen in einem
vierdimensionalen Riemannschen Raum mit variabler Krüm-
mung.

Wir brauchen hier kaum noch weitere Beispiele zu suchen, um zu
demonstrieren, daß alle Theorien die Erhaltung von Individuen
voraussetzen. Jede inhaltliche Theorie besteht aus Aussagen, in
denen Beziehungen zwischen beständigen Individuen konstatiert
werden, und zu diesen Individuen gehören nicht nur Raum-, sondern auch Zeitpunkte oder Raum-Zeit-Punkte. Außerhalb von
Theorien ist die Verwandlung von Dingen ein ganz gewöhnlicher
Vorgang oder auch ein Wunder. Innerhalb einer Theorie aber wäre

die Verwandlung der Dinge, die bei ihrer Formulierung vorausgesetzt werden, ein Widerspruch in sich. Selbst wenn Heraklits
πάντα ῥεῖ buchstäblich wahr wäre, könnte diese Behauptung doch
in keiner axiomatischen Theorie gemacht werden.

## 4. Empirische Systeme und Theorien

Wir haben zu Anfang dieses Teils der Untersuchung gezeigt, daß
– entgegen den Auffassungen, die Hume, Kant und ihre modernen
Nachfolger vertreten haben – die deduktive Vereinheitlichung
eines Erfahrungsbereichs die Aussagen modifiziert, die ihn beschreiben. Wenn die klassische Logik verwendet wird, um inhaltliche Folgerungen aus inhaltlichen Prämissen abzuleiten, muß man
den *modus ponens* (oder eine andere »Schnittregel«[4] verwenden,
und dazu müssen die inexakten Prädikate der Prämissen und Folgerungen zunächst durch exakte ersetzt werden. In den letzten drei
Kapiteln haben wir gezeigt, wie sich diese Modifikationen in statistischen und quantitativen Theorien weiter fortsetzen, und wie
sie für jede einzelne Theorie von der deduktiven Abstraktion und
der weitergehenden Festlegung der theoretischen Prädikate abhängig sind. Und im letzten Abschnitt haben wir schließlich gesehen,
wie die Voraussetzung eines festgelegten Individuenbereichs die
Ersetzung vergänglicher empirischer durch beständige theoretische
Individuen erzwingt.
Die empirische Differenzierung unserer Umwelt führt nicht (wie
wir im ersten Teil dieser Abhandlung gesehen haben) zu einer deduktiven oder – um auch innere Unverbundenheiten zuzulassen –
nahezu deduktiven Theorie. Sie führt aber nichtsdestoweniger zu
einem komplexen System von Individuen, Prädikaten und Aussagen. Der Zusammenhalt dieses Systems – das man als ein »empirisches System« bezeichnen könnte – ist wesentlich lockerer als
der von Theorien, und das liegt daran, daß es in die modifizierte
zweiwertige (oder eine entsprechende) Logik eingebettet ist, in der
inexakte Ähnlichkeitsprädikate und indefinite Individuen zulässig

4 Siehe G. Gentzen, »Untersuchungen über das logische Schließen«, in *Math.
Z.*, Vol. 39 (1934/35).

sind. Durch Übersehen des Unterschieds zwischen Wahrnehmungs-
und empirischen Prädikaten und Individuen einerseits und ihren
verschiedenen idealisierten Gegenstücken andererseits sind viele
Philosophen zu einer illegitimen Vermengung von empirischen
Systemen und Theorien geführt worden. An diesen Fehler schließt
sich dann in vielen Fällen noch der weitere an – der allen transzendentalen Argumenten zugrundeliegt –: die Ansicht, daß aus der
Tatsache, daß ein bestimmtes empirisches System oder eine Theorie
akzeptiert worden ist, folge, daß dieses System oder diese Theorie
oder wenigstens ihr Kategoriennetz (die *summa genera* und ihre
logischen Beziehungen) akzeptiert werden *muß*.

Die instruktivste Kombination dieser Fehler findet man in einem
der bedeutendsten philosophischen Werke überhaupt, nämlich
Kants *Kritik der reinen Vernunft*. Für Kant gibt es keinen Unterschied zwischen den Kategorien eines empirischen Systems und den
Kategorien der Newtonschen Physik. Es ist die Anwendung, ja
schon die bloße Anwendbarkeit dieser Kategorien, durch die unter
den objektiven Erfahrungsurteilen Einheit und systematischer Zusammenhang gestiftet wird, und durch die sie sich von bloß sub-
jektiven Urteilen über das in der Empfindung gegebene unterscheiden. Die Folgen, die sich daraus ergeben, daß Kant nicht zwischen
solchen objektiven Urteilen unterscheidet, die einem empirischen
System angehören, und solchen, die zu einer Theorie (wie etwa der
Newtonschen Physik gehören), kann man an seinen ersten beiden
*Analogien der Erfahrung* beobachten. Einige Bemerkungen dazu
sollen zeigen, an welchen Stellen er sich – unserer Auffassung nach
– geirrt hat, und wo er dann wiederum wichtige Wahrheiten entdeckt hat.

Das Prinzip aller drei Analogien ist, daß »Erfahrung nur durch
die Vorstellung eines notwendigen Zusammenhangs unter unseren
Wahrnehmungen möglich« ist. Wenn wir hier – was mir erlaubt
zu sein scheint – »Wahrnehmung« durch »Wahrnehmungsaussage«
ersetzen, gilt dieses Prinzip nur für empirische Systeme. Aus der
Aussage »Das, an dem ich die Wahrnehmungseigenschaft $C_1$ be-
merke, ist ein Ding« folgt tatsächlich »Es gibt wenigstens noch eine
Wahrnehmungseigenschaft $C_2$, die nicht mit $C_1$ identisch ist, und
die dieses Ding besitzt«. Jedes Ding besitzt notwendigerweise
mehr als eine Wahrnehmungseigenschaft. Ein Partikel oder eine

Partikelkonfiguration der Newtonschen Dynamik hingegen besitzt keine Wahrnehmungseigenschaften. Solche Konfigurationen besitzen nur Masse und relative Positionen, und zwar in einem Sinne, durch den wahrnehmbare Masse und wahrnehmbare Position ausgeschlossen werden. Es ist natürlich wahr, daß in der Newtonschen Dynamik alles, was eine Masse besitzt, auch eine relative Position besitzt, aber dieser notwendige Zusammenhang ist eben keiner zwischen Wahrnehmungseigenschaften oder -aussagen.

Nach der ersten Analogie, dem Prinzip der Erhaltung der Substanz, »beharrt in allem Wandel der Erscheinungen die Substanz, und ihr Quantum in der Natur nimmt weder ab noch zu«. Dieses Prinzip gilt nicht in jedem empirischen System. Die Tendenz, das Entstehen und Vergehen von Dingen durch die Positions- oder Qualitätsveränderungen beharrender Dinge zu erklären, impliziert noch nicht, daß es solche beharrenden Dinge gibt. Selbst die Annahme, daß es sich bei jedem Entstehen oder Vergehen eines vergänglichen Dings um Positions- oder Qualitätsveränderungen eines oder mehrerer länger beharrender Dinge handelt, impliziert nicht die Permanenz irgendwelcher Dinge – ebensowenig wie die Aussage, daß sich zu jeder natürlichen Zahl eine andere angeben läßt, die größer ist als die erste, impliziert, daß es eine absolut größte natürliche Zahl gäbe.

Für die Newtonsche Theorie hingegen gilt dieses Prinzip, denn dort folgt es aus der Annahme, daß es einen vorgegebenen Bereich von Partikeln mit konstanter und meßbarer Masse gibt. Der wahre Kern des Kantschen Prinzips ist unser Prinzip von der Erhaltung der Individuen, nach dem jede inhaltliche Theorie zu ihrer Formulierung eines vorgegebenen Bereichs von dauernden Individuen bedarf. Kants Abhängigkeit von Newton zeigt sich nicht nur in seiner Behauptung, daß dieses Prinzip für alle objektiven Urteile gilt, sondern auch darin, daß er die Möglichkeit anderer theoretischer Erhaltungssätze als der Newtonschen, die für andere Individuenbereiche mit anderen meßbaren Eigenschaften gelten, überhaupt nicht in Erwägung zieht.

Die zweite Analogie, d. h. das Prinzip, daß »alle Veränderung nach dem Gesetz von Ursache und Wirkung erfolgt«, gilt ebenfalls nicht für jede Theorie, weil es ja Theorien gibt, in denen einige Gesetze einen irreduzibel statistischen Charakter haben. Es

gilt auch nicht für jedes empirische System, weil der Glaube an
eine kausal nur unvollkommen geordnete und von gelegentlichen
Wundern durchsetzte Welt nicht in sich widersprüchlich ist. Der
Kern von Wahrheit in der zweiten Analogie besteht darin, daß
jede inhaltliche Theorie inhaltliche Gesetze enthält, nach denen
man eine Aussage über eine Konfiguration der Individuen der
Theorie durch (deduktive oder statistische) Ableitungssequenzen
mit anderen solchen Aussagen verknüpfen kann.

Die Kantschen Analogien sind keine allgemeinen Bedingungen,
denen alle objektiven empirischen oder theoretischen Aussagen
gehorchen müßten. Sie sind nicht einmal Bedingungen, die jede
Theorie erfüllen müßte. Solche Bedingungen können sich nur aus
der Betrachtung der von der zugrundeliegenden Logik determinie-
ten Struktur von Theorien ergeben. Man kann von dieser zwar be-
scheidenen aber doch nicht fruchtlosen Feststellung nicht zu der
These übergehen, daß die Logik, die allen uns jetzt bekannten
Theorien zugrundeliegt, auch in Zukunft der Rahmen allen möglichen Theoretisierens bleiben müsse. So gesetzgeberisch zu sprechen hieße nur, den transzendentalen Irrtum in einer neuen Form
zu wiederholen.

Dritter Teil

# Wissenschaft und Erfahrung

# XII

# Die Harmonie von Theorie und Erfahrung

Wenn man die Differenzierung der Erfahrung nach Ähnlichkeiten und Unähnlichkeiten und deren logischen Kombinationen im Rahmen einer modifizierten zweiwertigen (oder ähnlichen) Logik mit einem Begriffsnetz vergleichen kann, das der Erfahrung übergeworfen wird bzw. sich in ihr erkennen läßt, gilt das Entsprechende auch für Theorien. Bei diesen sind dann einige Fäden aus dem Netz herausgezogen, andere gestrafft worden, während das Schema ihrer Verknotung an Einfachheit gewonnen hat. Und es gibt keinen deduktiven Faden, der das eine Netz mit dem anderen verbindet.

Dennoch werden beide – Schemata des empirischen Differenzierens wie Theorien – gemeinsam verwendet, wenn es darum geht, unsere Umwelt gleichsam kartographisch abzubilden, Vorhersagen zu machen, Erklärungen zu finden und überlegt zu handeln. Die Natur dieses nicht-logischen Zusammenhangs zwischen beiden Arten von Netzen (eines Zusammenhangs, der, wie wir bereits angedeutet haben, durch die Identifizierung empirischer mit theoretischen Begriffen und Aussagen hergestellt wird) bedarf einer genaueren Betrachtung; eine Aufgabe, der wir uns in diesem Kapitel zuwenden. Ein weiteres Problem, das unserer Aufmerksamkeit bedarf, ist die Beziehung zwischen Theorien und jenen Teilen empirischer Systeme, die beim Theoretisieren unbeachtet bleiben – wobei vor allem an jene Begriffe zu denken ist, durch die seelisch-geistige Phänomene beschrieben werden, und an Aussagen, die moralische und andere außerwissenschaftliche Ansichten zum Ausdruck bringen. Mit diesem Problem befaßt sich der Rest dieses Buches.

Ich werde zunächst die Art betrachten, wie Theorien durch die Erfahrung gestützt werden, und wie die inhaltlichen Aussagen von Theorien mit empirischen Aussagen verglichen werden. Das wird uns zu einer Diskussion der Deduktion und des sogenannten Deduktivismus sowie der Induktion und des sogenannten Induktivismus führen. Den Schluß des Kapitels bilden einige Bemerkungen über empirische wissenschaftliche Aussagen.

## 1. Die Kopplung von Theorie und Erfahrung

Eine inhaltliche Theorie $T_o$ kann als eine Erweiterung der klassischen elementaren Logik $L$ durch Hinzufügung eines oder mehrerer Individuenbereiche, einer Klasse inhaltlicher Prädikate und einer Klasse inhaltlicher Postulate bzw. Axiome betrachtet werden. Bei den Axiomen handelt es sich um quantorenlogische Aussagen, deren All- und Existenzquantoren sich über den bzw. die Individuenbereiche erstrecken. Eine vollständige Formulierung etwa der Axiome der klassischen Mechanik würde mit der Wendung beginnen müssen »Für alle Massenpartikel, für alle Raumpunkte und für alle Zeitpunkte gilt, daß . . .«

Aus den inhaltlichen Postulaten der Theorie folgen inhaltliche allgemeine Aussagen in Übereinstimmung mit $L$. Es besteht zwischen beiden also die Beziehung

$$A_o \underset{L}{\vdash} Th_o \qquad\qquad \text{(i)},$$

wobei das Theorem $Th_o$ eine allgemeine inhaltliche Aussage ist. Bei intern unverbundenen Theorien erfolgt die Ableitung von Theoremen nicht nur durch Deduktion, sondern, wie bereits früher gezeigt worden ist, auch durch Identifizierung von Aussagen, deren ideale Prädikate sich wechselseitig ausschließen. Um die Ableitung durch Deduktion oder interne Identifikation zu kennzeichnen, kann man schreiben

$$A_o \underset{L,\,\text{I}}{\vdash} Th_o \qquad\qquad \text{(ii)}.$$

Für die empirische Prüfung einer Theorie ist es nicht hinreichend, wenn man allgemeine Theoreme aus allgemeinen Postulaten ableitet, weil nur singuläre, unquantifizierte Aussagen mit der Erfahrung verglichen werden können. Ich werde alle mit Hilfe der Subjekte und Prädikate von $T_o$ formulierten quantorenfreien Aussagen – z. B. »Ein Partikel mit der Masse $m_o$ und der Beschleunigung $a_o$ befindet sich zur Zeit $t_o$ an der Raumstelle $r_o$« – als theoretische Basisaussage von $T_o$ bezeichnen. In der Physik nennt man solche Aussagen gewöhnlich »Zustandsbeschreibungen«.

Sobald eine theoretische Basisaussage gegeben ist, kann man aus ihr und den Axiomen der Theorie weitere ableiten, so daß wir

$$b_1 \wedge A_o \underset{L,\,I}{\vdash} b_2 \qquad\qquad \text{(iii}a\text{)}$$

oder, was auf das gleiche hinauskommt,

$$b_1 \wedge T_o \underset{L,\,I}{\vdash} b_2 \qquad\qquad \text{(iii}b\text{)}$$

erhalten, wobei $b_1$ und $b_2$ theoretische Basissätze sind. Die Aussagen (i), (ii) und (iii) sollen »theoretische Ableitungsaussagen« heißen, und die Ableitung von $b_2$ aus $b_1$ und $T_o$ eine »theoretische Ableitung«.

Weil $b_1$ und $b_2$ mit Hilfe der Prädikate und Subjekte von $T_o$ formuliert sind, handelt es sich bei ihnen nicht um empirische Aussagen. Ihre Prädikate unterliegen ja den durch $L$ vorgeschriebenen Einschränkungen und sind meist außerdem noch durch deduktive Abstraktion modifiziert worden. Die Subjekte sind nicht die Namen von empirischen, sondern die Namen von dauernden Individuen aus einem fest vorgegebenen Individuenbereich. Wenn daher $b_1$ und $b_2$ mit der Erfahrung verglichen werden sollen, kann dies nicht direkt, sondern nur auf dem Wege über empirische Aussagen geschehen, die aus empirischen Subjekten und Prädikaten bestehen. Die theoretischen Basisaussagen müssen daher mit ihnen korrespondierenden empirischen Aussagen identifiziert werden, deren Subjekte und Prädikate *nicht* zu $T_o$ gehören.

Dennoch erlegt die Struktur von $b_1$ und $b_2$ (und letztlich die von $T_o$) den empirischen Aussagen $e_1$ und $e_2$, mit denen sie identifiziert werden sollen, gewisse Bedingungen auf. Diese theorieabhängigen Bedingungen, denen jede Identifizierung einer theoretischen Basisaussage mit einer empirischen Aussage genügen muß, sind: (i) Die empirische Aussage muß alle empirischen Komponenten enthalten, die für die Theorie relevant sind, und somit ideale Gegenstücke in ihr besitzen. (ii) Diese empirischen Komponenten müssen so modifiziert werden, daß sie der Theorie einverleibt werden können.

Wenn z. B. $b_1$ und $b_2$ theoretische Basisaussagen der klassischen Mechanik sind, die mit den empirischen Aussagen $e_1$ und $e_2$ identifiziert werden sollen, dann müssen zu den Komponenten von $e_1$ und $e_2$ empirische Prädikate der Masse und relativen raumzeitlichen Position gehören, die auf empirische Individuen angewandt und durch empirische Verfahren überprüft werden können. Diese Prädikate müssen dann modifiziert werden: durch Elimination der

Inexaktheit, die Aufhebung aller ihrer deduktiven Beziehungen zu Prädikaten, die für die klassische Mechanik irrelevant sind, Anpassung an die Bedingungen des Messens und die Forderung, daß die Infinitesimalrechnung auf sie anwendbar sein muß, usf. Gleichzeitig damit wird der Bereich dieser Prädikate durch die festen Bereiche der Partikel, der Raumpunkte und der Zeitpunkte ersetzt, die zu Bereichen konsistenter Klassen von Quantitäten werden. Ich werde für Identifizierungen, die den theorieabhängigen Identifikationsbedingungen genügen,

$$\text{»}e_1 \underset{T_o}{\approx} b_1\text{«}, \quad \text{»}e_2 \underset{T_o}{\approx} b_2\text{«} \quad \text{schreiben und mir weitere Bezugnahmen}$$

auf die Theorie ersparen, wo sie der Sache nach auf der Hand liegen.

Die theorieabhängigen Bedingungen bestimmen sozusagen nur, was die empirischen Aussagen $e_1$ und $e_2$ an empirischer Information enthalten müssen, um für $b_1$, $b_2$ und $T_o$ relevant zu sein. Es folgt aus ihnen nichts hinsichtlich der Dinge in den empirischen Aussagen, die für die Theorie irrelevant sind. Dennoch ist es möglich, daß bestimmte Eigenschaften von $e_1$ und $e_2$ und der durch sie beschriebenen Situationen ihre Identifizierung mit $b_1$ und $b_2$ unangebracht erscheinen lassen. So ist z. B. unter dem Gesichtspunkt der klassischen Mechanik die menschliche Fähigkeit, Entscheidungen zu treffen und nach ihnen zu handeln, irrelevant, obgleich sie unter gewissen Umständen den Ablauf der Dinge, der Gegenstand der klassischen Mechanik ist, effektiv stören kann. Man kann einen Menschen also nur in solchen Fällen, wo diese Fähigkeit nicht wirksam wird, mit einer Konfiguration von Partikeln identifizieren. Jemand, der aus einem Fenster gesprungen ist, kann im freien Fall mit einer Konfiguration von Partikeln identifiziert werden, während dies bei jemandem, der auf der Straße läuft und stehen bleiben kann, wenn er will, jedenfalls nicht *prima facie* möglich ist. Auch darf die Fähigkeit von Körpern, Träger von elektrischen Ladungen zu sein, nicht effektiv werden, wenn die Identifizierung dieser Körper mit mechanischen Partikelsystemen zulässig sein soll. Was für eine Theorie irrelevant ist, muß im Kontext der Identifikation theoretischer Basisaussagen mit empirischen Aussagen auch ineffektiv sein; aber ob diese Bedingung erfüllt ist, hängt nicht nur von der Theorie ab, sondern auch von der Welt, die (uns bekannte oder noch unbekannte) für die Theorie irrelevante Züge enthalten kann, die in einigen Fällen effektiv werden. Identifizierungen müssen also nicht nur den theorieabhängigen Bedingungen genügen, sondern auch Bedingungen, die von dem Kontext abhängen, in dem sie vorgenommen werden.

Die kontextabhängigen Bedingungen für die Identifizierung eines theoretischen Basissatzes $b_1$ mit einer empirischen Aussage $e_1$ sind die folgenden: (i) Diejenigen Komponenten von $e_1$, die für die fragliche Theorie irrelevant sind, müssen im Kontext der Identifizierung von $e_1$ mit $b_1$ ineffektiv bleiben. (ii) Diejenigen Komponenten empirischer Aussagen, durch die die in $e_1$ beschriebene Situation ausführlicher beschrieben wird als durch $e_1$ selbst, müssen ebenfalls ineffektiv bleiben. Man könnte z. B. »$c_o(e_1, b_1)$« und »$c_o(e_2, b_2)$« schreiben, um die Annahme zu kennzeichnen, daß die kontextabhängigen Bedingungen erfüllt sind. Ich werde jedoch einfach »$c_o$« schreiben, unter der stillschweigenden Voraussetzung, daß alle folgenden Identifizierungsaussagen diese Bedingungen erfüllen.

Die theorieabhängigen Bedingungen können an den theoretischen Basisaussagen abgelesen werden, die kontextabhängigen hingegen nicht. Denn man weiß oft nicht, welche der für eine Theorie irrelevanten Züge einer Situation – manchmal oder immer – effektiv werden. Beide Arten von Bedingungen können jedoch nicht in die Theorie aufgenommen werden, weil sie Beziehungen zwischen theoretischen Aussagen, deren Prädikate in den logisch-mathematischen Rahmen der Theorie eingehen, und empirischen Aussagen, bei denen dies nicht der Fall ist, zum Ausdruck bringen.

Das Ergebnis unserer Bemerkungen kann schematisch in der folgenden Implikation zusammengefaßt werden, die anzeigt, wie die Theorie $T_o$ auf empirisch nachprüfbare Weise in Schlüssen von empirischen Sätzen auf empirische Sätze verwendet wird:

$$[e_1 \wedge c_o \wedge (e_1 \approx b_1) \wedge (b_1 \wedge T_o \overset{\vdash}{\underset{L,I}{}} b_2) \wedge (b_2 \approx e_2)] \rightarrow e_2 \qquad (iv),$$

wobei »$\wedge$« und »$\rightarrow$« Konjunktion und Implikation der modifizierten zweiwertigen Logik ausdrücken, in der das Auftreten inexakter Prädikate in $c_o$, $e_1$ und $e_2$ zulässig ist. In Worten ausgedrückt: $e_1$, zusammen mit der Annahme, daß die kontext- und die theorieabhängigen Bedingungen erfüllt sind, und mit der theoretischen Ableitung, impliziert $e_2$.

## 2. Deduktion und Deduktivismus

Wissenschaftliche Hypothesen und Theorien werden getestet, indem man einige ihrer Folgerungen mit der Erfahrung vergleicht. Das ist eine Platitüde, und es gibt einen – manchmal »Deduktivismus« genannten – philosophischen Standpunkt, den man nicht mit ihr verwechseln darf. Seine Hauptthesen sind: (i) daß die nachprüfbaren Folgerungen aus einer Theorie *deduktive* Folgerungen aus ihren inhaltlichen Postulaten (und Zustandsbeschreibungen) sind, (ii) daß es sich bei den nachprüfbaren Konsequenzen einer Theorie um empirische Aussagen (und nicht etwa um »symbolische Darstellungen« der Erfahrung, wie es bei Duhem heißt) handelt, und (iii) daß es kein System der induktiven Logik als Mittel zur Konstruktion von Theorien geben kann. Jede dieser Thesen kann auf Philosophen der Vergangenheit zurückgeführt werden. In der Gegenwart sind sie vor allem von Karl Popper klar formuliert worden, der sie zum Eckstein einer vereinheitlichten Philosophie von großer Einfachheit, Eleganz und Überredungskraft gemacht hat. Obwohl inzwischen klar geworden sein dürfte, daß ich die ersten beiden deduktivistischen Thesen ablehne, lohnt es sich, sie hier noch einmal explizit zu diskutieren, und zwar nicht nur deshalb, weil sie für sich genommen interessant und einflußreich sind, sondern vor allem deshalb, weil ihre Widerlegung mir Gelegenheit geben wird, die Aussage (iv) des letzten Abschnitts und die in ihr gegebene Darstellung des Zusammenhangs zwischen Erfahrung und Theorie noch weiter zu erläutern. (Auf die dritte deduktivistische These werden wir im folgenden Abschnitt eingehen.)

Die erste These wird durch den Umstand widerlegt, daß in der Theorie des statistischen Schließens, in allen Theorien, zu deren Rahmen diese Theorie gehört, und auch noch in einigen anderen der Gang der Argumente nicht rein deduktiv ist. Er vollzieht sich vielmehr teils in deduktiven Schritten, teils – und zwar an entscheidenden Stellen – durch die interne Identifizierung sich wechselseitig ausschließender idealer Prädikate und idealer Individuen aus dem Individuenbereich eben dieser Prädikate. Wir haben darüber bereits einiges (im Kapitel XI, § 2) gesagt, und ich will mich hier nicht wiederholen, sondern statt dessen zwei Versuche betrachten, das erste Prinzip des Deduktivismus zu retten.

Man könnte versuchen, interne Identifizierungen und deduktive Argumente gleichzusetzen, wie es Braithwaite bei der theoretischen Statistik getan hat, indem er statistische Argumente als unendlich lange Deduktionsketten rekonstruierte bzw. analysierte. Aber selbst wenn man diese oder eine andere Erweiterung des Deduktionsbegriffs akzeptiert, bleibt das erste deduktivistische Prinzip dabei doch nur dem Wortlaut nach erhalten, während sein ursprünglicher Sinn aufgegeben wird.

Ein anderer Rettungsversuch wäre es, wenn man dieses Prinzip nicht als einen Bestandteil der Analyse des Theoretisierens auffaßt, sondern als ein Programm, das auf lange Sicht durchgeführt werden könnte. Das würde die Theorie des statistischen Schließens ebenso wie alle Theorien, in deren logisch-mathematischen Rahmen sie eingeht, und darüber hinaus noch andere Theorien zu theorieartigen Strukturen machen, bei denen man nicht eigentlich von wissenschaftlichen Theorien sprechen dürfte. Der Deduktivismus, der als Beschreibung wirklich vorhandener Theorien gemeint war, würde auf diese Weise zu einer metaphysischen Ansicht über das, was von der Wissenschaft geleistet werden kann.

Auch die zweite These des Deduktivismus – daß es sich bei den nachprüfbaren Folgerungen aus Theorien um empirische Aussagen handle – kann nicht akzeptiert werden. Ihre Ablehnung basiert auf dem Unterschied zwischen Ähnlichkeitsprädikaten und -aussagen sowie ihren Kombinationen im Rahmen der modifizierten zweiwertigen Logik einerseits und theoretischen Prädikaten und Aussagen sowie ihren Kombinationen im Rahmen einer zu einer umfassenderen formalen Theorie erweiterten klassischen (oder entsprechenden) Logik andererseits. Wir brauchen hier nicht noch einmal zu wiederholen, warum und wie die Einführung des *modus ponens* oder anderer Schnittregeln für die Ableitung inhaltlicher Folgerungen aus inhaltlichen Prämissen, die Abstraktion, die Bedingungen des Messens und die Bedingungen für die Anwendbarkeit verschiedener mathematischer Techniken die Ersetzung empirischer Prädikate, Aussagen und Individuen erzwingen. Ich werde statt dessen wiederum auf einige Versuche eingehen, das zweite deduktivistische Prinzip zu retten.

Ein Deduktivist, der mit der schematischen Implikation

$$[e_1 \wedge c_o \wedge (e_1 \approx b_1) \wedge (b_1 \wedge T_o \overset{\vdash}{\underset{L, I}{}} b_2) \wedge (b_2 \approx e_2)] \rightarrow e_2 \qquad \text{(iv)}$$

konfrontiert wird, könnte behaupten, daß in dieser Aussage alles außer der theoretischen Ableitung redundant sei oder aber in die theoretische Ableitung aufgenommen werden könne. Zur Betrachtung dieser entgegengesetzten Möglichkeiten wollen wir einmal das erste deduktivistische Prinzip für den Augenblick akzeptieren und die theoretische Ableitung durch die eingeschränktere Aussage $b_1 \wedge T_o \overset{\vdash}{\underset{L}{}} b_2$ \hfill (a)

ersetzen.

Beginnen wir nun mit dem Redundanzargument, das wie folgt formuliert werden kann: Sobald die Identifizierung einer empirischen mit einer theoretischen Basisaussage (z. B. $e_1 \approx b_1$) einmal gerechtfertigt ist, kann die empirische Aussage – und mit ihr alle Teile von (iv), die auf sie Bezug nehmen – zugunsten der theoretischen Basisaussage fallengelassen werden. Aber gerade das läßt sich nicht machen, wenigstens dann nicht, wenn die empirische Aussage ein Experiment oder eine Beobachtung beschreibt, die wichtig genug ist, um zu Protokoll genommen zu werden. Jede solche Beobachtung (bzw. jedes solche Experiment) müßte durch empirische und nicht durch theoretische Ausdrücke beschrieben werden. Die Aussage, die eine solche Beobachtung beschreibt, muß Dinge (Prozesse oder andere empirische Individuen) wie Billardbälle und Lampen zum Gegenstand haben (und nicht Partikel oder Lichtstrahlen), und sie muß etwas über tatsächlich an diesen Gegenständen vorgenommene Handlungen (und nicht etwa über bloße Gedankenexperimente) aussagen. Man braucht nur einen Blick in irgendein wissenschaftliches Lehrbuch zu werfen um zu sehen, daß Experimente und Beobachtungen normalerweise durch empirische Aussagen ausgedrückt werden.

Das bedeutet jedoch nicht, daß diese Aussagen und ihre Bestandteile keinerlei Bezug auf irgendwelche Theorien enthalten. Das Prädikat »Meßinstrument« oder, noch besser, »Interferometer« ist empirisch und beschreibt Dinge, die man im Laden kaufen kann, obgleich ihr Gebrauch und in gewissem Grade auch ihre Herstellung die Kenntnis einer Theorie voraussetzt. Es ist eine Sache, einen Unterschied zwischen empirischen und theoretischen

Aussagen zu machen, und eine ganz andere, zu behaupten, daß empirische Aussagen und Prädikate überhaupt keine theoretischen Aussagen oder Prädikate als Bestandteil enthalten könnten (vgl. § 4).

Abgesehen von dem Umstand, daß empirische Aussagen nach ihrer Identifizierung mit theoretischen Basisaussagen nicht einfach fallengelassen werden können, weil sie als Protokolle von Experimenten und Beobachtungen benötigt werden, sind sie auch für die wissenschaftliche Kooperation unentbehrlich. Eine empirische Aussage, die von einer Gruppe von Wissenschaftlern mit einer theoretischen Basisaussage einer bestimmten Theorie identifiziert wird, wird von einer anderen Gruppe vielleicht mit einer theoretischen Basisaussage identifiziert, die zu einer ganz anderen Theorie gehört. Und Wissenschaftler sind oft von der Unterstützung durch Techniker, ja selbst durch Laien abhängig, die zu einer Identifizierung empirischer Aussagen mit den theoretischen Basisaussagen einer Theorie weder in der Lage noch an ihr interessiert sind.

Soviel zum Fehlschlag des Versuchs, die zweite deduktivistische These durch Rückführung der Aussage (iv) auf eine theoretische Ableitung

$$b_1 \wedge T_o \overset{\vdash}{L} b_2 \tag{a}$$

und eine Redundanzerklärung für die übrigen Bestandteile von (iv) zu retten. Ich wende mich jetzt der entgegengesetzten Verteidigungsstrategie zu, nämlich dem Argument, daß $T_o$ inhaltsreich genug sei, um zusammen mit anderen empirischen Aussagen die Ableitung *empirischer* Aussagen zuzulassen. Das Ziel ist, (iv) durch

$$(e_1 \wedge T_o \overset{\vdash}{L} e_2 \tag{b}$$

zu ersetzen, und man kann sehen, daß diese aussichtslos ist, weil $e_1$ und $e_2$ in $L$ oder dem weiteren logisch-mathematischen Rahmen von $T_o$ nicht zulässig sind. Tatsächlich widerspricht (*b*) – anders als (*a*) – der festgestellten deduktiven Unverbundenheit zwischen empirischen Aussagen und theoretischen Idealisierungen. Die Einführung von »Korrespondenzregeln« (Zuordnungsdefinitionen etc.) nützt hier nichts, solange man nicht einräumt, daß die Korrespondenzbeziehung zwischen empirischen und theoretischen Basisaussagen nicht in $L$ ausgedrückt werden kann. Und sobald man dies tut, ist man wieder da, wo man angefangen hat.

Die Aussage (b) ist der kritische Punkt an einer unrealistischen
Auffassung von der Art, wie Konflikte zwischen nachprüfbaren
Argumenten und ihrer effektiven Prüfung aufgelöst werden. Nach
dieser Auffassung wird $T_o$ falsifiziert, wenn $e_1$ wahr ist und sich
herausstellt, daß $e_2$ falsch ist. Tatsächlich aber wird man einen
Konflikt zwischen prüfbaren Annahmen und den effektiven Resultaten ihrer Überprüfung entweder auf Mängel der Theorie oder
auf Mängel der Versuchs- bzw. Beobachtungsanordnung zurückführen, bei der  die Effekte theoretisch irrelevanter Züge vielleicht nicht ausgeschaltet worden sind. Wenn z. B. bei einem mechanischen Experiment $\nearrow e_2$ auf den Umstand zurückzuführen ist, daß
die Körper der Versuchsanordnung elektrisch geladen sind, wird
die Mechanik durch das Ergebnis nicht falsifiziert. Außerdem kann
man sich, wenn $e_2$ falsch wird und ein theoretisch irrelevanter Störungsfaktor nicht sofort zu finden ist, immer noch entschließen,
weiter nach einem Störungsfaktor zu suchen, statt $T_o$ als falsifiziert zu betrachten.

Aussage (iv) – aber nicht die inadäquate Aussage (b) – läßt eine
solche Wahl zwischen dem Aufgeben von $T_o$ und der Suche nach
äußeren Störfaktoren zu – d. h. nach kontextabhängigen Bedingungen, die durch die Identifizierung von $e_1$ mit $b_1$ oder $e_2$ mit $b_2$
nicht erfüllt werden. Die Wissenschaftsgeschichte ist voll von Beispielen für solche Wahlsituationen, und man findet in ihr keinen
Beleg für die Auffassung, daß jeder Konflikt zwischen prüfbaren
Annahmen und ihrer effektiven Überprüfung zu einer Falsifizierung der in Frage stehenden Theorie führen müsse. T. S. Kuhn[1]
legt überzeugend dar, daß die Entwicklung wissenschaftlicher
Theorien die Identifizierung anomaler mit falsifizierenden Beobachtungen nicht gerechtfertigt erscheinen läßt, »denn es ist gerade
die Unvollständigkeit und die Unvollkommenheit, mit der sich die
Gegebenheiten einer Theorie anpassen, die jeweils viele der offenen
Fragen definiert, die für den normalen Zustand der Wissenschaft
charakteristisch sind«.

Man könnte nun versuchen, eine etwas abgeschwächte Fassung des
Falsifikationsprozesses zu retten, die zum Teil auf Aussage (iv)

1 *The Structure of Scientific Revolutions*, Chicago 1962, pp. 145 f., deutsche
Ausgabe: *Die Struktur wissenschaftlicher Revolutionen*, Suhrkamp, Frankfurt
1967, S. 192 ff.

basiert. Z. B. könnte man die metaphysische Auffassung vertreten, daß die Welt gleichsam in voneinander getrennte »maximale Blöcke« zerlegt sei; daß die Ereignisse in einem solchen maximalen Block in keinem Zusammenhang mit denen in einem anderen stehen, und daß die Aufgabe jeder Theorie darin besteht, je einen maximalen Block zu decken, ohne daß dabei Störungen durch theoretisch irrelevante äußere Faktoren auftreten könnten. Wenn man diese metaphysische Auffassung akzeptierte, würde einen allerdings jeder Konflikt zwischen einem prüfbaren Argument und seiner effektiven Überprüfung zu einer Änderung der in Frage stehenden Theorie verpflichten. Ich sehe jedoch keinen Grund, warum man das Falsifikationsprinzip durch die Annahme eines passend geschichteten Universums oder andere metaphysische *ad hoc*-Hypothesen vor der Falsifizierung bewahren sollte.

Die Plausibilität, die das zweite deduktivistische Prinzip – und das auf ihm beruhende Falsifikationsprinzip – auf den ersten Blick hat, scheint mir darauf zu beruhen, daß man die Aussagen (iv), (*a*) und (*b*) nicht deutlich auseinanderhält, und sie verschwindet, sobald man diese Sätze mit aller Klarheit voneinander unterscheidet. Die Plausibilität des ersten Prinzips beruht auf einer Verwechslung der theoretischen Ableitung ($\ldots \vdash_{L,\,I} \ldots$) mit der theoretischen Deduktion ($\ldots \vdash_{L} \ldots$). Und beide Verwirrungen haben ihre Wurzel im Übersehen der logischen Unverbundenheiten, die zwischen theoretischen und empirischen Aussagen immer und zwischen theoretischen Aussagen der gleichen Theorie manchmal auftreten.

## 3. Induktion

Die Platitüde, daß jedermann »außer Verrückten und Narren« Induktionsschlüsse zieht und sich auf sie verläßt, muß von verschiedenen philosophischen Thesen über die Möglichkeit bzw. Unmöglichkeit einer induktiven Logik oder die Möglichkeit einer Rechtfertigung der Induktion unterschieden werden. Bevor man jedoch diese Thesen prüfen kann, muß man sich eine klare Vorstellung davon verschaffen, was mit Induktion gemeint ist und was ein System induktiver Regeln sein bzw. leisten soll.

In dem am wenigsten kontroversen Sinn des Worts ist eine Induktion oder ein Induktionsschluß die Verallgemeinerung einer empirischen Existenzaussage zu einer empirischen Allaussage, etwa der Übergang von der Induktionsprämisse »Alle bisher beobachteten Menschen waren sterblich« zu der Folgerung »Alle Menschen sind sterblich«. Solche »reinen« Induktionen haben die folgenden charakteristischen Eigenschaften: (i) Der Prämisse $p_o$ entspricht eine und nur eine Folgerung $q_o$; (ii) die Induktionsprämisse $p_o$ und die aus ihr gezogene Folgerung $q_o$ sind beide empirisch; (iii) $q_o$ ist aus $p_o$ deduktiv nicht ableitbar, aber $p_o$ ist aus $q_o$ deduktiv ableitbar, d. h. $p_o \underset{L}{\vdash} q_o$ gilt nicht, aber $q_o \underset{L}{\vdash} p_o$ gilt. (iv) Es gibt geordnete Paare $e_1$ und $e_2$ von empirischen Aussagen, die von $p_o$ und $q_o$ logisch unabhängig sind, und von denen gilt, daß $e_1 \wedge q_c \underset{L}{\vdash} e_2$.

Diese Bedingungen werden von unserem Beispiel offensichtlich erfüllt, wie man sehen kann, wenn man für $p_o$ »Alle bisher beobachteten Menschen waren sterblich«, für $q_o$ »Alle Menschen sind sterblich«, für $e_1$ »Platon ist ein Mensch« und für $e_2$ »Platon ist sterblich« einsetzt.

Bei Bacon, Mill und späteren Induktionslogikern geht es jedoch nicht nur um reine Induktion, sondern auch um andere Typen des nicht-deduktiven Folgerns, die mit der reinen Induktion eine gewisse Ähnlichkeit haben. Zu solchen »unreinen« Induktionen, wie ich sie nennen werde, zählt man manchmal statistische Folgerungen und die Übergänge von empirischen Daten zu Theorien. Ob es korrekt bzw. ratsam ist, die Bedeutung von »Induktion« so zu erweitern, daß sie eine oder beide dieser Arten von Folgerungen deckt, ist eine heißumstrittene Frage. Die jeweilige Antwort wird davon abhängen, ob man nun den Ähnlichkeiten oder den Unähnlichkeiten zwischen reiner und unreiner Induktion das größere Gewicht beimißt.

Betrachten wir zuerst die statistischen Argumente. Man könnte mit gutem Grund behaupten, daß sie die erste unserer vier Bedingungen für die reine Induktion erfüllen. Wenn man eine Aussage $p_1$ über empirische Verteilungen akzeptiert, wird man in Übereinstimmung mit den Standardtheorien des statistischen Schließens auf nur eine infinitistische Häufigkeitsaussage $q_1$ kommen. Die zweite Bedingung ist jedoch ersichtlich nicht erfüllt, weil $p_1$ eine empirische und $q_1$ eine ideale Aussage ist. Es folgt unmittelbar, daß auch die dritte Bedingung nicht erfüllt ist, weil weder $q_1$ aus $p_1$ noch $p_1$ aus $q_1$ deduzierbar ist. Und weiterhin folgt, daß die vierte Bedingung nicht erfüllt ist.

Und doch kann die – oder jede beliebige – Theorie des statistischen Schließens auf eine wohlgeregelte Weise zur Ableitung statistischer Hypothesen aus empirischen Aussagen und umgekehrt, und ebenso zur Ableitung empirischer Aussagen aus Konjunktionen von statistischen Hypothesen und anderen Aussagen verwendet werden. Die Analogie zwischen der deduktiven Logik und dem statistischen Schließen hinsichtlich ihrer wohlgeregelten Ableitungsverfahren gibt uns ein gewisses Recht, vom statistischen Schließen als einem Schließen und als Induktion zu sprechen. Wenn wir z. B. »$\underset{S}{\rightarrow}$« schreiben, um das statistische Analogon der deduktiven Ableitbarkeit zu bezeichnen, dann kann man analoge, durch das statistische Schließen erfüllte Bedingungen (iii) und (iv) formulieren, die so aussehen: $q_1 \underset{S}{\rightarrow} p_1$ und $e_1 \wedge q_1 \underset{S}{\rightarrow} e_2$. Ob die weitverbreitete Gewohnheit, das statistische Schließen als ein induktives Schließen zu betrachten, nun eine glückliche Gewohnheit ist oder nicht, ist hier nur von geringerer Bedeutung.

Die Analogie zwischen reiner Induktion und dem Übergang von empirischen Daten zu Theorien ist weitaus weniger greifbar als die Analogie zwischen statistischem Schließen und reiner Induktion. Denn wenn man von Aussagen über empirische Daten – etwa $p_2$ – zu einer theoretischen Hypothese oder einer ganzen Theorie übergeht – etwa $q_2$ –, gibt es kein wohlgeregeltes Verfahren, das von $p_2$ zu $q_2$ und nur zu $q_2$ führt. Im Gegenteil, es ist ganz unmöglich, die Anzahl der Theorien, die man aus den gegebenen Daten »erschließen« könnte, irgendwie *a priori* zu begrenzen. Man könnte natürlich sagen, daß die Aussage (iv) des voraufgegangenen Abschnitts nicht nur eine Darstellung nachprüfbarer Argumente ist, in die Theorien eingehen, sondern auch ein Verfahren, von empirischen Daten zu Theorien zu kommen. Aber die Konstruktion von Theorien ist kein wohlgeregeltes Verfahren in dem Sinne, in dem Deduktion und statistisches Schließen dies sind.

Weil es sich bei der Konstruktion von Theorien nicht einmal um ein wohlgeregeltes induktives Verfahren handelt, gibt es *a fortiori* keine induktive Logik der Theorienkonstruktion. Die Aussage, die wir im voraufgegangenen Abschnitt als die dritte deduktivistische These bezeichnet haben, ist also richtig und wichtig. Wenn Logik überhaupt definitionsgemäß immer deduktiv wäre, wäre die Vorstellung einer induktiven Logik natürlich ein Widerspruch in sich, und eine entsprechende Feststellung wäre nicht sehr instruktiv. Bei der Theorie des statistischen Schließens, die viele der Aufgaben erfüllt, die von Bacon und seinen Nachfolgern der induktiven Logik zugedacht waren, könnte es sich dann auch nicht um eine Logik handeln – außer in dem weitgefaßten Sinne, in dem z. B. »die Logik der Wissenschaften« von der Logik als deduktiver Logik zu unterscheiden ist.

Ich wende mich nunmehr kurz der höchst vieldeutigen Frage nach der Rechtfertigung der Induktion zu. Es wird ausreichen, wenn wir die Rechtfertigung der reinen Induktion betrachten, bei der aus einer Prämisse der Form »Die beobachteten $P$ sind $Q$« oder »Ein bestimmter Anteil der beobachteten $P$ ist $Q$« auf »Alle $P$ sind $Q$« bzw. »Ein bestimmter Anteil aller $P$ ist $Q$« geschlossen wird. Die Rechtfertigung unreiner Induktionen führt auf reine Induktionen zurück. Wir rechtfertigen statistische Schlüsse und selbst die Konstruktion von Theorien durch Induktion von in der Vergangenheit beobachteten auf in der Zukunft erwartete Erfolge.

Zunächst muß bemerkt werden, daß ein bestimmter Induktionsschluß, z. B. von der beobachteten Sterblichkeit einiger Menschen auf die zu erwartende Sterblichkeit aller Menschen, selbst schon eine Rechtfertigung für den Glauben an die erschlossene Aussage und alle Handlungen, die auf diesem Glauben beruhen, ist. Wenn Hume sagt, daß nur »ein Verrückter oder ein Narr« sich nicht auf die Induktion verlassen würde, impliziert er damit deutlich genug, daß die Induktion selber eine Rechtfertigung ist – abgesehen davon, ob sie nun ihrerseits gerechtfertigt werden kann oder nicht. Hume will auch nicht leugnen, daß Induktionen durch Induktionen gerechtfertigt werden können, obgleich er natürlich bestreitet, daß eine »letztgültige« Rechtfertigung aller Induktion möglich ist.

Betrachten wir nun eine Klasse von Induktionsschlüssen, etwa die, die ich über die Fortschritte meiner Studenten anstelle. Einer von diesen verläuft so: »Bisher haben alle meine fleißigen Studenten das Examen bestanden, also werden auch in Zukunft alle meine fleißigen Studenten ihr Examen bestehen.« Wenn die erschlossene Aussage durch ein Gegenbeispiel falsifiziert wird, ist dieser Induktionsschluß diskreditiert. Wenn man mich fragt, warum ich nach diesem Fehlschlag weiterhin Induktionsschlüsse über meine Studenten ziehe, werde ich das folgendermaßen induktiv rechtfertigen: Weil ich in der Vergangenheit festgestellt habe, daß Induktionsschlüsse dieser Art im großen und ganzen – d. h. in der Mehrzahl oder sogar der überwiegenden Mehrzahl der Fälle – zuverlässig gewesen sind, erwarte ich dies auch in Zukunft. Und dies ist eine Rechtfertigung, die nach meiner Pensionierung durch die abgeschlossene Examensliste meiner Studenten gerechtfertigt oder diskreditiert werden kann.

Der Punkt, auf den es hier ankommt, ist, daß die induktive Rechtfertigung einer *Klasse* von Induktionen durch einen Schluß von ihrer beobachteten auf ihre zu erwartende Zuverlässigkeit *im ganzen* ihrerseits gerechtfertigt oder widerlegt werden kann, wenn die Klasse endlich und hinreichend übersichtlich ist, während sie weder gerechtfertigt noch widerlegt werden kann, wenn die fragliche Klasse unbeschränkt ist. Wenn wir daher eine unbeschränkte oder sehr große Klasse von Induktionsschlüssen betrachten – wie sie, innerhalb der jeweiligen professionellen Grenzen, von Geschäftsleuten, Administratoren oder Wissenschaftlern angestellt werden – und sie durch einen Schluß von ihren beobachteten auf ihre zu erwartenden Erfolge hinsichtlich ihrer Zuverlässigkeit beurteilen, geben wir eine induktive Rechtfertigung dieser Klasse von Induktionsschlüssen, die allerdings ihrerseits weder bestätigt noch widerlegt werden kann. Aber eine Rechtfertigung, die zwar nicht bestätigt, dafür aber auch nicht widerlegt werden kann, ist immer noch eine Rechtfertigung.

Die induktive Rechtfertigung einer Klasse von Induktionsschlüssen würde uns nur dann in einen unendlichen Regreß führen, wenn der Schluß vom Beobachteten auf das zu Erwartende nicht selbst eine Rechtfertigung des Glaubens an die erschlossene Aussage wäre. Aber weil er eben dies ist, muß das Verlangen nach weiterer Rechtfertigung an einer Stelle aufhören, wo eine Rechtfertigung auftritt, die ihrerseits weder bestätigt noch widerlegt werden kann. Humes Argument, daß die Induktion nicht gerechtfertigt werden kann,

ist insofern berechtigt, als es annimmt, daß vernünftige Menschen
mit Induktionsschlüssen arbeiten und deshalb nicht weniger vernünftig sind, und indem es zeigt, daß die Induktion keine Deduktion ist. Er macht, wie ich glaube, an der Stelle einen Fehler,
wo er unter der Hand den Begriff der Rechtfertigung durch den
der selber zu rechtfertigenden Rechtfertigung ersetzt; denn wenn
sich jede Rechtfertigung selber rechtfertigen lassen muß, kann es
überhaupt keine geben.

Man könnte hier nun sagen, daß sich diese Bemerkungen über die
Rechtfertigung der Induktion von der Auffassung Humes nicht
ihrem Inhalt nach, sondern bloß durch ihren Tenor unterscheiden.
Aber das stimmt nicht, weil Hume ja schließlich zu der skeptischen
Folgerung kommt, daß der vernünftige Mensch, der sich auf die
Induktion verläßt, sich dabei nicht auf vernünftige Argumente
stützen kann. Nun ist aber eine Rechtfertigung der Induktion, die
ihrerseits weder bestätigt noch widerlegt werden kann, noch kein
Grund zur Skepsis hinsichtlich der Induktion überhaupt.

Weil Induktionsschlüsse von empirischen Aussagen zu anderen
empirischen Aussagen führen, kann man (wie bemerkt worden ist)
zu induktiven Folgerungen über den Erfolg der Theorienkonstruktion im ganzen (was ja eine empirische Frage ist) kommen.
Aber es ist unmöglich, dies *innerhalb* einer Theorie (etwa der
Theorie des statistischen Schließens) zu tun, weil in ihrem logisch-
mathematischen Rahmen ja nur ideale Aussagen zulässig sind,
wodurch schon die bloße Formulierung induktiver Prämissen und
Schlüsse unmöglich wird. Sobald wir zwischen reinen und unreinen
Deduktionen unterscheiden, zwischen der Induktion und einer
»Logik« der Induktion, und zwischen Rechtfertigungen, die ihrerseits gerechtfertigt werden können und solchen, bei denen dies
nicht möglich ist, erscheint der Gegensatz zwischen »Indukti-
visten« und »Antiinduktivisten« weitaus weniger wichtig als vor
der Klärung dieser Unterschiede.

### 4. Wissenschaftliche Prädikate und Aussagen

Die logische Lücke zwischen *Theorie* und Erfahrung darf nicht
mit einer logischen Lücke zwischen *Wissenschaft* und Erfahrung

verwechselt werden. Die Theorien, die in der Wissenschaft verwendet werden, sind zwar für das wissenschaftliche Denken wesentlich, machen aber nicht das Ganze der Wissenschaft aus. Während z. B. die Aussagen der theoretischen Physik Idealisierungen sind, gilt dies durchaus nicht für alle Aussagen der Naturwissenschaft. Eine empirische wissenschaftliche Aussage unterscheidet sich von »gewöhnlichen« empirischen Aussagen nicht etwa dadurch, daß sie mehr oder weniger empirisch wäre, sondern durch ihre Struktur. Dieser Gedanke wird zwar von unserer Diskussion nachprüfbarer Annahmen (§ 1) schon impliziert, bedarf aber noch einiger Ausführung.

Betrachten wir die gewöhnliche empirische Verallgemeinerung, daß alle magnetisierten Eisenstücke Eisenfeilspäne anziehen, und die singuläre Aussage, die durch Anwendung auf ein bestimmtes Eisenstück entsteht und im Rahmen der modifizierten zweiwertigen Logik als die Implikation

$$e_1 \rightarrow e_2 \qquad \text{(A)}$$

geschrieben werden kann. Wir dürfen annehmen, daß sowohl die allgemeine Aussage wie der Einzelfall unabhängig von irgendeiner *Theorie* der magnetischen Phänomene bekannt sein können. Die logische Struktur dieser Aussagen ist bereits früher (im Kapitel V) untersucht worden.

Bei jeder wissenschaftlichen empirischen Aussage sind Vorder- und Nachsatz einer solchen Implikation (wie wir gesehen haben) auf kompliziertere Weise miteinander verknüpft, in unserem Beispiel auf dem Umweg über eine Theorie der magnetischen Phänomene, etwa die Maxwellsche. Wir haben bereits gezeigt, daß eine solche empirische Aussage schematisch wie folgt dargestellt werden kann:

$$[e_1 \wedge c_o \wedge (e_1 \approx b_1) \wedge (b_1 \wedge T_o \overset{-1}{\underset{L, I}{}} b_2) \wedge (b_2 \approx e_2)] \rightarrow e_2 \qquad \text{(B)},$$

wobei Konjunktion und Implikation wiederum für die modifizierte zweiwertige Logik definiert sind.

Die wissenschaftliche empirische Aussage (B) ist nicht in $T_o$ enthalten; im Gegenteil: sie enthält $T_o$. Tatsächlich enthält (B), das viel inhaltsreicher ist als (A), nicht nur die Kenntnis der Theorie, sondern auch das empirische Wissen, daß $e_1$ und $e_2$ innerhalb bestimmter Kontexte mit theoretischen Basisaussagen von $T_o$ identifiziert werden können, daß $e_2$ durch ein nachprüfbares Argument

aus $e_1$ erschlossen werden kann, und daß $T_o$ die deduktive Vereinheitlichung eines weiten Erfahrungsbereiches ist, der durch empirische Aussagen beschrieben wird, die untereinander in der gleichen
Beziehung stehen wie $e_1$ zu $e_2$.

Ein Blick auf die wissenschaftliche empirische Aussage (B) zeigt
uns, daß ihre Komplexheit vor allem auf die Identifizierung von
empirischen mit theoretischen Aussagen zurückzuführen ist, und
nicht nur auf ihre Zusammensetzung mit Hilfe der Wahrheitsfunktionen und Quantoren der klassischen oder modifizierten
zweiwertigen Logik. In einigen Fällen kann sich in (B) jedoch ein
noch größerer Grad von Komplexheit verbergen: denn es gibt
keinen Grund, warum die Komponenten $e_1$ und $e_2$ nicht schon
ihrerseits Implikationen der Form (B) enthalten sollten usf. Was
über die Komplexheit von (B) und ähnlicher Aussagen gesagt worden ist, gilt auch für Prädikate. Wenn eine solche Aussage $x_o$ als
den Namen eines Individuums enthält und somit die Form
$E_o (\ldots x_o \ldots)$ hat, ergibt sich durch Abstraktion sofort eine ebenso
komplexe empirische Klasse $\lambda x E_o (\ldots x \ldots)$, die einem oder mehreren empirischen Prädikaten entspricht, deren Träger die Elemente der Klasse sind.

Der Unterschied zwischen »gewöhnlichen« empirischen Aussagen
und Prädikaten und wissenschaftlich-empirischen besteht also
darin, daß die wissenschaftlichen theoriehaltig und die gewöhnlichen theoriefrei sind. Dieser Unterschied ist natürlich nicht scharf.
Man darf erwarten, daß mit dem Fortschritt der Wissenschaft und
der wissenschaftlichen Erkenntnis die Anzahl der theoriehaltigen
empirischen Prädikate zunimmt – wenn auch nicht für jedermann
gleichmäßig. Wenn jemand eine Theorie nicht kennt, ist es klar,
daß er sie nicht in seine empirischen Aussagen einbringen kann;
und ob jemand, der $T_o$ kennt, in einem bestimmten Fall (A) oder
(B) behauptet, ist eine empirische Frage, die hier nicht von Interesse ist.

Ich habe in Kapitel II (§ 4) die Beziehung zwischen co-ostensiven
Prädikaten betrachtet – d. h. zwischen empirischen Prädikaten,
deren korrespondierende Klassen dieselben Mitglieder, Nichtmitglieder und neutralen Kandidaten besitzen. Wenn $P(x)$ und $Q(x)$
solche Prädikate sind, »interpretiert« $P(x) Q(x)$ dann und nur
dann, wenn $P(x) Q(x)$ *qual*-impliziert, aber nicht umgekehrt. Ein

Prädikat, das eine Theorie enthält, und ein anderes, das diese Theorie nicht enthält, können in dieser Beziehung zueinander stehen – wobei dann das $T_o$-haltige Prädikat das $T_o$-freie Prädikat interpretiert. Wenn also in (A) und (B) das gleiche Subjekt $x_o$ auftritt, würden die beiden Abstraktionen nach $x_o$ co-ostensive Prädikate von verschiedenem Interpretationsgrad liefern. (Wenn wir z. B. »$P(\ldots x_o \ldots)$« für (A) und »$Q(\ldots x_o \ldots)$« für (B) schreiben, wird die Klasse $\lambda x Q(\ldots x \ldots)$ die Klasse $\lambda x P(\ldots x \ldots)$ interpretieren, und das gleiche Bild gilt für jedes diesen Klassen korrespondierende Paar von Prädikaten.)

Ich glaube, man muß hier der Versuchung widerstehen, der neuen Möglichkeit einer empirischen Begriffsbildung durch Kombination theoriefreier mit theoriehaltigen Ähnlichkeitsprädikaten (mittels der modifizierten zweiwertigen Logik oder auf andere Weise) weiter nachzugehen. Es ist zweifelhaft, ob eine solche taxonomische Inangriffnahme der resultierenden Komplikationen uns mehr einbringen könnte als die Einsicht, daß empirische Prädikate und Aussagen so ungeheuer komplex werden können, daß der detaillierte Aufweis ihrer Struktur einfach über Menschenkräfte geht. Und dieser Abschnitt sollte nicht etwa den Gedanken aufkommen lassen, daß eine solche Aufgabe einfach wäre. Wir wollten hier lediglich zeigen, daß die empirischen Prädikate und Aussagen der Wissenschaft – z. B. »$x$ ist ein Interferometer« oder »Dies ist der Weg eines Mesons durch die Emulsion einer photographischen Platte« – nicht theoretisch, d. h. nicht in die Theorie eingebettet sind. Es handelt sich bei ihnen um theoriehaltige empirische Prädikate und Aussagen. Ich habe geflissentlich den modischen Ausdruck »theoriebeladen« (theory-laden) vermieden, der manchmal in der Bedeutung »interpretierend«, manchmal in der Bedeutung »theoretisch« (in eine Theorie eingebettet), manchmal in der Bedeutung »theoriehaltig« und manchmal auch überhaupt ohne klare Bedeutung gebraucht wird.

# XIII
## Seelisch-geistige Phänomene

Die Logik, die der Mathematik und den empirischen Wissenschaften, wie wir sie kennen, zugrundeliegt, ist eine Logik von Wahrheitsfunktionen, extensional und exakt. In den voraufgegangenen Kapiteln habe ich ihr eine umfassendere Logik gegenübergestellt, auch eine extensionale Logik von Wahrheitsfunktionen, in der aber neben exakten Prädikaten und definiten Aussagen auch inexakte Prädikate und indefinite bzw. neutrale Aussagen zulässig sind. Es hat sich gezeigt, daß diese erweiterte Logik adäquat genug – oder wenigstens adäquater als ihr enger gefaßtes Gegenstück – ist, wenn es darum geht, gleichzeitig über Naturphänomene und ihre idealisierten oder modifizierten theoretischen Gegenstücke zu sprechen.

Eine Frage, die bisher aufgeschoben worden ist, die sich aber irgendwann einmal stellen muß, ist, ob die Logik, die dem Sprechen über seelisch-geistige Phänomene zugrundeliegt, nicht anders, vor allem eingeschränkter ist als die modifizierte zweiwertige Logik, die wir in Kapitel III entwickelt haben. Ein Punkt sollte jedoch gleich zu Anfang klargestellt werden: Der Unterschied – wenn es ihn gibt – dürfte nicht in der Exaktheit oder Inexaktheit der verwendeten Prädikate zu suchen sein. Es gibt seelisch-geistige Prädikate, die ohne Zweifel inexakt sind. Bei »begehrt werden« und »begehrend«, »geglaubt werden« und »gläubig« gibt es sicherlich Grenzfälle. Es gibt ja sogar einen Übergangsbereich zwischen »etwas begehren« und »von etwas abgestoßen werden«, oder zwischen »glauben« und »zweifeln«.

Man hat den fraglichen Unterschied oft – und, wie ich glaube, zu recht – in der sogenannten Intentionalität seelisch-geistiger Phänomene gesucht, und in der sich daraus ergebenden Intensionalität der Aussagen, die sie beschreiben. Es scheint deshalb angezeigt, in diesem Kapitel das Problem der Beziehung zwischen Intentionalität und Intensionalität und einige benachbarte Probleme zu betrachten, wie die Introspektion, die Möglichkeit, Intentionalität extensional zu analysieren, und das Verhältnis zwischen wissenschaftlicher Psychologie und empirischem Denken über seelisch-geistige Phänomene. Diese Gegenstände werden hier natürlich nur soweit erörtert werden, wie das für ein allgemeines Verständnis der Beziehung zwischen den Wissenschaften einerseits und moralischen und anderen außerwissenschaftlichen Überzeugungen andererseits erforderlich ist.

## 1. Intentionalität und Intensionalität

Obgleich sich Aussagen über seelisch-geistige Phänomene leicht von anderen Aussagen unterscheiden lassen, ist es doch recht schwierig, ein allgemeines Kennzeichen für sie zu finden. Einige Aussagen über seelisch-geistige Phänomene sind sicherlich intentional in genau dem Sinne, den Brentano[1] diesem Ausdruck gegeben hat. Wenn wir ihm folgen, können wir zwei Arten von intentionalen Aussagen unterscheiden, nämlich solche, die ein Individuum oder eine Klasse von Individuen und solche, die eine Aussage zum Gegenstand haben.

Zur ersten Art würde z. B. »Jonas wünscht sich Schlagsahne, die nicht dick macht« gehören. Anders als die Aussage »Jonas wirft einen Ball«, aus der logisch folgt, daß es einen Ball gibt, den Jonas wirft, impliziert die Aussage »Jonas wünscht sich Schlagsahne, die nicht dick macht« *nicht*, daß es die von Jonas gewünschte Schlagsahne »außerhalb seines Bewußtseins« gibt. Zumindest von einigen Aussagen »$(\ldots x \ldots)$« über Seelisch-Geistiges gilt, daß

*nicht* $\qquad (\ldots x_o \ldots) \vdash (\exists x)(\ldots x \ldots)$ \hfill (i),

so daß das Theorem der klassischen Logik

$$(\ldots x_o \ldots) \underset{L}{\vdash} (\exists x)(\ldots x \ldots) \qquad \text{(i}a)$$

nicht auf sie angewandt werden kann. Wenn wir annehmen, daß das Objekt $x_o$ in dem Kontext, in dem es auftritt, kein neutraler Kandidat ist, gilt (i) auch in der modifizierten zweiwertigen Logik. D. h., die Ungültigkeit von (i$a$) kann hier nicht auf eine mögliche Inexaktheit der konstituierenden Prädikate zurückgeführt werden.

Ein Beispiel für die zweite Art intentionaler Aussagen wäre »Jo-

1 Vgl. Franz Brentano, *Psychologie vom empirischen Standpunkt*, Bd. I, Leipzig 1874; Buch II.

nas glaubt, daß es draußen regnet«. Anders als bei der Aussage
»Jonas spielt Ball, und das macht ihm Spaß«, deren Wahrheit von
der Wahrheit oder Falschheit ihrer Teilsätze abhängt, hängt die
Wahrheit von »Jonas glaubt, daß es draußen regnet« nicht davon
ab, ob »Es regnet draußen« wahr oder falsch ist. Wenigstens von
einigen Aussagen über Seelisch-Geistiges gilt also:

$$(\ldots p_o \ldots) \text{ ist keine Wahrheitsfunktion.} \qquad \text{(ii)}$$

Auch dies kann nicht auf eine mögliche Neutralität von $p_o$ zurückgeführt werden, weil die Wahrheit oder Falschheit von $p_o$ nichts
an der Situation ändern könnte.

Nach Brentano gehören alle Aussagen, die seelisch-geistige Phänomene beschreiben, entweder zur ersten oder zur zweiten Art, d. h.
sie sind ausnahmslos intensional. Natürlich gibt es neben den In-
tentionalaussagen auch noch andere, die intensional sind, etwa die
modalen über das Mögliche, Unmögliche oder Notwendige, oder
die deontischen über das Erlaubte, Vorgeschriebene und Uner-
laubte. Obgleich ich Brentanos These, daß *alle* Aussagen über seelisch-geistige Phänomene intentional seien, hier nicht verteidigen
will, sollten wir sie noch genauer betrachten. Sehen wir uns deshalb
zunächst einige vermeintliche Gegenbeispiele an.

Nehmen wir zuerst »Jonas nimmt das Individuum $x_o$ wahr«, eine
Aussage, die – soweit sie überhaupt etwas beschreibt – ein Be-
wußtseinsphänomen beschreibt. Es wird nun behauptet, daß diese
Aussage nicht nur logisch impliziert, daß es ein von Jonas wahr-
genommenes Individuum $x_o$ gibt, sondern daß dieses $x_o$ auch wirklich außerhalb des Wahrnehmungsaktes von Jonas existiert. Dies
zu leugnen sei mit dem üblichen bzw. korrekten Gebrauch des
Verbs »wahrnehmen« nicht vereinbar. Nun will ich das hier nicht
bestreiten und nicht näher ausführen, daß »wahrnehmen« (oder
noch besser: »für wahr nehmen«) auf eine Weise gebraucht wird,
die eine Verteidigung der Intentionalität dieser Ausdrücke durchaus möglich und vernünftig erscheinen läßt. Statt dessen will ich
die Aufmerksamkeit auf ein gemeinsames Charakteristikum von
»Jonas nimmt das Individuum $x_o$ wahr« und »Es scheint Jonas
fälschlicherweise so, als ob er $x_o$ wahrnähme« lenken: in beiden
Fällen ist wahr, daß Jonas den Eindruck hat, er habe es hier mit
dem Individuum $x_o$ zu tun. Während es sich jedoch im ersten Falle
bei $x_o$ um ein existierendes, allgemein zugängliches Objekt handelt,

gilt dies im zweiten Falle nicht. Diese schlicht phänomenologische Beobachtung ist schon oft gemacht worden, soll hier aber wiederholt werden, um der Gefahr vorzubeugen, daß sie durch eine korrekte aber irrelevante Darstellung des Gebrauchs von »wahrnehmen« in der Umgangssprache verdrängt oder weganalysiert wird.

Aus diesen ziemlich auf der Hand liegenden Bemerkungen folgt, daß, selbst wenn »Jonas nimmt $x_o$ wahr« nicht intentional sein sollte, dieser Satz doch immerhin die Aussage »Jonas hat den Eindruck, er habe es mit $x_o$ zu tun« logisch impliziert, und das ist eine Aussage, die im Brentanoschen Sinne intentional ist. Man könnte also vorschlagen, eine Aussage immer (und nur) dann intentional (im weiteren Sinne) zu nennen, wenn aus ihr eine Aussage (möglicherweise sie selbst) folgt, die im Brentanoschen (engeren) Sinne intentional ist.

Diese Auffassung erfährt noch eine weitere Unterstützung, wenn man die Aussage »Jonas weiß die Aussage $p_o$« betrachtet, die manchmal zeigen soll, daß nicht alle Aussagen, die seelisch-geistige Phänomene der zweiten Art beschreiben, intentional im Sinne von (ii) sind. Man beruft sich hier mit gutem Grund darauf, daß aus »Jonas weiß $p_o$« logisch folgt »$p_o$ ist wahr«; denn »etwas Falsches wissen« ist ein Widerspruch in sich. Aber es ist möglich, daß Jonas fälschlicherweise den Eindruck hat, er wisse oder erkenne $p_o$, und daß $p_o$ faktisch falsch ist. Die Aussagen »Jonas weiß $p_o$« und »Jonas hat den falschen Eindruck, daß $p_o$ wahr ist« haben eines gemeinsam: aus beiden folgt logisch, daß Jonas den Eindruck hat, $p_o$ sei wahr. Und diese Folgerung hat nicht den Charakter einer Wahrheitsfunktion, sondern ist intentional im Sinne Brentanos.

Bei anderen Aussagen, die seelisch-geistige Phänomene beschreiben, ist der intentionale Charakter weniger einsichtig oder sogar zweifelhaft. Z. B. könnte man die Intentionalität von Aussagen über Emotionen – daß Jonas wütend, unglücklich, traurig, erregt etc. ist – nur dadurch retten, daß man sie als elliptische Ausdrücke auffaßt, die auf einen Gegenstand des oder einen Grund für den Zorn, den Kummer, die Erregung etc. von Jonas verweisen; und das scheint mir nicht in allen Fällen möglich zu sein, besonders nicht im Falle der Traurigkeit oder der Erregung. Aber die Frage, ob man sich nun entschließen sollte, als Aussagen über seelisch-geistige Phänomene (und entsprechend als solche Phänomene) auch solche

zuzulassen, die nicht intentional sind, oder ob man das Seelisch-
Geistige *per definitionem* als intentional betrachten will, ist im
gegenwärtigen Kontext nicht weiter von Interesse.

Aussagen über Körpergefühle oder Empfindungen – einen Schmerz
oder ein Kitzeln – können immer mit Hilfe von Existenzquantoren formuliert werden. Wenn also Jonas einen Schmerz oder ein
Kitzeln empfindet, folgt logisch, daß der Schmerz oder das Kitzeln, das Jonas empfindet, existiert.[2] Wenn man einem Verteidiger
der Intentionalität aller seelisch-geistigen Phänomene diese Beispiele vorhält, könnte er (und wie ich glaube: ganz vernünftig)
entgegnen, daß die Privatheit seelisch-geistiger Phänomene – oder,
wie man zu sagen pflegte, ihre »Bewußtseinsimmanentheit« – zu
den Kriterien der Intentionalität hinzugezählt oder vielmehr als
ihr fundamentales Charakteristikum betrachtet werden sollte, und
als der Grund ihrer Intensionalität in den Fällen, wo ein bewußt-
seinsimmanenter Gegenstand mit einem außerhalb des Bewußtseins liegenden konfrontiert wird, oder wo eine Aussage als Gegenstand der »Einstellung zu einem Sachverhalt« (propositional
attitude), wie Glaube und Zweifel, mit einer Aussage verglichen
wird, die eine allgemein zugängliche Sachlage beschreibt. Was uns
hier jedoch interessiert, sind jene intentionalen Aussagen, die in
dem Sinne intensional sind, daß sie weder existentiell quantifizier-
bar noch Wahrheitsfunktionen sind.

Diejenigen Aussagen, deren (im technischen Sinne) intentionaler
Charakter sich vielleicht am deutlichsten zeigt, sind die Aussagen
über Intentionen, Absichten im alltäglichen Sinn. Z. B. folgt aus
der Aussage, daß Jonas die Absicht bzw. beschlossen hat, zu einer
bestimmten Zeit einen bestimmten Sachverhalt zustandezubringen,
*nicht*, daß es zu dieser Zeit einen Sachverhalt geben wird, dessen
Bestehen Jonas beschlossen oder beabsichtigt hat. Aussagen über
Absichten und Entscheidungen sind also gewiß intentional und
intensional. Und wegen dieser Intensionalität können solche Aussagen nicht in wissenschaftliche Theorien aufgenommen werden,
die in eine extensionale Logik eingebettet sind. Zu den theorieabhängigen und kontextabhängigen Bedingungen für die Identifizierung von empirischen mit theoretischen Basisaussagen (vgl.

2 Und weil diese Dinge nur »im Bewußtsein von Jonas« existieren können,
stellt sich die Frage nach ihrer Existenz »außerhalb seines Bewußtseins« nicht.

Kap. XII, § 1) gehört also auch immer die Forderung, daß irgendwelche Absichten oder Entscheidungen hinsichtlich eines von einer
Theorie vorausgesagten und durch Experiment oder Beobachtung
nachprüfbaren Ablaufs von Ereignissen irrelevant und ineffektiv
bleiben müssen. Wir werden hierauf gleich noch näher eingehen.

## 2. Introspektion

Die Tatsache, daß es Bewußtseins- bzw. seelisch-geistige Phänomene gibt, und daß wenigstens einige von ihnen intentional sind,
steht verschiedenen philosophischen Programmen und verschiedenen Ansprüchen hinsichtlich des allumfassenden Charakters der
Naturwissenschaften im Wege. Es ist also kein Wunder, daß es
zahlreiche Versuche gegeben hat, ihre Nichtexistenz zu beweisen
oder sie doch wenigstens auf Phänomene zu »reduzieren«, die sich
im Rahmen der Naturwissenschaften und der klassischen Logik
handhaben lassen. Einer der Hauptangriffe gegen die Annahme
intentionaler Phänomene und solcher Aussagen, die sie beschreiben,
besteht in der Behauptung, daß sie auf keine Weise gegeben sind,
daß vor allem die Introspektion, auf deren Zeugnis man sich immer berufe, ein leerer Begriff sei. Diese Argumente, von denen ich
hier nur zwei betrachten will, scheinen mir ganz und gar nicht
überzeugend zu sein, auch wenn ich ihnen darin beipflichte, daß
Intentionalität und Introspektion in einer engen Beziehung zueinander stehen: Ich könnte niemand anderem – zu Recht oder
Unrecht – Wahrnehmungen, Wünsche, Intentionen usw. zuschreiben, wenn ich nicht durch Introspektion wüßte, was es ist, Wahrnehmungen, Wünsche, Absichten usw. zu haben.
Eines der Argumente gegen die Introspektion besagt, daß jede
Aussage, in der es heißt, man wisse etwas »durch Introspektion«
in einen unendlichen Regreß führen müsse. So heißt es, daß die
Introspektion, durch die man weiß, daß man etwas wahrnimmt,
ein »Bewußtsein von einem Bewußtsein« sein müsse, weil eine
Wahrnehmung ein Bewußtsein von etwas und Introspektion ebenfalls ein Bewußtsein von etwas ist. Und weil darüber hinaus die
Introspektion selber nur durch Introspektion erkannt werden
könne, impliziere die Aussage, daß man durch Introspektion von

einer Wahrnehmung wisse, daß es ein Bewußtsein von einem Bewußtsein gebe. Diese Annahme wiederum, die ihrerseits auch nur
durch Introspektion gerechtfertigt werden könne, verpflichte einen
zu Annahme eines Bewußtseins vierter Ordnung ... und entsprechend dann zu einem Bewußtsein $n$-ter Ordnung, wobei $n$ über
alle Grenzen wächst.

Nun wird man wohl kaum bezweifeln wollen, daß kaum jemand ein
Bewußtsein fünfter Stufe erreichen kann. Aber die Behauptung,
daß einem sein wahrnehmendes Bewußtsein von einem Objekt
bewußt werden kann, impliziert einen solchen Anspruch auch gar
nicht. Nur wenn man ein Bewußtsein $n$-ter Stufe brauchte, um ein
Bewußtsein $(n-1)$-ter Stufe haben zu können, würde es zu einem
unendlichen Regreß kommen. Jedenfalls bin ich in der Lage – und
wenn von Introspektion die Rede ist, kann man kaum vermeiden,
von sich selber zu sprechen – ich bin also in der Lage, mir der
Wahrnehmung des Papiers, auf dem ich hier schreibe, bewußt zu
sein, bin mir aber nicht bewußt, daß ich meines Bewußtseins davon
bewußt bin ... daß mir bewußt ist, daß ich dies wahrnehme.

Der Fehler in diesem Argument ist nur ein Beispiel für den allgemeinen Fehler, zwischen der Möglichkeit eines Regresses einerseits und einem wirklich verderblichen unendlichen Regreß andererseits zu unterscheiden. Ein Regreß ist immer dann möglich,
wenn es eine Regel gibt, nach der man aus einem oder mehreren
gegebenen *ad libitum* neue Ausdrücke bilden kann. Es ist nichts
daran verkehrt, wenn man die Reihe der natürlichen Zahlen bildet, indem man bei der 1 beginnt und die Addition von 1 beständig wiederholt, selbst wenn die Fortsetzung des Prozesses über
ein bestimmtes Stadium hinaus dann praktisch nicht mehr möglich
ist. Und ebensowenig ist etwas an der Vorstellung falsch, daß man
zu einem $n$-fachen Bewußtsein kommen könnte (mit $n = 1, 2, \dots$),
selbst wenn sich dies von einem gewissen $n$ an effektiv nicht mehr
erreichen läßt. Ein echter unendlicher Regreß dagegen liegt vor,
wenn behauptet wird, daß sich die Glieder eines Regresses, der
gar kein letztes Glied hat, nur dann erfassen ließen, wenn eben
dieses nicht vorhandene letzte Glied effektiv gegeben sei. Es handelt sich hier also um die widersprüchliche Annahme, daß etwas
Unerreichbares erreichbar sei. Wenn ich nun behaupte, daß mir
mein Bewußtsein von einem Gegenstand bewußt ist, behaupte ich

nicht, und brauche auch nicht zu behaupten, daß ich ein Bewußtsein dritter oder höherer Stufe besitze. Es ergibt keinen Widerspruch, wenn ich behaupte, daß mir mein Bewußtsein von einem Gegenstand bewußt ist, daß mir aber ein Bewußtsein dieses Bewußtseins nicht mehr bewußt ist oder bewußt sein kann.

Ein anderes Argument gegen die Introspektion – und folglich gegen die Intentionalität – besteht in der Feststellung, daß man diesen Begriff in bestimmten psychologischen oder anderen Kontexten nicht braucht. Das ist ungefähr so, als ob man an einem heißen Tag argumentieren wollte, man habe keinen Wintermantel im Schrank hängen, weil man ihn ja heute nicht brauche, und überhaupt sei der Begriff des Wintermantels leer und überflüssig. Wenn man so argumentiert, verwechselt man den methodologischen mit dem dogmatischen Behaviourismus. Der methodologische Behaviourismus ist die Auffassung oder Hypothese, daß alle oder wenigstens einige Probleme der Psychologie lösbar sind oder doch einer Lösung nähergebracht werden können, wenn man das Zeugnis der Introspektion nicht zuläßt. Der dogmatische bestreitet, daß Introspektion überhaupt möglich ist. Der methodologische Behaviourismus besteht in der Vorschrift, das menschliche Verhalten und alle menschlichen Situationen so zu untersuchen, *als ob* es keine Introspektion oder intentionale Phänomene gäbe. Der dogmatische behauptet, daß es keine *gibt*. Dogmatische Behaviouristen sind auch auf den methodologischen Behaviourismus verpflichtet, selbst wenn sie – was öfter vorkommt – noch nie im Leben ein psychologisches Experiment gemacht haben. Methodologische Behaviouristen hingegen sind nicht auch auf den dogmatischen Behaviourismus verpflichtet – selbst wenn sie, was auch öfter vorkommt, zu dogmatischen *obiter dicta* neigen.

Wegen der Häufigkeit und Leichtigkeit, mit der der illegitime Schritt vom methodologischen zum dogmatischen Behaviourismus immer wieder gemacht wird, dürfte es sich lohnen, hier noch ein vorzügliches Argument für den methodologischen Behaviourismus zu betrachten, das manchmal mit einem Beweis des dogmatischen Behaviourismus verwechselt wird. Es stammt von dem Mathematiker A. M. Turing.[3] Turing weist mit Recht darauf hin,

3 »Computing Machinery and Intelligence«, *Mind,* October 1950.

daß die Frage »Können Maschinen denken«, so, wie sie dasteht, einem kaum weiterhilft, und ersetzt sie durch eine andere, »vergleichsweise unzweideutig« formulierte. Es wird das beste sein, wenn wir hier Turing selbst zitieren:

> »In seiner neuen Form läßt sich das Problem als ein Spiel beschreiben, das wir das ›Nachahmungsspiel‹ nennen wollen. Es wird von drei Leuten gespielt, einem Mann (A), einer Frau (B) und einem Fragesteller (C), dessen Geschlecht gleichgültig ist. Der Fragesteller hält sich in einem anderen Raum auf als die übrigen beiden. Die Aufgabe des Spiels besteht für den Fragesteller darin, herauszufinden, wer von den beiden anderen der Mann ist und wer die Frau. Er kennt sie nur unter den Bezeichnungen X und Y, und am Ende des Spiels sagt er entweder ›X ist A und Y ist B‹ oder ›X ist B und Y ist A‹. Der Fragesteller darf A und B Fragen stellen wie die folgende:
> C: ›Würde X mir bitte sagen, wie lang sein Haar ist?‹ Wenn X nun in Wirklichkeit A ist, muß A jetzt antworten. Für A kommt es bei dem Spiel darauf an, sich so zu verhalten, daß C ihn falsch identifiziert . . .
> Wir fragen jetzt ›Was wird geschehen, wenn bei diesem Spiel eine Maschine an die Stelle von A tritt? Wird der Fragesteller sich in diesem Falle ebenso oft falsch entscheiden wie bei einem Spiel, bei dem er wirklich zwischen einem Mann und einer Frau zu wählen hat?‹ Und diese Fragen treten an die Stelle unserer ursprünglichen Frage ›Können Maschinen denken?‹«

Nach dieser Formulierung des Problems legt Turing überzeugend dar, wie man eine Maschine (der inzwischen »Turing-Maschine« genannten Art) konstruieren könnte, die selbst den intelligentesten Fragesteller dazu bringen würde, sie mit einer Person zu verwechseln. Wir wollen dies zugestehen, ohne hier auf die Details seines scharfsinnigen Arguments einzugehen. Das Argument kann jedoch nicht zeigen, daß »Introspektion« und »Intentionalität« leere Begriffe sind. Es zeigt bestenfalls, daß eine Maschine eine Person imitieren könnte, unabhängig davon, ob Personen über Introspektion oder intentionales Bewußtsein in irgendeinem gebräuchlichen Sinn dieser Ausdrücke verfügen oder nicht. Es zeigt nicht, und in Anbetracht der Regeln des Nachahmungsspiels kann es gar nicht zeigen, ob Personen über Introspektion oder intentionales Bewußtsein verfügen oder nicht. Diese Frage wird schon durch die Prämissen des Arguments ausgeschlossen.

Das Argument unterstützt also den methodologischen, aber nicht den dogmatischen Behaviourismus. Turing ist sich im großen und ganzen seiner beschränkten Reichweite bewußt. Hin und wieder scheint er jedoch schwankend zu werden und mehr für sein Argument beanspruchen zu wollen, als es leisten kann.[4] So bemerkt er u. a., daß die These, eine Person könne nur ihrer eigenen Bewußtseinszustände bewußt sein, der absurden Position des Solipsismus gefährlich nahekomme. Es sind nun aber gewiß doch zwei ganz verschiedene Sachen, ob man behauptet, daß man sich nur seines eigenen Bewußtseins von Gegenständen bewußt sein kann, und daß man anderen Menschen – zu Recht oder Unrecht – ein Bewußtsein von Gegenständen erst dann zuschreiben kann, wenn man selber eins hat, oder ob man behauptet, daß man selber das einzige Wesen ist, das ein Bewußtsein von Gegenständen hat, oder sogar das einzige Wesen, das überhaupt existiert.

Aus der Aussage, daß es Maschinen gibt, die das Verhalten von Menschen perfekt imitieren, folgt nichts darüber, ob diese Maschinen oder die Menschen Bewußtsein haben oder nicht; und es folgt auch nichts darüber, ob »Bewußtsein« ein leerer Begriff ist oder nicht. Die Konstruktion von Maschinen, die Menschen perfekt imitieren, oder sogar von künstlichen Menschen wäre zwar eine bemerkenswerte Leistung der Technik bzw. der Biologie, aber kein Beweis für den dogmatischen Behaviourismus, der im Gegenteil sogar falsch sein muß, weil nämlich wenigstens einem Menschen, nämlich mir, öfter bewußt wird, daß ihm etwas bewußt ist. Dieses Selbstbewußtsein mag für viele Zwecke unwichtig oder nutzlos sein. Es mag auch ein bloßes »Epiphänomen« sein, aber was es nicht ist, ist ein Nicht-Phänomen.

### 3. Versuche, intentionale Phänomene durch Rückführung auf nicht-intentionale zu analysieren

Jeder dogmatische Behaviourist würde eine Aussage wie die folgende von Leibniz verwerfen müssen. (Wie wir uns erinnern, muß man Leibniz als einen Pionier jener logisch-mathematischen Untersuchungen betrachten, die in unserem Jahrhundert zum Begriff der Turing-Maschine geführt haben. In seinem *calculus ratiocinator* ist die Idee einer solchen Maschine vorweggenommen.) Die Aus-

4 Vgl. vor allem *op. cit.*, p. 446.

sage, auf die ich mich hier beziehe, steht im § 17 der *Monadologie*
und lautet wie folgt:

> »Es muß jedoch zugestanden werden, daß die Wahrnehmung und das, was
> von ihr abhängt, durch mechanische Ursachen, d. h. durch Figuren und Bewe-
> gungen, nicht erklärbar ist. Nehmen wir an, es gäbe eine Maschine, deren
> Konstruktion Gedanken, Empfindungen und Wahrnehmungen erzeugte;
> dann können wir uns vorstellen, daß sie unter Erhaltung aller Proportionen
> so weit vergrößert würde, bis wir in ihr Inneres hineintreten könnten wie in
> das einer Mühle. Wenn wir sie nun beträten, würden wir in ihrem Inneren
> nur Maschinenteile finden, die ineinandergreifen und arbeiten, aber nichts,
> was die Wahrnehmung erklären könnte.«

Um diese Aussagen noch etwas zu verstärken, sollte man hier nicht
nur an mechanische, sondern auch an elektromagnetische und andere
nicht-intentionale Phänomene denken.

Ob der dogmatische Behaviourist »die Wahrnehmung erklären«
kann oder nicht, hängt davon ab, um was für eine Art von Erklärung oder Analyse es sich handeln soll. Es gibt vor allem drei
Arten von Analyse, auf die sich der dogmatische Behaviourismus
beruft; man könnte sie als Korrelations-, Reduktions- und Kontextanalyse bezeichnen. Wir wollen hier auf jede dieser drei Arten
kurz eingehen.

»$M(x)$« soll im folgenden »$x$ ist ein intentionales Phänomen«
heißen (z. B. »$x$ ist ein Wunsch«), und »$B(x)$« »$x$ ist ein bestimmtes
körperliches Phänomen« (z. B. »$x$ ist ein physiologischer Zustand«).
Die Korrelationsanalyse intentionaler Phänomene versucht zu
zeigen, daß – auch wenn kein $M$ ein $B$ ist – jeder Anwendungsfall
von $M(x)$ einen Anwendungsfall von $B(x)$ als notwendige und
hinreichende Bedingung voraussetzt. Das heißt:

(i)  $(x)(M(x) \rightarrow \diagup B(x))$

(ii) $(x)(\exists y)(M(x) \leftrightarrow B(y))$.

Es kommt nicht darauf an, wie stark oder schwach das Pfeilsymbol
hier interpretiert wird, solange die Interpretation nicht zu einem
Widerspruch führt. Insbesondere kann es als das »wenn-dann« der
zweiwertigen Logik interpretiert werden. Andererseits schließt (i)
die Synonymie von $M(x)$ und $B(x)$ aus.

Die Korrelationsanalyse ist ein legitimes und fruchtbares Unternehmen und etwas, was Physiologen und Neurologen ja tatsächlich
tun. Weil sie jedoch die Existenz zweier sich wechselseitig ausschlie-

ßender Klassen anerkennt, ja impliziert, nämlich die Existenz der Klasse der körperlichen und der Klasse der intentionalen Phänomene, impliziert sie auch die Legitimität dieses Unterschieds und damit eine Ablehnung des dogmatischen Behaviourismus. Leibniz selbst behauptet eine perfekte Korrelation zwischen beiden Arten von Phänomenen, wenn er im § 81 seiner Monadologie sagt, daß in seinem System »die Körper sich verhalten, als ob es (um etwas Unmögliches anzunehmen) keine Seelen gäbe, und die Seelen, als ob es keine Körper gäbe, und dennoch verhalten sich Körper und Seele so, als ob sie einander beeinflußten«. Die Korrelationsanalyse ist klarerweise nicht nur mit dem Leibnizschen psychophysischen Parallelismus verträglich, sondern auch mit der idealistischen Auffassung, daß das Seelisch-Geistige die Körper beeinflußt und die Körper ihrerseits nichts beeinflussen, und ebenso mit der gemäßigt materialistischen Auffassung, daß die Körper das Seelisch-Geistige beeinflussen, obgleich dieses· seinerseits nichts beeinflußt. Es ist deshalb merkwürdig, daß Korrelationsanalysen, die doch voraussetzen, daß die Klasse der intentionalen Phänomene nicht leer ist und die Klasse der körperlichen Phänomene ausschließt, als Unterstützung für eine Lehre herangezogen werden, nach der die Klasse der intentionalen Phänomene leer ist oder mit der Klasse der physischen Phänomene koinzidiert.

Ich bin im letzten Abschnitt schon kurz auf die Versuche eingegangen, zu zeigen, daß das Prädikat »$x$ ist ein intentionales Phänomen« faktisch leer oder in sich widersprüchlich ist. Wenn dieser Typ von Analyse (der Versuch, die beiden Prädikate »$x$ ist ein intentionales Phänomen« und »$x$ ist ein körperliches Phänomen einer bestimmten Art« auf ein einziges zurückzuführen) fehlschlägt, kann der dogmatische Behaviourist immer noch eine Reduktionsanalyse versuchen, die zeigen soll, daß sie synonym sind. Nehmen wir nun aber einmal (*per impossibile*) an, es sei gezeigt worden, daß etwa das intentionale Prädikat »$x$ wünscht $y$« mit einem – vermutlich recht komplizierten – nicht-intentionalen Prädikat »$x$ $b$-wünscht $y$« synonym ist. Wenn nun diese Prädikate synonym sind, müssen auch (was immer »Synonymie« dabei im einzelnen bedeuten soll) die Einzelfälle »$x_o$ wünscht $y_o$« und »$x_o$ $b$-wünscht $y_o$« synonym und nicht bloß äquivalente Aussagen sein. Weil aber nur die letzte und nicht die erste Aussage logisch impliziert, daß

$y_0$ existiert, sind nicht alle Folgerungen aus den beiden Aussagen identisch, und folglich sind sie auch nicht synonym. Um dieser einfachen *reductio ad absurdum* aus dem Wege zu gehen, kann der philosophische Behaviourist natürlich von Anfang an den Unterschied zwischen intentionalen und nicht-intentionalen Aussagen hinsichtlich des Existenzquantors und der intensionalen Implikation leugnen. Damit aber wird seine vermeintliche Reduktionsanalyse zu einem bloßen Ausweichen vor der Frage, von der hier gesprochen wird. Mit anderen Worten: er versucht einfach zu zeigen, daß der *prima facie* bestehende Unterschied zwischen intentionalen und körperlichen Phänomenen eines bestimmten Typs in Wirklichkeit eine Identität ist, indem er diesen Unterschied ignoriert oder seine Formulierung verbietet.

Während Korrelationsanalysen sich als Stütze des dogmatischen Behaviourismus selbst aufheben und Reduktionsanalysen der Frage einfach ausweichen, treffen Kontextanalysen auf eine andere Weise daneben. Bei der Kontextanalyse wird ein Ausdruck als »unvollständig« und Teil eines Kontexts behandelt, der selber dann erst »vollständig« ist. Man kann z. B. »$x$ ist ein Wunsch« immer als unvollständigen Ausdruck behandeln und zu »$x$ ist ein Zustand einer sich etwas wünschenden Person« vervollständigen. Die Möglichkeit und, wenn wir so wollen, auch die Notwendigkeit einer solchen Vervollständigung rechtfertigt auf keine Weise den Schluß, daß »$x$ ist ein Wunsch« leer und »$x$ ist ein Zustand einer sich etwas wünschenden Person« nicht leer ist, geschweige denn die Behauptung, das erste Prädikat sei leer, *weil* das zweite dies nicht ist. Der Unterschied zwischen unvollständigen und vollständigen Prädikaten kann bestenfalls – zusammen mit anderen Prämissen – dazu gebraucht werden, darzulegen daß die Anwendungsfälle unvollständiger Prädikate einen anderen »Existenzmodus« haben als die Anwendungsfälle vollständiger, daß z. B. die Existenz der Anwendungsfälle eines unvollständigen Prädikates von der Existenz von Anwendungsfällen eines vollständigen Prädikates abhängt, oder daß die Anwendungsfälle unvollständiger Prädikate Charakteristika oder Attribute von Dingen oder Substanzen sind, während die Anwendungsfälle vollständiger Prädikate selber Dinge oder Substanzen sind.

Wenn man den dogmatischen Behaviourismus ablehnt, behauptet

man natürlich nicht mehr, als daß der Ausdruck »x ist ein intentionales Phänomen« weder (a) leer noch (b) synonym mit »x ist ein
körperliches Phänomen einer bestimmten Art« ist. Man behauptet
vor allem nicht, daß die Aussage »x ist ein intentionales Phänomen« »vollständig« wäre, oder daß intentionale Phänomene Substanzen und nicht Attribute oder Dinge und nicht Eigenschaften
von Dingen seien. In diesem Zusammenhang ist es interessant zu
bemerken, daß Brentano selbst ein metaphysischer Realist war. Er
hat betont, daß alle intentionalen Prädikate unvollständig und
ihre Subjekte keine Substanzen sind. Ebenso, wie die Leibnizsche
Ablehnung des dogmatischen Behaviourismus verträglich mit seiner und jeder anderen Korrelationsanalyse ist, ist auch Brentanos
Ablehnung des dogmatischen Behaviourismus mit seiner und
anderen Kontextanalysen der intentionalen Prädikate, Aussagen
und Phänomene verträglich. Der Unterschied zwischen intentionalen und nicht-intentionalen Phänomenen ist unabhängig von
und verträglich mit jeder Auffassung, nach der es eine, zwei oder
mehr, oder gar keine Substanzen gibt.

Man muß Kontextanalysen, die auf dem Unterschied zwischen
vollständigen und unvollständigen Symbolen beruhen, von solchen Argumenten unterscheiden, die zeigen sollen, daß gewisse
Ausdrücke wie nichtleere Symbole aussehen, es aber nicht sind.
Ein klassisches Beispiel für diesen Typ von Argument ist Berkeleys
Behauptung, daß wir bei der Verwendung des Prädikats »materieller Gegenstand« nur »mit der unwissenden Menge sprechen«,
weil dieses Prädikat in sich widersprüchlich sei. Und von Aristoteles, Kant und anderen ist gesagt worden, daß es sich bei der Verwendung des Prädikats »aktual unendliche Menge« um eine bloße
*façon de parler* handle, weil das Prädikat in sich widersprüchlich
sei. Aber wohlwollende Entschuldigungen für den Gebrauch vermeintlich widersprüchlicher Prädikate sind noch kein Beweis dafür, daß sie wirklich widersprüchlich sind. Und ebensowenig reicht
es, wenn man ein Argument vorbringt, nach dem man intentionale
Prädikate, selbst *wenn* sie widersprüchlich sind, als harmlose
*façons de parler* verwenden kann, und dies dann mit dem Argument verwechselt, das erst einmal zeigen müßte, *daß* sie widersprüchlich sind.

Soweit ich sehen kann, gehören alle Analysen intentionaler durch

physische Phänomene einer der hier betrachteten Arten oder einer
Mischung von ihnen an, und nicht wenige von ihnen rechtfertigen
oder unterstützen wichtige Thesen, vor allem verschiedene Arten
des methodologischen Behaviourismus. Aber diese beiläufigen Verdienste sollten uns nicht darüber hinwegtäuschen, daß sie den dogmatischen Behaviourismus – d. h. die Nichtexistenz intentionaler
Phänomene oder ihre Identität mit neurologischen oder anderen
körperlichen Phänomenen – nicht beweisen können.

### 4. Psychologie und Phänomenologie des Psychischen

Obgleich die alte Unterscheidung zwischen Natur- und Geistes-
bzw. Humanwissenschaften in mehreren Hinsichten irreführend
ist, verweist sie doch mehr oder weniger deutlich auf einen real
bestehenden Unterschied. Irreführend ist sie, insoweit sie zu der
Annahme verführt, daß das menschliche Verhalten nicht zum Gegenstand einer Naturwissenschaft gemacht werden könne, die von
den intentionalen Phänomenen abstrahiert. Verschiedene Zweige
der Soziologie – wie etwa die Demographie – und diejenigen Teile
der Psychologie, die das menschliche Verhalten als eine Spezies
des tierischen Verhaltens behandeln, sind ohne Zweifel Naturwissenschaften – wenn auch nicht hochentwickelte. Andererseits
aber beruht die Unterscheidung auf einem wirklichen Unterschied,
wenn es – wie ich behauptet habe – intentionale Phänomene gibt
und die Naturwissenschaften von ihnen abstrahieren.
Man darf den Grund für dieses Abstrahieren nicht etwa in der
Widerspenstigkeit oder dem Obskurantismus der Naturwissen-
schaftler suchen. Es beruht vielmehr auf der Tatsache, daß die
Naturwissenschaften, wie wir sie kennen, in ein extensionales
logisch-mathematisches Gerüst eingebettet sind. Und dieses Gerüst,
bzw. diesen Rahmen hat man sich nicht aus irgendwelchen absei-
tigen Neigungen zu eigen gemacht, sondern wegen seiner ungeheuren Vorteile als Instrument der deduktiven Vereinheitlichung
und der Vorhersage. Wir haben gesehen, daß in vielen Theorien
über Naturphänomene empirische Prädikate durch theoretische
Gegenstücke ersetzt werden, die nicht nur exakt sondern auch
abstrakt in dem Sinne sind, daß es für sie nur eingeschränkte

logische Beziehungen zu anderen Prädikaten gibt. Es gibt immer eine bestimmte Klasse von Prädikaten – in der klassischen Mechanik z. B. »Masse« und »Position« –, mit denen eine Zustandsbeschreibung der Theorie formuliert werden kann und muß. Bei solchen Theorien wird die Abstraktion nicht von der ihnen zugrundeliegenden Logik erzwungen, die – für sich genommen – nur die Ersetzung inexakter durch exakte Prädikate verlangt.

Wenn sich unter den Phänomenen, die eine im Rahmen der klassischen Logik konstruierte Theorie behandelt, intentionale Phänomene befinden, liegen die Dinge ganz anders. Weil in der extensionalen Logik keine intensionalen Implikationen zulässig sind, intentionale Aussagen und Prädikate aber durch eben solche Implikationen charakterisiert werden, erzwingt die extensionale Logik die Abstraktion von intentionalen Prädikaten und Phänomenen. An dieser Stelle muß man auf zwei einander entgegengesetzte, wenn auch gleichermaßen wenig hilfreiche Bemerkungen gefaßt sein, nämlich »um so schlimmer für die Intentionalität« von den psychologischen Behaviouristen und »um so schlimmer für jede Naturwissenschaft vom Menschen« von den Phänomenologen oder Geistesphilosophen.

Beide Bemerkungen wollen uns eine Anzahl höchst wichtiger und interessanter Fragen abschneiden, über den Geltungsbereich jener Naturwissenschaften, die sich mit dem Menschen befassen, und über die Naturwissenschaften im allgemeinen. Ein Weg, diese Fragen in Angriff zu nehmen, besteht darin, noch einmal einen Blick auf unser Schema des nachprüfbaren Folgerns zu werfen:

$$[e_1 \wedge c_o \wedge (e_1 \approx b_1) \wedge (b_1 \wedge T_o \underset{L,\,\mathrm{I}}{\vdash} b_2) \wedge (b_2 \approx e_2)] \to e_2$$

Die theorieabhängigen Bedingungen für die Identifizierung der theoretischen Basisprädikate mit empirischen Prädikaten sind, wegen der zugrundeliegenden Logik, offensichtlich so beschaffen, daß keine empirische Information in der Gestalt von intentionalen Prädikaten erforderlich ist. Es entsteht kein Problem der operationellen Bestimmung menschlicher Entscheidungen, Absichten und Wünsche und einer danach erfolgenden Ersetzung durch theoretische Gegenstücke. Alle intentionalen Phänomene werden notwendigerweise ignoriert. Die durch $c_o$ ausgedrückten kontextabhängigen Identifizierungsbedingungen fordern die Ineffektivität der theoretisch irrelevanten Züge. Wegen der Extensionalität von *L* fordern sie, daß intentionale Phänomene bzw. die intentionalen Züge *jeder* unter *irgendeine* in *L* eingebettete Theorie fallenden Situation ineffektiv bleiben. Das Wesen der Naturwissenschaften besteht darin, die Intentionalität und damit die menschliche Natur, soweit sie seelisch-geistig und nicht bloß körperlich ist, zu ignorieren. Die intentionalen Züge jeder Beobachtungs- bzw. experimentellen Anordnung müssen nicht nur vernachlässigt werden, sondern faktisch vernachlässigbar sein.

Aus dem Desideratum der Ineffektivität intentionaler Phänomene in Kontexten, in denen sie theoretisch irrelevant sind, und der Möglichkeit, ihre Unwirksamkeit in *einigen* Kontexten der Physik, Biologie und behaviouristischen Psychologie sicherzustellen, folgt *nicht,* daß sie in *allen* Kontexten dieser und anderer Wissenschaften unwirksam sind. Experimentelle Wissenschaftler versuchen mit großer Sorgfalt sicherzustellen, daß sich die menschliche Willkür nicht in den Ablauf der physischen Ereignisse einmischt – das, was für ihre Theorien irrelevant ist, auch tatsächlich ineffektiv zu halten. Es ist eine unbegründete Folgerung einiger Metaphysiker, daß die menschliche Willkür – weil einige Prozesse von ihr freigehalten werden können – überhaupt keinen Einfluß auf Naturprozesse habe. Soweit man auf den ersten Blick sehen kann, kann sie das in einigen Fällen, und in anderen nicht. Ob eine gründlichere Untersuchung feststellen kann, daß wissenschaftliche, vor allem physikalische Theorien den Ablauf der Naturereignisse mit der Freiheit des Menschen vereinbar erscheinen lassen, müssen wir für den Augenblick – im Hinblick auf die Diskussion des nächsten Kapitels – auf sich beruhen lassen.

Die meisten der Argumente, die wir hier gegen den dogmatischen Behaviourismus vorgebracht haben, sind gleichzeitig Argumente *für* den methodologischen Behaviourismus. Die Annahme, daß in vielen Verhaltenswissenschaften die kontextabhängigen Bedingungen, die die Unwirksamkeit der theoretisch irrelevanten intentionalen Phänomene fordern, erfüllt sind, wird von der Erfahrung bestätigt. Es gibt diese Wissenschaften, also sind sie *a fortiori* möglich. Aber aus der Möglichkeit behaviouristischer Wissenschaften vom Menschen folgt nicht die Unmöglichkeit einer systematischen Untersuchung der intentionalen Phänomene des menschlichen Lebens. Die Phänomenologie, deskriptive Psychologie oder – wie ich es lieber nennen würde – intentionale Psychologie ist ebenfalls eine Tatsache, also auch eine Möglichkeit und nicht, wie der dogmatische Behaviourismus möchte, eine leerlaufende Untersuchung nichtexistenter Phänomene oder Eigenschaften von Phänomenen.

Solche Untersuchungen setzen eine intensionale Logik als Gerüst ihrer Theorien voraus. Wenn diese intensionale Logik in die klassische Logik eingebettet wird, wird diese den Charakter einer Idealisierung beibehalten, weil – wie wir gezeigt haben – wenigstens einige intentionale Prädikate inexakt sind. Von der Elimination der Inexaktheit abgesehen werden sich noch andere Modifikationen als notwendig herausstellen, z. B. wenn man Begriffe wie den der mathematischen Gleichheit, der mathematischen Prinzipien des Messens, der Isomorphie mit der arithmetischen Addition und der Multiplikation mit einer natürlichen Zahl usw. verwenden will. Es gibt jedoch keinen Grund, warum die modifizierte zweiwertige Logik, die den inexakten Prädikaten und indefiniten Aussagen gerecht wird, nicht auf ähnliche Weise zu einer intensionalen Logik erweitert werden können sollte, wie die klassische extensionale Logik durch Einführung von Modaloperatoren erweitert worden ist. Überdies können die intentionale Psychologie einerseits und die behaviouristische Psychologie bzw. Physiologie andererseits zu einer einzigen Wissenschaft verbunden werden, durch die Korrelation introspektiver Berichte über intentionale Phänomene mit physiologischen Beobachtungen. Jedem Mediziner sind solche Korrelationen längst vertraut; er könnte ohne sie in vielen Fällen überhaupt nicht auskommen.

## XIV
## Die Wahl

Es gilt in vielen Fällen einfach als eine Sache des gesunden Menschenverstands, daß man sich manchmal effektiv zwischen zwei verschiedenen Handlungsweisen und folglich auch zwei verschiedenen Ereignisabläufen entscheiden kann. Man nimmt außerdem – wenn auch weniger häufig – an, daß einige Wahlakte von vorausgegangenen Ereignissen nicht völlig bestimmt werden. Diese Aussagen haben beide einen etwas altmodischen Klang und vertragen sich mit vielem nicht, was der gebildete Laie über den neuesten Stand der Wissenschaft und Philosophie hört. Nach einer vorläufigen Klärung des Begriffs der Handlung werde ich in diesem Kapitel versuchen darzulegen, daß die Annahme, Wahlakte beeinflußten den Gang der Ereignisse, sowohl mit den physikalischen Theorien wie mit der Art ihrer Anwendung auf die Erfahrung verträglich ist. Ich werde weiterhin behaupten, daß der Begriff einer Interaktion zwischen effektiven Wahlen einerseits und dem Wirken physikalischer Gesetze andererseits nicht nur widerspruchsfrei, sondern auch vollkommen verständlich ist, und daß das gleiche für den Begriff von Wahlakten gilt, die nicht vollkommen von vorausgegangenen physischen oder psychischen Ereignissen bestimmt sind.

### 1. Über den Begriff der Handlung

Es erscheint kaum möglich, »Handlung« so zu definieren, daß man vor Gegenbeispielen aus dem großen und beständig wachsenden Vorrat der juristischen und moralischen Kasuistik sicher ist – Gegenbeispielen, die nicht nur verbreiteten faktischen und moralischen Überzeugungen, sondern auch unvorhergesehenen Abwandlungen der Situation entstammen können. Glücklicherweise ist mehr als eine minimale allgemeine Charakterisierung des Begriffs für unsere Zwecke nicht erforderlich.

Man kann eine Handlung als ein Ereignis begreifen, das zu einer

Kette von Ereignissen gehört, deren übrige Glieder auch Handlungen sein können oder nicht. Eine Kette von Ereignissen (oder genauer: Ereignistypen wie $E_1$, $E_2 \ldots E_n$) ist nicht bloß eine Folge von Ereignissen, sondern eine Folge untereinander verknüpfter Ereignisse – wobei die Natur der Verknüpfung im einzelnen von den einschlägigen Forderungen des gesunden Menschenverstands, der bestehenden Gesetze oder der Wissenschaft bestimmt wird. Jedes Ereignis der Kette kann mit jedem seiner Nachfolger durch gewöhnliche oder wissenschaftliche Verallgemeinerungen (Allgemeinsätze) auf einsichtige Weise verknüpft sein.[1] Der Alltagsverstand und das Gesetz müssen sich jedoch häufig mit Verknüpfungen zufriedengeben, die sowohl schwächer als auch weniger klar zu erkennen sind, z. B. wenn die Frage ist, was ein »vernünftiger Mensch« als die zu erwartenden Folgen eines Ereignisses, insbesondere einer Handlung betrachten würde. Die Begriffe des Ereignisses und der Kette von Ereignissen sind natürlich nicht exakt: es gibt keinen scharfen Unterschied zwischen Ereignissen und ereignislosen Zeitabschnitten oder zwischen Ketten und bloßen Folgen von Ereignissen.

Um als Handlung zu gelten, muß ein Ereignis gewisse »objektive« und »subjektive« Bedingungen (wie das unter Juristen u. ä. genannt zu werden pflegt) erfüllen. Grob gesprochen, lassen sich die ersteren mit Hilfe von physischen, die zweiten hingegen – wenigstens teilweise – nur mit Hilfe von psychischen Prädikaten formulieren. Objektiv muß zu einer Handlung das Verhalten eines menschlichen Körpers gehören. Subjektiv muß dieses Verhalten willkürlich sein, z. B. das Heben eines Fingers, aber nicht ein unkontrollierbares Niesen. Überdies muß die Person, »die über den Körper verfügt«, *glauben,* daß die fragliche willkürliche Körperbewegung zu einer Kette von Ereignissen gehört, und das Eintreten einiger der späteren Ereignisse in dieser Kette *beabsichtigen.* Kurz, jemand muß einige der Folgen einer Handlung, die er seiner Ansicht nach gerade begeht, beabsichtigen. Man könnte nun sagen, daß der Ausdruck »Handlung« auch auf Situationen anwendbar ist, wo ein Handelnder nur glaubt, daß er irgendwie nicht näher bestimmte Kette von Handlungen in Gang bringt, wobei es ihm

---

1 Vgl. Kap. VI, § 2 und Kap. XII, § 2.

gleichgültig ist, welche dies nun ist. Man müßte dann zwischen müßigen und absichtlichen Handlungen unterscheiden. Ich will hier jedoch »Handlung« so gebrauchen, daß die Absicht mitgedacht wird, der Ausdruck »absichtliche Handlung« also zu einem Pleonasmus würde.

Wiederum läßt sich hier keine scharfe Grenze zwischen willkürlichen und unwillkürlichen Handlungen ziehen; und auch »Glaube« und »Absicht« sind eine Sache des Grades, wie man an Redewendungen wie »man glaubt halb und halb, daß . . .« und »man hat halb und halb die Absicht . . .« erkennen kann. Ein Jurist oder Moralkasuist könnte hier sehr wohl das Bedürfnis nach weiteren Präzisierungen anmelden, so etwa, wenn er zu entscheiden hätte, ob eine (und wenn ja, welche) Handlung von einer Person begangen worden ist, die halb und halb glaubt, auf diese Weise eine Kette von Ereignissen in Gang zu bringen, halb und halb einige der folgenden Ereignisse der Kette beabsichtigt, dabei aber inbrünstig hofft, daß einige andere nicht eintreten werden.

Auch das Ausmaß, in dem eine Entsprechung zwischen den physischen und den psychischen Bedingungen einer Handlung zu fordern wäre, kann nicht genau markiert werden. Das wird einem besonders an den Schwierigkeiten klar, die einem begegnen, wenn man versucht, Handlungen und versuchte Handlungen zu unterscheiden. Jemand begeht eine Handlung, die als Giftmord klassifiziert wird, wenn die Kette von Ereignissen, die er faktisch in Gang bringt, indem er Gift in das Essen einer anderen Person tut, derjenigen Kette von Ereignissen, die er in Gang zu bringen glaubt und deren Konsequenzen er beabsichtigt, hinreichend ähnlich ist. Er wird aber vielleicht nur wegen versuchten Giftmords angeklagt, wenn die faktische und die beabsichtigte Kette von Ereignissen sich nicht hinreichend ähnlich sind, wenn z. B. das vom Täter ins Auge gefaßte Opfer nicht innerhalb einer bestimmten Zeit nach der Einnahme des vergifteten Essens stirbt. Aber kann man sagen, daß jemand einen Giftmord versucht, wenn er mit dieser Absicht einfach ein Stück Zucker in den Tee seines präsumtiven Opfers wirft? Es dürfte wohl kaum einen Juristen geben, aber sicher einige Moralphilosophen, die behaupten würden, daß selbst Absichten, die von einem ganz unangemessenen Verhalten begleitet werden, als versuchte Handlungen der beabsichtigten Art zu verstehen sind. Abstufungen der Distanz zwischen dem, was faktisch geschieht, und dem, was vorausgesehen und beabsichtigt war, sind zwar als Hilfen bei der Suche nach einer gerechten Strafzumessung unentbehrlich, müssen aber notwendigerweise unvollkommen bleiben.

Das bloße Nichtausführen einer Handlung muß von ihrer absichtlichen Unterlassung unterschieden werden. Bei der letzteren handelt es sich um eine negative Handlung und nicht um ein bloßes Nichthandeln. Objektiv gehört dazu, daß eine bestimmte Körperbewegung unterlassen wird – indem man eine andere ausführt oder sich ruhig verhält, und subjektiv muß dies ein willkürliches Unterlassen sein, und der Handelnde muß glauben, daß die unterlassene Körperbewegung das Ingangkommen einer Kette von Ereignissen verhindert haben würde, bei der von einigen Gliedern gilt, daß der Handelnde ihr Eintreten geschehen zu lassen beabsichtigt. Für unsere Zwecke können wir den Unterschied zwischen positiven und negativen Handlungen vernachlässigen, weil bei beiden die psychischen Phänomene auftreten, die uns hier interessieren: Glaube, Absicht, und vor allem der Akt der Wahl.

Um Mißverständnissen vorzubeugen, muß ich hier an eine Reihe von nützlichen Unterscheidungen zwischen »freien« und »unfreien« Wahlen und Handlungen erinnern und sie für unsere Diskussion aus dem Wege räumen. Weil Unterscheidungen dieser Art von Richtern (professionellen und anderen) verwendet werden, könnte man sie als »juridische« Unterscheidungen bezeichnen. Wir verwenden sie, wenn wir von jemandem, der aus Angst vor dem Bankrott einen Scheck gefälscht hat, sagen, daß seine Handlung frei war, dagegen aber von jemandem, der in Hypnose einen Scheck gefälscht hat, daß seine Handlung nicht frei war, und wir verwenden sie auch, wenn wir überlegen, ob eine Bedrohung groß genug war, um eine Handlung, die unter ihrem Einfluß erfolgte, frei bzw. unfrei zu nennen (oder ob nicht vielleicht jede Handlung, die nicht unter Einwirkung eines Widerstand unmöglich machenden physischen Zwanges begangen wird, frei ist – ob ein Handelnder *etsi coactus tamen voluit«*).

Die Kriterien, die man verwendet, um freie von unfreien Handlungen juridisch zu unterscheiden, können von Land zu Land, von Epoche zu Epoche, ja selbst bei verschiedenen Richtern verschieden

sein. Ein Richter, der sich auf psychiatrische Experten verläßt,
wird andere Kriterien verwenden als ein Richter, der die Psychiatrie für prätentiösen Unfug hält. Aber welche Kriterien man auch
immer gebraucht, sie sind logisch unabhängig von der Annahme,
daß es verschiedene Abläufe von Ereignissen gibt (bzw. nicht gibt),
die verwirklicht werden können. Insbesondere kann jemand, der
einen juridischen Unterschied zwischen freien und unfreien Handlungen macht, mit Locke und seinen empiristischen Nachfolgern darin übereinstimmen, daß die Realisierbarkeit verschiedener Ereig-
nisabläufe mit dem Wirken der Naturgesetze unvereinbar sei,
oder auch mit Calvin in der Ansicht, daß der Gang der Ereignisse
prädestiniert sei. Juridische Unterscheidungen haben nichts mit
der Möglichkeit effektiver Wahlen zu tun – d. h. grob gesagt,
Wahlen, die eine von mehreren möglichen Ereignisketten in Gang
bringen –, und auch nichts mit der Möglichkeit unabhängiger Wahlen – d. h., wiederum grob gesagt, Wahlen, die nicht vollständig
von voraufgegangenen Ereignissen bestimmt sind. Der Frage nach
eben diesen Möglichkeiten wende ich mich jetzt zu.

## 2. Physisch effektive und unabhängige Wahlen
## und ihre Verträglichkeit mit der Physik

Das Wählen, in dem Sinne des Ausdrucks, der uns hier interessiert,
involviert die Konfrontation mit einer Wahl und ihre Ausführung.
Die Konfrontation mit einer Wahl besteht zumindest in dem Eindruck, daß es »in der eigenen Macht steht«, verschiedene Ereignisketten in Gang zu bringen. Und die Ausführung einer Wahl besteht zumindest in dem Versuch, eine dieser Ereignisketten wirklich in Gang zu bringen. Wenn man mit einer Wahl konfrontiert
wird, ist das noch keine Handlung; aber man handelt, wenn man
eine Wahl ausführt. Wenn jemand den Eindruck hat, daß es in seiner Macht steht, verschiedene Ereignisketten in Gang zu bringen,
kommt es ganz ohne Zweifel öfter vor, daß er sich irrt – z. B. wenn
er glaubt, er könnte an einer bestimmten Stelle zwischen zwei
Straßen wählen, während es nur eine gibt und die andere ein
bloßes Produkt seiner Einbildungskraft ist. Aber ob ein solcher
Eindruck immer falsch ist, ist eine offene Frage.

Es scheint ratsam zu sein, sie zuerst für einen Spezialfall in Angriff
zu nehmen, nämlich den, wo es sich um physische Ereignisse handelt, und dann zunächst einmal klarzustellen, was es heißen soll,
wenn jemand sagt, »es stehe in seiner Macht«, andere physische
Ereignisse ins Werk zu setzen. Wir wollen »... $P_n$ ...« für eine
Kette von physischen Ereignissen schreiben, in der das physische
Ereignis $P_n$ auftritt, und »... $P'_n$ ...« für eine andere solche Kette,
die sich von der ersten zumindest dadurch unterscheidet, daß in ihr
$P'_n$ statt $P_n$ auftritt. Um zu zeigen, daß eine Person mit der Wahl
zwischen diesen beiden Ereignisketten konfrontiert ist, wollen wir
schreiben »$S$ (... $P_n$ ..., ... $P'_n$ ...)«, und für die ausgeführte
Wahl von ... $P_n$ ... »$S$ (... $P_n$ ...)«.
Wenn wir nun annehmen, daß auf die Ausführung der Wahl
$S$ (... $P_n$ ...) tatsächlich die Ereigniskette ... $P_n$ ... folgt, und
daß der Konfrontation $S$ (... $P_n$ ..., ... $P'_n$ ...) eine Kette
... $P_m$ ... physischer Ereignisse vorausgegangen ist, dann kann
man das Eintreten der Wahl zwischen der Kette ... $P_m$ ... und
der Kette ... $P_n$ ... schematisch wie folgt ausdrücken:

$$... P_m ... S (... P_n ..., ... P'_n ...), S (... P_n ...) ... P_n ... \qquad (I)$$

(Wir können uns z. B. ... $P_m$ ... als einen Spaziergang vorstellen,
der uns zu einer Weggabelung führt, wo wir uns mit der Wahl
$S$ (... $P_n$ ..., ... $P'_n$ ...) zwischen dem rechten und dem linken Weg
konfrontiert sehen, mit $S$ (... $P_n$ ...) den linken Weg wählen
und – ... $P_n$ ... – unseren Spaziergang auf ihm fortsetzen.)
Dieses Schema hilft uns für sich genommen noch nicht, zwischen
solchen Wahlen zu unterscheiden, die den Gang der physischen Ereignisse beeinflussen (bzw. von ihm beeinflußt werden) und solchen, bei denen dies nicht der Fall ist. Um diese Unterscheidung
treffen zu können, müssen wir realisierte und realisierbare Ketten
von Ereignissen miteinander vergleichen. Indem wir bemerken,
daß das, was realisiert ist, das einschränken kann, was realisierbar ist, präjudizieren wir nicht über Faktenfragen, können aber
einige bei ihrer Formulierung nützliche Begriffe finden.
Für die Klasse aller Ketten von physischen Ereignissen, die als
Nachfolger von ... $P_m$ ... unter der Voraussetzung, daß ... $P_m$ ...
bereits realisiert ist, realisierbar sind, werde ich den Ausdruck
»(physische) Vorwärtsprojektion von ... $P_m$ ...«, oder kurz:
$V$ (... $P_m$ ...) gebrauchen, und entsprechend für die Klasse aller

Ketten physischer Ereignisse, die als Nachfolger von $\ldots P_m \ldots$, $S(\ldots P_n \ldots, \ldots P'_n \ldots)$ realisierbar sind, und zwar unter der Voraussetzung, daß die Kette $\ldots P_m \ldots$ realisiert ist *und* jemand der Wahl $S(\ldots P_n \ldots, \ldots P'_n \ldots)$ konfrontiert ist: das soll dann die »(physische) Vorwärtsprojektion von $\ldots P_m \ldots$ und der Konfrontation«, kurz: $V(\ldots P_m \ldots, S(\ldots P_n \ldots, \ldots P'_n \ldots))$ heißen. Mit Hilfe dieses Begriffs der Vorwärtsprojektion kann man nun einen klaren Unterschied zwischen solchen Wahlen, die den Ablauf der physischen Ereignisse beeinflussen, und solchen, die dies nicht tun, formulieren: Eine Wahl $S$ ist dann und nur dann *physisch effektiv*, wenn sich die einfache Vorwärtsprojektion der Kette der voraufgegangenen Ereignisse von der Vorwärtsprojektion dieser Kette *und* der Konfrontation mit der Wahl unterscheidet, in Zeichen: dann und nur dann, wenn

$$V(\ldots P_m \ldots) \neq V(\ldots P_m \ldots S(\ldots P_n \ldots, \ldots P'_n \ldots)) \qquad (A).$$

Für die Klasse aller Ketten von physischen Ereignissen, die als Vorgänger von $\ldots P_n \ldots$ — unter Annahme seiner Realität — realisierbar sind, werde ich den Ausdruck »(physische) Rückwärtsprojektion von $\ldots P_n \ldots$« gebrauchen, in Zeichen: $R(\ldots P_n \ldots)$, und entsprechend für die Klasse aller Ketten von physischen Ereignissen, die als Vorgänger von $S(\ldots P_n \ldots)$, $\ldots P_n \ldots$ unter der Annahme von deren Realität realisierbar sind »die (physische) Rückwärtsprojektion vom Wahlakt *und* von $\ldots P_n \ldots$ aus«, in Zeichen: $R(S(\ldots P_n \ldots), \ldots P_n \ldots)$. Mit Hilfe des Begriffs der Rückwärtsprojektion kann man einen klaren Unterschied zwischen solchen Wahlen formulieren, die vom Ablauf der physischen Ereignisse beeinflußt werden, und solchen, bei denen dies nicht der Fall ist: Eine Wahl $S$ ist dann und nur dann *physisch unabhängig*, wenn sich die Rückwärtsprojektion des Wahlakts *und* der ihm nachfolgenden Kette von Ereignissen von der Rückwärtsprojektion der Kette der physischen Ereignisse allein unterscheidet. In Zeichen: dann und nur dann, wenn

$$R(S(\ldots P_n \ldots), \ldots P_n \ldots) \neq R(\ldots P_n \ldots) \qquad (B).$$

Wenn Leute annehmen, daß es in ihrer Macht steht, verschiedene Ereignisketten nach ihrer Wahl in Gang zu setzen, meinen sie scheinbar in manchen Fällen, daß ihre Wahlakte physisch effektiv sind, in anderen, daß sie unabhängig sind, und in einigen beides. Weil aber diese Meinungen unterschiedlich und oft dunkel sind, haben die soeben vorgeschlagenen Definitionen der »physischen Effektivität« und der »physischen Unabhängigkeit« eine nützliche Funktion zu erfüllen.

Ich habe bei ihrer Konstruktion darauf geachtet, alle Fragen nach dem Ausmaß und der Art, wie die Realisierung einiger Ereignisketten die Realisierbarkeit anderer einschränken kann, offenzulassen. Die Antwort auf diese und ähnliche Fragen darf man als einen Teil des eigentlichen Geschäfts der Physik betrachten, und es ist deshalb vernünftig, zu fragen, ob die Physik in irgendeiner ihrer Formen etwas über die physische Effektivität bzw. Ineffektivität einerseits und die physische Unabhängigkeit bzw. Abhängigkeit *aller* Wahlakte andererseits aussagt. Bevor wir die These verteidigen, daß keine physikalische Theorie, die die in den voraufgegangenen Kapiteln beschriebene logisch-mathematische Struktur besitzt, irgendetwas in dieser Hinsicht impliziert – weder für sich genommen noch in Verbindung mit der Erfahrung –, empfiehlt es sich, zunächst einige Gegenargumente zu betrachten.

Ihr Prototyp ist ein Argument, das sich an die klassische Physik anlehnt und zeigen soll, daß es keine physisch effektiven oder physisch unabhängigen Wahlen gibt. Um seinen hier nicht relevanten Verzweigungen aus dem Wege zu gehen, wollen wir das Argument hier noch durch die Annahme verstärken, daß es sich bei jedem physischen Ereignis »im Grunde« um Veränderungen des Impulses und der Positionen materieller Dinge handle. Man kann den gleichen Zweck erreichen, wenn man beschließt, nicht über physische Ereignisse im allgemeinen, sondern nur über Veränderungen des Impulses und der Positionen materieller Dinge zu reden.

Betrachten wir also zwei Ketten von Ereignissen in diesem engeren Sinne, die – wie im Schema (*I*) – durch eine Wahl getrennt sind. Nach der klassischen Mechanik bestimmen Impuls und Position sämtlicher Partikel vor der Wahl, zusammen mit den Bewegungsgesetzen, Impuls und Position sämtlicher Partikel nach der Wahl. Mit anderen Worten: die physische Vorwärtsprojektion von ...$P_m$... und die physische Vorwärtsprojektion von ...$P_m$... *und* $S$ (...$P_n$..., ....$P'_n$...) unterscheiden sich nicht voneinander. Weil dies für jede Kette gilt, in der eine Wahl auftritt, folgt, daß es keine physisch effektiven Wahlen gibt. Und ein genau ent-

sprechendes Argument für die Rückwärtsprojektion von ... $P_n$ ...
und die Rückwärtsprojektion von $S$ (... $P_n$ ...) in Verbindung
mit ... $P_n$ ... führt zu dem Ergebnis, daß es keine physisch unabhängigen Wahlen gibt.

Weil wir hier nur Veränderungen des Impulses und der Position
von materiellen Dingen betrachtet haben, bleibt die Möglichkeit
physisch effektiver und unabhängiger Wahlen im Hinblick auf
andere Eigenschaften offen. Aber selbst in der vorliegenden Form
scheint das Argument einigen unserer tiefverwurzelten Überzeugungen zuwiderzulaufen – z. B. der scheinbar doch sehr be-
scheidenen, daß wir manchmal unseren Finger so bewegen können,
wie wir wollen. Denn es heißt da ja, daß diese Bewegung, als Veränderung von Impuls und Position, eindeutig durch physikalische
Vorgänge determiniert ist, die noch vor unserer eigenen, ja vor der
Existenz lebender Wesen überhaupt liegen. Das Resultat bleibt
das gleiche, wenn an die Stelle der klassischen Mechanik eine andere, hinreichend umfassende und deterministische Theorie tritt –
wenn z. B. alle Ereignisse als elektromagnetische Phänomene in
Übereinstimmung mit der Theorie des Elektromagnetismus betrachtet werden.

Auch wenn die fragliche Theorie probabilistisch ist, ändert sich
das Argument nicht wesentlich. Man würde bei der Definition der
Vorwärts- und Rückwärtsprojektion einer realisierten Kette von
Ereignissen nicht nur die Realisierbarkeit der Ketten, die Elemente
dieser Projektionen sind, zu betrachten haben, sondern auch die
Wahrscheinlichkeiten, mit denen sie realisierbar sind. Zwei Projektionen wären dann nicht nur in dem Falle verschieden, wo sie
verschiedene realisierbare Ketten enthalten, sondern auch in dem
Falle, wo sie zwar die gleichen Ketten, aber mit veränderter Wahrscheinlichkeit der Realisierbarkeit, enthalten. Eine Wahl wäre
dann und nur dann effektiv, wenn die Vorwärtsprojektion der
ihr voraufgehenden Kette von Ereignissen sich auf eine dieser beiden Arten von der Vorwärtsprojektion der Ereigniskette *und* der
Konfrontation mit der Wahl unterschiede. Man könnte dann weiter argumentieren, daß, weil eine probabilistische ebenso wie eine
deterministische Theorie den Ablauf physischer Ereignisse ausschließlich unter Verwendung physischer Charakteristika beschreibe – und zwar vollkommen verallgemeinert und ohne Zu-

lassung von Ausnahmen –, sich die Vorwärtsprojektion einer
wahlfreien Ereigniskette nicht von der einer wahlhaltigen unter-
scheide. Demnach ist auch bei Berücksichtigung probabilistischer
Theorien keine Wahl physisch effektiv. Tatsächlich hat jemand
ebenso eine ineffektive – wenn auch vielleicht glückliche – Wahl getroffen, wenn das, was er gewählt hat, bloß mit Notwendigkeit
oder bloß zufällig eintritt; beide Fälle sind hier gleichberechtigt. Es
läßt sich auch ein entsprechendes Argument entwickeln, nach dem
alle Wahlen auch bei Berücksichtigung probabilistischer Theorien
physisch abhängig sind.

Es wird bei all diesen Argumenten beständig vorausgesetzt, daß
die fragliche physikalische Theorie den Ablauf physischer Ereignisse im dem Sinne *beschreibt,* daß die in ihren theoretischen Basissätzen auftretenden Prädikate mit empirischen Prädikaten *identisch* (und nicht bloß innerhalb bestimmter Kontexte identifizierbar) sind. Wir haben jedoch gesehen, daß diese Annahme falsch ist.
Die in den theoretischen Basissätzen auftretenden Prädikate sind
Gegenstücke empirischer Prädikate und werden aus ihnen durch
wenigstens zwei Arten von Modifikationen erzeugt: Modifikationen durch deduktive Vereinheitlichung im Rahmen der elementaren klassischen Logik und ihrer verschiedenen mathematischen Erweiterungen, und Modifikationen durch deduktive Abstraktion.

Die Elimination seelisch-geistiger Prädikate aus physikalischen
Theorien wird sowohl durch die deduktive Vereinheitlichung wie
durch die deduktive Abstraktion erzwungen. Durch die deduktive
Vereinheitlichung, weil die klassische elementare Logik, die allen
physikalischen Theorien zugrundeliegt, extensional ist und keine
intentionalen Prädikate – wie das der Konfrontation mit zwei
verschiedenen Handlungsmöglichkeiten, von denen eine vielleicht
ein bloßes Produkt der Einbildungskraft ist – zuläßt. Und durch
die deduktive Abstraktion, weil die idealen Individuen, auf die
sich die verschiedenen physikalischen Theorien beziehen – Partikel,
Felder u. ä. –, ausschließlich als Träger bestimmter physischer und
überhaupt keiner seelisch-geistigen Charakteristika gedacht und
postuliert werden. Aber daß in physikalischen Theorien keine seelisch-geistigen Ereignisse oder Charakteristika (und folglich auch
keine Wahlen) auftreten, besagt nicht, daß sie auf keine Weise
existieren, oder daß sie in der außertheoretischen Welt ineffektiv

oder abhängig wären, und vor allem gilt dies für Kontexte, in
denen gar keine Identifizierung theoretischer Prädikate der Physik
mit empirischen Prädikaten beabsichtigt ist.

Wir müssen uns hier an das erinnern, was wir in der schematischen
Aussage IV von Kapitel XII über die Anwendung einer Theorie
auf eine empirische Situation zusammengefaßt haben. Es wird
dort vorausgesetzt (wenn auch nicht garantiert), daß jedesmal,
wenn eine empirische Aussage mit einer theoretischen Basisaussage
identifiziert wird, diejenigen Züge der empirischen Situation, für
die es in der theoretischen Aussage kein Gegenstück gibt, nicht nur
vernachlässigt werden, sondern auch vernachlässigt werden dürfen,
daß sie nicht nur theoretisch irrelevant, sondern auch in der Situation, in der die Identifizierung vorgenommen wird, ineffektiv
sind. Insbesondere spricht die Möglichkeit, daß Wahlakte in den
von einer physikalischen Theorie vorausgesagten Ablauf der Ereignisse eingreifen, dann nicht gegen die Theorie, wenn sie auf
wahlfreie Kontexte angewandt werden soll – ebensowenig, wie
das Wirksamwerden elektromagnetischer Effekte bei mechanischen
Experimenten etwas gegen die Mechanik sagt. Aber daraus, daß
effektive Wahlakte in wahlfreien Kontexten nicht wirksam werden, folgt nicht, daß sie in allen Kontexten unwirksam sind. Und
auf ähnliche Weise müssen wir uns vor dem Fehler hüten, die
theoretische Irrelevanz unabhängiger Wahlen in Kontexten, die
im Geltungsbereich physikalischer Theorien liegen, für eine Irrelevanz überhaupt zu halten. Wie wir gesehen haben, gibt es eine
logische Lücke zwischen physikalischen Theorien und Erfahrung,
aufgrund der logisch-mathematischen Struktur dieser Theorien,
und dies selbst dann, wenn man seelisch-geistige Prädikate überhaupt nicht in Betracht zieht. Wenn man sie aber in Betracht zieht,
vergrößert sich die bereits bestehende Lücke noch durch den Gegensatz zwischen extensionaler und intensionaler Logik.

Das Ergebnis dieser Diskussion, nämlich, daß aus physikalischen
Theorien, für sich genommen und bei ihrer Anwendung auf die
Erfahrung, weder die Nichtexistenz noch die Existenz physisch
effektiver bzw. unabhängiger Wahlen folgt, widerspricht zwar
einigen philosophischen Lehrmeinungen, widerspricht aber nicht
etwa irgendeiner wissenschaftlichen Theorie über die Effektivität
und Unabhängigkeit von Wahlen. Eine solche Theorie gibt es näm-

lich nicht. Es widerspricht auch nicht unserer intuitiven Überzeugung, daß einige unserer Wahlakte physisch effektiv und unabhängig sind. Diese Überzeugung ist (wenigstens was die Effektivität einiger Wahlen betrifft) auch in der Praxis der Wissenschaftler bei der Überprüfung ihrer Theorien wirksam und drückt sich vor allem im Vertrauen der Wissenschaftler auf ihre Fähigkeit aus, effektiv zwischen verschiedenen Versuchsanordnungen zu wählen, z. B. solche zu wählen, bei denen wenigstens manchmal das theoretisch Irrelevante auch unwirksam bleibt.

### 3. Über die Harmonie zwischen physikalischen Gesetzen und physisch effektiven und unabhängigen Wahlen

Von dem Problem der Verträglichkeit physikalischer Theorien mit der Annahme effektiver und unabhängiger Wahlen muß man das andere, wenn auch eng verwandte Problem unterscheiden, wie man sich eine vernünftige Vorstellung von der Wechselwirkung zwischen physisch effektiven und unabhängigen Wahlen und dem Wirken der physikalischen Gesetze machen kann, und welche Einschränkungen sie sich in dieser Wechselwirkung gegenseitig auferlegen. In der Tradition hat man hauptsächlich auf zwei Arten versucht, hier eine Übereinstimmung zu finden, nämlich mit Hilfe der Auffassung, daß der Mensch eine Doppelnatur habe, und mit Hilfe der Auffassung, daß im Naturgeschehen nur eine approximative Regelhaftigkeit anzutreffen sei. Die Hauptvertreter dieser beiden Auffassungen in der Neuzeit waren Kant und Peirce, und beide haben ihre Thesen im Hinblick auf die Newtonsche Physik entwickelt. Man kann diese jedoch leicht soweit verallgemeinern, daß sie sich auch auf andere, vor allem auf probabilistische Theorien anwenden lassen.

Nach der Lehre von der Doppelnatur des Menschen müssen wir zwischen dem Menschen als physikalisch-physiologischem Organismus, der den Naturgesetzen unterliegt, und dem Menschen als moralisch Handelndem unterscheiden. Während die Unterscheidung dieser beiden Begriffe vom Menschen den Anschein des Widerspruchs zwischen der Wahlfreiheit und dem Wirken der Naturgesetze zerstreuen soll, ist es im Grunde die Einheit des

physikalisch-physiologischen und des moralischen Individuums, in
der die Rechtfertigung für die Verträglichkeit von Wahlfreiheit
und Naturgesetzen erblickt werden muß. Unser Verständnis eben
dieser Einheit ist nun aber – und das oft zugestandenermaßen –
unvollkommen. So gesteht Kant zu, daß diese Einheit letzten
Endes ein Geheimnis für uns bleiben müsse, meint aber, daß es besser sei, beim Erkennen der Wahrheit auf ein Geheimnis zu stoßen,
als ihm um den Preis der Falschheit aus dem Wege zu gehen. Gegen diese Auffassung lassen sich mindestens zwei Einwände vorbringen. Der eine ist mehr der Ausdruck eines Unbehagens: daß
der Verweis auf ein Geheimnis doch schließlich keine Erklärung
ist. Der andere Einwand ist, daß diese Auffassung auf der falschen Annahme beruht, daß wissenschaftliche Theorien wie die
Newtonsche Physik den Ablauf der Naturereignisse beschreiben
und nicht idealisieren.

Die Vorstellung einer Harmonie zwischen Gesetz und Wahl, die
auf der Auffassung beruht, daß in den Naturereignissen nur eine
approximative Regelhaftigkeit anzutreffen sei, scheint vielver-
sprechender zu sein und stimmt auch mit dem Gesichtspunkt unserer Untersuchung besser überein. C. S. Peirce[2] hat die Ansicht vertreten, daß die Streuung von Werten, die bei wiederholten Messungen der gleichen, konstanten physikalischen Größe auftritt,
nicht ausschließlich auf Beobachtungsfehler und die Unvollkommenheit unserer Meßinstrumente zurückgeführt, sondern vielmehr
als ein Anzeichen dafür betrachtet werden sollte, daß durch die
Naturgesetze ein gewisser Variationsbereich in der Natur selbst
offengelassen wird. Numerisch macht es natürlich keinen Unterschied, ob man ein bestimmtes Intervall auf der reellen Geraden
als Fehlerbereich oder als Bereich der Abweichungen von der per-
fekten physikalischen Regelhaftigkeit betrachtet. Aber nur wenn
man die zweite Interpretation annimmt, wird es möglich, zu vermuten, daß wenigstens in manchen Fällen der ermittelte Wert
einer physikalischen Größe im einen statt im anderen Abschnitt
des Intervalls auftritt, weil ihn ein effektiver und unabhängiger
Wahlakt dorthin gelenkt hat.

2 C. S. Peirce, »The Doctrine of Necessity examined«, in: *Collected Papers*,
eds. C. Hartshorne u. P. Weiss, Harvard 1931–35; Vol. 6.

Man könnte sich schon vor einer genaueren Betrachtung dieses Gedankengangs fragen, ob der Spielraum, den er physisch effektiven und unabhängigen Wahlen läßt, wirklich weit genug ist, um den Einfluß, den sie doch scheinbar auf den Gang der Ereignisse haben, zu erklären. Es würde einem im höchsten Maß gekünstelt vorkommen, wenn man die Konstruktion des Colosseums oder des Empire State Building als Resultat des Zusammenwirkens von Naturgesetzen mit Wahlakten erklären wollte, die nur im Rahmen der herkömmlichen Fehlerrechnung physisch effektiv und unabhängig sein könnten. Es scheint, als ob es dann doch besser wäre, die Nichtexistenz physisch effektiver und unabhängiger Wahlen zu behaupten als ihnen Existenz bloß innerhalb so eingeschränkter Grenzen einräumen zu wollen.

Dieses Mißbehagen wird bestätigt, wenn man die Peircesche Auffassung einmal ausführlicher mit der orthodoxen Darstellung der Anwendung deterministischer Gesetze vergleicht. Nach dieser vollzieht sich die Anwendung solcher Gesetze in drei Stufen, nämlich zunächst der Formulierung der allgemeinen Beziehung zwischen den Quantitäten des betrachteten Systems, die z. B. durch die Funktion

$$y = f(x) \qquad\qquad\qquad (a)$$

ausgedrückt werden kann. Danach kommt die Feststellung der Resultate wiederholter Messungen der Quantität $x$ in einem bestimmten Zustand des Systems. Sie ergibt eine Menge, die wie folgt ausgedrückt werden kann:

$$\xi_0 = \{x \mid x_1 \leqslant x \leqslant x_2\}$$

Drittens kommt das Stadium, in dem mit Hilfe der Fehlerrechnung der »wahre Wert« $x_0$ aus der Menge $\xi_0$ berechnet wird. Die gesuchte Einsetzung in $(a)$ wird damit also zu:

$$y_0 = f(x_0) \qquad\qquad\qquad (c).$$

Nach Peirce sind $(a)$ und $(c)$ überflüssige und – wenigstens philosophisch – irreführende Idealisierungen, weil ein Naturgesetz genaugenommen nicht einzelne Werte, sondern Wertmengen zueinander in Beziehung setzt und etwa in der Form

$$\eta = \Phi(\xi) \qquad\qquad\qquad (d)$$

ausgedrückt werden sollte, wobei $\xi$ und $\eta$ Mengenvariable und keine Zahlenvariablen sind.

Es ist nun vollkommen vernünftig, $(a)$ als Idealisierung von $(d)$

(und auch als eine möglicherweise irreführende Idealisierung) zu
betrachten, und jede »normale« Theorie, in der nur Gesetze vom
Typ (a) vorkommen, als Idealisierung einer Peirceschen Theorie,
die nur Gesetze vom Typ (d) enthält. Aber das bedeutet keineswegs, daß es sich bei (d) oder ähnlichen Aussagen einer Peirceschen
Theorie nicht um radikale Idealisierungen der Erfahrung handelte. So werden Bewußtseinsprädikate, vor allem Wahlen, nicht
nur in normalen, sondern auch in Peirceschen Theorien durch deduktive Vereinheitlichung und deduktive Abstraktion eliminiert.
In beiden Typen von Theorien sind also die Prädikate nicht identisch – wenn auch in gewissen Kontexten identifizierbar – mit Prädikaten, die empirische Situationen beschreiben, in denen seelisch-
geistige Charakteristika, vor allem Wahlen, auftreten.
Ich habe im vorigen Abschnitt betont, daß das Fehlen aller Hinweise auf Wahlakte in normalen physikalischen Theorien nicht
ihre Nichtexistenz oder Ineffektivität in der außertheoretischen
Welt impliziert, vor allem nicht für solche Kontexte, in denen
eine Identifizierung theoretischer mit empirischen Prädikaten nicht
beabsichtigt ist. Eine entsprechende Feststellung muß nun auch für
die Peirceschen Theorien gemacht werden. Daß diese Theorien –
bedingt durch die ihnen zugrundeliegende logisch-mathematische
Struktur – keine seelisch-geistigen Prädikate wie »$x$ wird durch $y$
gewählt« enthalten, impliziert nichts über die Nichtexistenz, die
Ineffektivität oder die Abhängigkeit solcher Prädikate in der
außertheoretischen Welt. Es wird auch nicht impliziert – und darauf kommt es hier an –, daß die Effektivität bzw. Unabhängigkeit
von Wahlen durch Gesetze der Form »$\eta = \Phi(\xi)$« beschränkt wird,
besonders nicht in Kontexten, bei denen eine Anwendung dieser
Gesetze – und damit eine Identifizierung von theoretischen mit
empirischen Prädikaten – nicht beabsichtigt ist.
Wie bereits betont worden ist, unterscheiden sich probabilistische
Gesetze nicht von deterministischen im Hinblick auf den Bereich,
in dem sie Raum für physisch effektive und unabhängige Wahlen
lassen. Wie bei den deterministischen gibt es auch bei der orthodoxen Darstellung der Anwendung probabilistischer Gesetze einen
Bereich der Beobachtungsfehler, der auf die Peircesche Weise als
ein Bereich uminterpretiert werden kann, den diese Gesetze der
Verwirklichung effektiver und unabhängiger Wahlen in der Natur

offenlassen. Aber es gibt bei der Anwendung probabilistischer Gesetze nicht mehr Grund, die Möglichkeit von Wahlen auf einen engen Fehlerbereich zu beschränken, als es gäbe, wenn die Gesetze auf Newtonsche, d. h. wenigstens *prima facie* deterministische Weise angewandt würden.

Wenn man nun annimmt, daß der Bereich physisch effektiver und unabhängiger Wahlen über die Peirceschen Schranken hinausgeht, wird die Verträglichkeit der physikalischen Gesetze mit physisch effektiven Wahlen dadurch nicht unverständlich, wenigstens solange nicht, wie man nicht die Fähigkeit, innerhalb bestimmter Grenzen zu wählen, mit der Fähigkeit, diese Grenzen zu setzen, verwechselt. Tatsächlich stimmt ja die Annahme eines weiteren Bereichs für die physische Effektivität und Unabhängigkeit von Wahlen mit der Alltagserfahrung und (wie wir bereits bemerkt haben) mit der Praxis der Wissenschaftler bei der Vorbereitung ihrer Versuchsanordnungen gut überein. Ich werde hier zwei Konzeptionen einer so erweiterten Harmonie zwischen Gesetz und Wahl vorführen, die ich – aus Gründen, die gleich deutlich werden dürften – den Begriff der alternativ realisierbaren Spezifikationen und den Begriff der alternativ realisierbaren Segmente nennen will.

Um den Begriff der alternativ realisierbaren Spezifikationen zu erklären, will ich hier zunächst zwei Ereignisketten (genauer: zwei Ketten von Ereignistypen oder Ereignischarakteristika) betrachten, deren Elemente in einer umkehrbar eindeutigen Beziehung zueinander stehen, etwa

$$\ldots P_m \ldots S (\ldots P_n \ldots, \ldots P'_n \ldots), S (\ldots P_n \ldots) \ldots P_n \ldots \quad (i)$$

und

$$\ldots P'_m \ldots S (\ldots P_n \ldots, \ldots P'_n \ldots), S (\ldots P'_n \ldots) \ldots P'_n \ldots \quad (ii)$$

Ich nehme an, daß die Wahlen in (i) und (ii) zwischen rein physischen Ereignissen auftreten und sowohl physisch effektiv als auch unabhängig sind. Ferner nehme ich an, daß zwischen irgend zwei korrespondierenden Ereignissen – genauer: Ereignistypen – immer die Beziehung der Exklusion oder der Exklusion-Überschneidung besteht, in Zeichen: $P/P'$ oder $P \not\subset P'$, und daß das gleiche für $S(\ldots P_n \ldots)$ und $S(\ldots P'_n \ldots)$ gilt, insofern es sich bei der Ausführung dieser Wahlen um physische Ereignisse handelt. Die Ketten (i) und (ii) unterscheiden sich somit in allen korrespondierenden Elementen, außer daß in beiden Ketten eine Person mit dem-

selben Typ von Wahl zwischen zwei alternativen Handlungs-
abläufen und folglich auch Ereignisabläufen konfrontiert ist, nämlich $S(\ldots P_n \ldots, \ldots P'_n \ldots)$.

Betrachten wir nun eine dritte, wahlfreie Kette von physischen
Ereignissen, bei der jedes Ereignis in einer umkehrbar eindeutigen
Beziehung zu einem wahlfreien Element von (i) und folglich auch
von (ii) steht, etwa die Kette:

$$\ldots \Pi_m \ldots \ldots \Pi_n \ldots \qquad \text{(iii)}.$$

Ich werde nun (i) und (ii) dann und nur dann als alternativ realisierbare Spezifikationen von (iii) bezeichnen, wenn jedes $P$ aus (i)
und jedes $P'$ aus (ii) im entsprechenden $\Pi$ von (iii) enthalten ist,
d. h. wenn für irgend drei korrespondierende $P$, $P'$ und $\Pi$ gilt:

$$P \subset \Pi,$$
$$P' \subset \Pi,$$

und folglich auch

$$(P \cup P') \subset \Pi.$$

Es ist klar, daß die Kette (iii) mehr als zwei alternativ realisierbare Spezifikationen besitzen kann (z. B. $P$, $P''$, $P'''$, $\ldots$ und in
diesem Falle gilt

$$(P \cup P' \cup P'' \cup \ldots) \subset \Pi.$$

Wenn (iii) nicht selbst eine von mindestens zwei alternativ realisierbaren Spezifikationen einer Kette höherer Ordnung ist, soll
(iii) eine Hauptkette physischer Ereignisse heißen. Weil es für eine
Hauptkette definitionsgemäß keine Alternative gibt, kann sie
nicht – wie ihre alternativ realisierbaren Spezifikationen – durch
eine physisch effektive und unabhängige Wahl in zwei Teile zerlegt werden. Eine Wahl auf einer Hauptkette muß physisch ineffektiv und abhängig sein.

Die Peircesche Auffassung ist lediglich ein Spezialfall des soeben
erläuterten umfassenderen Begriffs. Eine Peircesche Funktion
$\eta = \Phi(\xi)$, durch die die Wertbereiche physikalischer Größen zueinander in Beziehung gesetzt werden, ist nichts weiter als eine
Hauptkette, bei der die Funktionen auf Unterbereiche von $\eta$ und $\xi$
beschränkt sind, wobei die Beschränkungen durch Wahlakte fest-
gesetzt werden und die Unterbereiche die alternativ realisierbaren
Spezifikationen der Hauptkette sind. Wie ich jedoch dargelegt
habe, ist es mit der logisch-mathematischen Struktur physikalischer
Theorien verträglich, wenn man annimmt, daß der Bereich phy-

sisch effektiver und unabhängiger Wahlen über die durch $\xi$ und $\eta = \Phi(\xi)$ gesetzten Grenzen hinausgeht. Tatsächlich beruht die Praxis der Wissenschaftler ja auf dem Glauben, daß sie in vielen Fällen physisch effektiv und unabhängig wählen können, ob sie einen Prozeß in Übereinstimmung mit einem Peirceschen Gesetz $\eta = \Phi(\xi)$ weiterlaufen lassen oder seinen Charakter völlig verändern wollen.

So waren z. B. Galilei und seine Nachfolger sich vollkommen sicher, daß es in ihrer Wahl stand, ob sie einen Körper dem freien Fall überlassen oder auffangen wollten. Und die Anordnung eines Experiments wird als die Ausführung einer Wahl verstanden, bei der es darum geht, ob man bestimmte physikalische Prozesse sich fortsetzen lassen oder sie drastisch verändern will, d. h. über die Grenzen des Peirceschen Bereichs, der numerisch mit dem Fehlerbereich der Beobachtungen identisch ist, hinaus. Wenn das so ist, sind die Peirceschen Gesetze der Form $\eta = \Phi(\xi)$ in vielen Fällen keine Hauptketten, sondern bloß Spezifikationen von Hauptketten. Genaugenommen sind solche Gesetze natürlich nicht einmal alternativ realisierbare Spezifikationen von Hauptketten von Ereignissen, sondern – weil sie ja mathematisch formuliert sind – Idealisierungen solcher Ketten.

Um den Begriff alternativ realisierbarer Segmente zu erklären, beginne ich wiederum mit den schematisch dargestellten Ereignisketten (i) und (ii). Ich mache dieselben Annahmen wie vorher, mit der einen Ausnahme, daß ich sie nicht mehr als Spezifikationen einer Hauptkette betrachte. Stattdessen nehme ich an, daß beiden von ihnen ein und dieselbe Ereigniskette ... $\Pi_I$ ... voraufgeht und ein und dieselbe Ereigniskette ... $\Pi_{II}$ ... nachfolgt (vor ... $\Pi_I$ ... und nach ... $\Pi_{II}$ ... können unterschiedliche Ereignisketten liegen oder auch nicht). Mit anderen Worten: wir betrachten hier zwei Ketten, nämlich

... $\Pi_I$ ... (i) ... $\Pi_{II}$ ...                       (iiia)

und

... $\Pi_I$ ... (ii) ... $\Pi_{II}$ ...                     (iiib),

die sich durch ihre unterschiedlichen Innensegmente unterscheiden – (i) und (ii) –. Jedes dieser Innensegmente wird durch eine physisch effektive und unabhängige Wahl unterteilt – wie man sieht, wenn (i) und (ii) voll ausgeschrieben sind. Wenn es für ... $\Pi_I$ ...

und ... $\Pi_{\text{II}}$ ... keine realisierbaren Alternativen gibt, werde ich sagen, daß (i) und (ii) alternativ realisierbare Segmente innerhalb der gleichen Hauptaußenketten sind.

Die Einschränkung der effektiven und unabhängigen Wahl liegt in diesem Falle nicht darin, daß gewisse allgemeine Charakteristika von Ereignissen realisiert sein müssen (obgleich sie durch unterschiedliche Spezifikationen realisierbar sein mögen), sondern darin, daß eine Ereigniskette gleichsam verschiedene Stationen oder Abschnitte passieren muß, zwischen denen unterschiedliche Alternativrouten realisierbar sind, und zwar einige davon durch physisch effektive und unabhängige Wahlen. Die Praxis der Wissenschaftler impliziert nicht nur einen Glauben an alternativ realisierbare Spezifikationen, sondern auch einen Glauben an alternativ realisierbare Segmente. Ein Beispiel dafür wäre die Überzeugung, daß allen physisch effektiven und unabhängigen Wahlen von Versuchsanordnungen und auch technologischen Neuerungen durch das Gesetz von der Nichtabnahme der Entropie Schranken gesetzt sind, und daß dieses Gesetz Stationen für den Ablauf der Ereignisse festsetzt, die nicht umgangen werden können.

Ich habe bei dieser Diskussion der Möglichkeit eines harmonischen Zusammenwirkens zwischen physikalischen Gesetzen und Wahlakten nicht zwischen physisch effektiven, aber abhängigen und physisch ineffektiven, aber unabhängigen Wahlen unterschieden, sondern nur solche betrachtet, die sowohl physisch effektiv als auch unabhängig sind. Eine getrennte Erörterung beider Arten wäre leicht durchführbar, wenn auch langwierig gewesen. Und das gleiche gilt für eine Erörterung der möglichen Arten, auf die man die Begriffe der alternativ realisierbaren Wahlen und der alternativ realisierbaren Segmente kombinieren könnte.

Um zusammenzufassen: Wissenschaftliche Theorien und ihre Anwendung sind nicht nur mit der Annahme physisch effektiver und unabhängiger Wahlen verträglich; man kann sich sogar ein harmonisches Zusammenwirken zwischen physikalischen Gesetzen und solchen Wahlen vorstellen, ohne sich auf irgendwelche Geheimnisse berufen oder mit der wissenschaftlichen Praxis und unseren Alltagsüberzeugungen kollidieren zu müssen. Schließlich folgt aus der Physik nicht (und Physiker *qua* Physiker behaupten so etwas auch nicht), daß physisch effektive und unabhängige Wahlen den Gang der Ereignisse niemals verändern. Die Physiker behaupten vielmehr nur, daß physikalische Theorien nur in solchen Situationen angewendet werden (und nur auf sie anwendbar sind), in denen Wahlakte nicht auftreten oder zumindest doch vernachlässigt werden können. Es sind die Metaphysiker, die aus der Anwendbarkeit physikalischer Theorien auf wahlfreie Situationen auf die physische Ineffektivität und Abhängigkeit aller Wahlen überhaupt schließen wollen.

### 4. Die Verträglichkeit und Harmonie der Wissenschaft mit physisch effektiven und unabhängigen Wahlen

Physikalische Theorien sind in ihrer Anwendung auf die Erfahrung – wie ich darzulegen versucht habe – mit der Annahme physisch effektiver und unabhängiger Wahlen verträglich. Damit ist aber noch keineswegs garantiert, daß die Verträglichkeit und Harmonie von Wissenschaft und Wahl erhalten bleiben, wenn an die Stelle der Physik eine psychophysische und an Stelle physisch effektiver psychophysisch effektive Wahlen treten. Daß es keine hinreichend entwickelte psychophysische Wissenschaft gibt (außer im Wunschdenken einiger Metaphysiker), macht es zugleich schwieriger und einfacher, den psychophysischen Determinismus »aus wissenschaftlichen Gründen« zu verteidigen. Schwieriger, weil der psychophysische Determinist, anders als der physikalische, sich nicht auf erfolgreiche Theorien berufen kann, sondern nur auf verblüffende Einzelfälle, wie etwa Situationen, in denen eine Wahl, die dem Wählenden effektiv und unabhängig erscheint, erkennbar einer posthypnotischen Suggestion entspricht. Leichter, weil der psychophysische Determinist seinem Gegner immer vorwerfen kann, er mißverstünde Inhalt und Struktur einer Theorie, die es noch gar nicht gibt. Wenn es jedoch dazu kommt, daß die Psychophysik der Zukunft (wie die Physik der Gegenwart) in ein logisch-mathematisches Gerüst eingebettet wird, das ihren Inhalt der deduktiven Vereinheitlichung und Abstraktion unterwirft, dann wird man das, was hier über die Beziehung zwischen Physik und Wahl gesagt worden ist, *mutatis mutandis* auch über die Beziehung zwischen Psychophysik und Wahl sagen können.

Man kann dies auch allgemeiner und ohne die Verwendung von
Ausdrücken sagen, die, wie »Psychophysik«, von einer Aura obso-
leter Metaphysik umgeben sind: Angenommen, $T_1$ sei eine wissenschaftliche Theorie (z. B. eine physikalische Theorie), deren
Gesetze Ereignisse miteinander verknüpfen, die – in der Sprache
der Theorie formuliert – die theoretische Klasse $E_1$ bilden, bei der
alle oder einige Elemente in gewissen Kontexten mit physischen
Ereignissen identifiziert werden können, die ihrerseits zusammen
die empirische Klasse $P_1$ konstituieren. Angenommen ferner, daß
einige Wahlen $P_1$-effektiv und unabhängig sind (z. B. physisch
effektiv und unabhängig). Nehmen wir nun weiter an, $T_2$ sei eine
Erweiterung der wissenschaftlichen Theorie $T_1$ in dem Sinne, daß
alle Theoreme von $T_1$ auch Theoreme von $T_2$ sind, aber nicht umgekehrt, daß die in $T_1$ definierte Klasse von Ereignissen $E_1$ eine
echte Unterklasse der in $T_2$ definierten Klasse $E_2$ ist, und daß die
empirische Klasse $P_1$ eine echte Unterklasse der empirischen Klasse
$P_2$ ist, d. h. der empirischen Klasse derjenigen Ereignisse, die mit
Elementen von $E_2$ identifiziert werden können. Dann ist es möglich, daß es mehr $P_1$-effektive und unabhängige Wahlen gibt, als es
$P_2$-effektive und unabhängige Wahlen gibt. Weil jedoch sowohl $T_1$
als auch $T_2$ der deduktiven Vereinheitlichung und Abstraktion
unterworfen sind, impliziert $T_2$ nicht, daß es keine $P_2$-effektiven
und unabhängigen Wahlen gibt, ebensowenig wie aus $T_1$ folgt,
daß es keine $P_1$-effektiven und unabhängigen Wahlen gibt. Wenn
man behaupten will, daß es keine effektiven und unabhängigen
Wahlen gibt, darf man sich nicht auf wissenschaftliche, sondern
muß sich auf außerwissenschaftliche Gründe berufen.

# XV

# Über einige Annahmen des außerwissenschaftlichen Denkens

Man darf von den Ergebnissen einer Analyse der Struktur und Anwendung wissenschaftlicher Theorien erwarten, daß sie relevante Beiträge zu unserem Verständnis der Beziehung zwischen wissenschaftlichen und nichtwissenschaftlichen, vor allem moralischen und religiösen Denkweisen liefern. Ich möchte in diesem Kapitel unter dem Gesichtspunkt, den ich hier zu begründen versucht habe, einen kurzen Blick auf das Verhältnis der Wissenschaft zu zwei Begriffen von Freiheit werfen, die für das moralische Denken und Theorien der Moral von zentraler Bedeutung sind; und außerdem möchte ich die Beziehung der Wissenschaft zu einer wichtigen Voraussetzung des religiösen Denkens betrachten, nämlich zu dem Gedanken, daß die Welt menschlicher Erfahrung als bloßes Fragment einer umfassenderen Wirklichkeit verstanden werden muß – einer Wirklichkeit, die der Träger der moralischen und anderer Werte ist, die unverwirklicht bleiben müßten, wenn das Fragment das Ganze wäre. Einige skizzenhafte, teils rückblickende und teils vorwärtsblickende Bemerkungen zur philosophischen Methode sollen in diese Diskussion einführen. Ein kurzer Rückblick auf einige der Thesen, die ich zu begründen versucht habe, wird das Kapitel und das Buch beschließen.

## 1. Einige Bemerkungen zur Methode

Es ist hier nicht der Ort, eine Theorie der Typen des philosophischen Denkens zu entwickeln.[1] Es gibt aber eine Unterscheidung, die ich vor allem nützlich finde, und zwar die zwischen zwei Arten von Metaphysik: der regulativen, die, grob gesagt, aus der Setzung von Regeln zur Konstruktion von Theorien (vor allem von wis-

1 Ich habe meine Auffassungen hierzu an anderer Stelle entwickelt. Vgl. u. a. *Conceptual Thinking* (Kap. XXX–XXXIII), New York 1959, und »Broad on Philosophical Method« in: *The Philosophy of C. D. Broad*, The Library of Living Philosophers, New York 1959.

senschaftlichen Theorien) besteht, und der spekulativen, die mit
Ausnahme der regulativen Metaphysik und der analytischen Philosophie alle übrigen Arten des Philosophierens umfaßt. Die spekulative Metaphysik wird dogmatisch, wenn sie von Axiomen ausgeht, deren Annahme nicht weiter gerechtfertigt wird.

Die Diskussionen der voraufgegangenen Kapitel gehören zur analytischen Philosophie, die Gedankenstrukturen als identifizierbare,
allgemein zugängliche Objekte untersucht. Sie sind außerdem als
Aufweis-Analyse gemeint, d. h. als Aufweis verschiedener durch-
gängiger Züge des empirischen Denkens und wissenschaftlicher
Theorien, und nicht als Ersetzungsanalyse, bei der es darum geht,
einige dieser Züge durch andere zu ersetzen, die unter dem Gesichtspunkt gewisser regulativer Prinzipien vorzuziehen wären.
Wie ich jedoch an anderer Stelle (*op. cit.*) gezeigt habe, ist das
Ideal der reinen Aufweisanalyse (wenn es sich dabei überhaupt um
ein Ideal handelt) in der Praxis nahezu unmöglich zu erreichen,
und ich bin mir bewußt, daß mir das auch hier vielfach nicht gelungen ist. So ist etwa die Logik des empirischen Denkens, die in
Kapitel III formuliert worden ist, *selbst schon eine Vereinfachung
und Idealisierung, und nicht etwa ein getreues Abbild der Struktur
unseres empirischen Denkens.* Ihr Wert liegt, soweit ich sehen kann,
darin, daß sie die Aufmerksamkeit auf gewisse Züge unseres empirischen Denkens lenkt, die besser in vereinfachter Form dargestellt
als ganz und gar übersehen werden. Wie ich schon im Vorwort gesagt habe, halte ich es nicht für möglich, der sich beständig wan-
delnden Fülle und Komplexität irgendeiner natürlichen Sprache
gerecht zu werden. Das versuchen zu wollen, scheint mir ein qui-
xotisches Unternehmen zu sein, obgleich ich nicht leugnen will, daß
bei solchen Versuchen viele wichtige Dinge entdeckt werden können und entdeckt worden sind.

Zu einer weiteren Abweichung vom engen Pfad der Aufweis-
analyse ist es bei der Erörterung der Logik wissenschaftlicher Theorien gekommen. Obgleich die klassische elementare Logik den
meisten, wenn nicht allen wissenschaftlichen Theorien zugrundeliegt, gibt es kaum Grund für die Annahme, daß z. B. die intuitionistische Logik nicht für die klassische eingesetzt werden könnte,
ohne den Inhalt der Theorien allzu drastisch zu verändern. Auch
eine exakte dreiwertige Logik könnte in verschiedenen Wissen-

schaftszweigen an die Stelle der exakten zweiwertigen Logik treten, ohne die dort üblichen Schlußtechniken allzu nachteilig zu beeinflussen – für die Quantenmechanik ist ein solches Projekt ja mehrmals in Angriff genommen worden. Ich habe die Aufmerksamkeit auf solche Möglichkeiten gelenkt, wenn sich ein Anlaß dazu ergab. Sie berühren jedoch nicht den wesentlichen Gegensatz zwischen inexakten und intern inexakten Prädikaten, Individuen und Aussagen einerseits und ihren exakten und anderweitig idealisierten Gegenstücken andererseits. Wiederum, und unvermeidlich, bin ich dem Wachstum und Wandel des empirischen und theoretischen Denkens kaum gerecht geworden, und auch nicht den unterschiedlichen Begriffen der außer- und innertheoretischen Zeit, auch wenn ich den Unterschied zwischen der erlebten und der als eine unendliche Menge idealisierter Augenblicke konzipierten theoretischen Zeit betont habe. Ich darf in diesem Zusammenhang noch einmal erwähnen, daß die Analyse der empirischen Kontinua und Übergänge im vierten Kapitel bestenfalls beanspruchen kann, daß sie unseren Wahrnehmungen nähersteht als die Dedekindsche oder eine entsprechende Konstruktion.

Es kann sehr wohl sein, daß sich in diesem Buch noch mehrere Abweichungen von der Aufweisanalyse finden, die mir nicht bewußt geworden sind; und es wäre unwahrscheinlich, wenn sie sich alle mit dem Hinweis rechtfertigen ließen, daß keine Analyse in der Lage ist und auch nur versuchen sollte, all die intrikaten Details des theoretischen und empirischen Sprechens und ihrer wechselseitigen Beziehungen einzufangen. Ich glaube jedoch nicht, daß man diesen Abweichungen insgesamt vorwerfen kann, sie hätten die Züge, auf die ich aufmerksam machen wollte, so entstellt, daß sie nicht mehr erkennbar seien, oder sie seien dadurch in derselben Dunkelheit geblieben, die sie schon in den gängigen Darstellungen umgibt.

Bisher bin ich – von der Diskussion des dogmatischen Behaviourismus abgesehen – kaum auf die Analyse spezifisch metaphysischer Thesen eingegangen. Der dogmatische – im Gegensatz zum methodologischen – Behaviourismus impliziert, daß die Begriffe einer spezifischen Theorie (nach allenfalls leichten Modifikationen) für alle Beschreibungen im Ganzen der Erfahrung hinreichend sind, und daß die Prinzipien dieser Theorie (wiederum nach allenfalls leichten Modifizierungen) für eine Erklärung alles durch ihre

Begriffe Beschriebenen hinreichend sind, soweit dies erklärt werden kann. Der dogmatische Behaviourismus ist ein typisches Beispiel für das, was man eine »pars-pro-toto-Metaphysik« nennen könnte, eine Metaphysik, die behauptet, daß Eigenschaften, die einen bestimmten Teil unserer Erfahrung oder der Welt charakterisieren, zugleich auch »fundamentale« Eigenschaften der Erfahrung und der Welt »im ganzen« sind. (Die Anführungszeichen kennzeichnen das Bedürfnis nach einer gründlichen Klärung dieser Ausdrücke – auch wenn wir sie uns hier glücklicherweise ersparen können). Die mechanistische Metaphysik in der Form, die ihr u. a. durch Hobbes gegeben wurde, die Leibnizsche Monadologie und der – fälschlicherweise so genannte – subjektive Idealismus Berkeleys wären weitere berühmte Beispiele für diesen Typ von Metaphysik.

Ein anderer Typ von Metaphysik, den man als die »Erscheinung-contra-Wirklichkeit-Metaphysik« bezeichnen könnte, vertritt die Auffassung, daß die erfahrene bzw. erfahrbare Welt nicht die Wirklichkeit im ganzen umfaßt, und daß man, wenn man Eigenschaften, die einen Ausschnitt oder sogar die Erfahrung im ganzen charakterisieren, als Eigenschaften der Wirklichkeit betrachtet, die Wirklichkeit zur bloßen Erscheinung verzerrt. Eine solche Metaphysik involviert – indem sie die Erfahrung in einen weiteren Kontext einordnet – eine Erweiterung nicht so sehr der Begriffe und Prinzipien als vielmehr des Gegenstandsbereichs des empirischen Denkens. Das gegebene Beispiel für diesen Typ wäre der absolute Idealismus.

Die pars-pro-toto-Metaphysik (trotz ihrer unvermeidlichen Beschränktheit) und die Erscheinung-contra-Wirklichkeit (trotz ihrer Dunkelheit) können regulative oder zumindest doch heuristische Prinzipien nahelegen. Auf der Hand liegen Beispiele wie »Frage dich immer, ob eine Erweiterung der Begriffe und Thesen einer Theorie über ihr ursprüngliches Anwendungsgebiet hinaus nicht fruchtbar sein kann« und »Wenn man den Bereich seiner Aufmerksamkeit und seines Forschens erweitert, sollte man immer nach den Zügen des erweiterten Bereichs Ausschau halten, auf die die bisher anwendbaren Begriffe und Prinzipien nicht mehr anwendbar sind«. Man kann jedoch diese Regeln – und regulative oder methodologische Prinzipien überhaupt – akzeptieren, ohne zugleich die spekulative Metaphysik zu akzeptieren, der sie ihren Ursprung verdanken.[2]

Es heißt manchmal, daß alle nicht rein logischen Schlüsse der spekulativen Metaphysik Analogieschlüsse seien. Es gibt jedoch auch spekulativ-metaphysische Schlüsse, die sich auf mangelnde Analogie berufen. Beide Arten, Analogieschlüsse und Folgerungen aus mangelnder Analogie, werden auch verwendet, wenn die bestehenden Gesetze eines Landes interpretiert werden müssen, und sie sind in diesem Zusammenhang unter den Namen *argumentum per analogiam* und *argumentum e contrario* bekannt. Die Schwierigkeit bei ihrer Verwendung besteht darin, daß jedesmal, wenn man das eine gebrauchen kann, das andere auch gebraucht werden kann. Es gibt unzählige Beispiele für diese doppelte Anwendbarkeit. Als z. B. die selbstzündenden Zigaretten in den Handel gebracht werden sollten, brauchte man (aus einleuchtenden fiskalischen Gründen) eine Entscheidung, ob eine selbstzündende Zigarette ein Streichholz ist oder nicht, oder vielmehr – weil eine selbstzündende Zigarette ja strenggenommen kein Element und nicht einmal ein Grenzfall der Klasse »Streichholz« ist – ob der Begriff »Streichholz« soweit gedehnt werden soll, daß er auch selbstzündende Zigaretten deckt, oder nicht. Als Mr. Justice Marshall[3] durch ein *argumentum e contrario* entschied, daß eine selbstzündende Zigarette kein Streichholz ist, d. h. als er sich gegen die Ersetzung des Begriffs »Streichholz« durch einen entsprechend erweiterten entschied, war klar, daß er oder jeder andere Richter durch ein *argumentum per analogiam* auch hätte entscheiden können, daß selbstzündende Zigaretten als Streichhölzer zu gelten hätten, und zwar von dem Augenblick an, als eben dieses Urteil rechtskräftig wurde.

Die gleichzeitige Verfügbarkeit zweier Argumente, die von der gleichen Situation aus zu entgegengesetzten Folgerungen führen, läßt einen zweifeln, ob man hier überhaupt von »Argumenten«

---

2 Wenn man regulative metaphysische Prinzipien, heuristische oder methodologische oder irgendeine andere Art von Regeln akzeptiert, nimmt man an, daß sie durch die Handlungen, die sie vorschreiben, erfüllt werden können. Man darf aber nicht übersehen, daß zwei miteinander unverträgliche, aber in sich konsistente Klassen von Regeln erfüllbar sein können.

3 *The Times,* Law Reports, October 19th, 1964.

sprechen und den Sprachgebrauch der Jurisprudenz auf die Philosophie übertragen sollte. Ich werde es hier tun, aber nur der Bequemlichkeit halber, und ohne diese Entscheidung durch ein *argumentum per analogiam* zu stützen. Diese beiden Arten von Argumenten sind in Wirklichkeit nur verkleidete Entscheidungen, und
zwar Entscheidungen darüber, in welcher Richtung man eine unvollständige Klasse von Regeln (oder Gewohnheiten) erweitern
will, wenn es darum geht, einen Begriff auf unvorhergesehene
Fälle anzuwenden, die aufgrund eben dieser Unvollständigkeit der
Regeln weder positiv noch negativ noch neutral sind. (Auf die
neutralen Fälle von $P$ kann man natürlich sowohl $P$ als auch $\neg P$
anwenden, in Übereinstimmung mit einer Klasse von Regeln, die
keiner Ergänzung bedürfen.)

Das *argumentum per analogiam* wird oft zur Unterstützung einer
*pars-pro-toto*-Metaphysik herangezogen – z. B. wenn »demonstriert« wird, daß es sich bei allen Phänomenen »in Wirklichkeit«
um nichts anderes als eine Bewegung von Partikeln handle –, wobei
das »in Wirklichkeit« bis zu einem gewissen Grade durch eine
analogische Dehnung des Begriffs »Partikel« abgestützt wird,
außerdem aber – und in vielleicht noch höherem Grade – durch
reduktionistische Manöver, bei denen eine sehr schwache Äquivalenzrelation zwischen der Bewegung von Partikeln und anderen
Phänomenen angenommen und verwendet wird. Das *argumentum
e contrario* dagegen eignet sich vor allem zur Unterstützung einer
Erscheinung-*contra*-Wirklichkeit-Metaphysik, so z. B. wenn »gefolgert« wird, daß gewisse Züge von Erfahrungsgegebenheiten,
etwa ihre raumzeitliche Lokalisierung, »folglich« kein Charakteristikum der Wirklichkeit sein könne.

Diese beiden Arten von Argumenten werden gebraucht, um Fragen zu beantworten, deren Antwort sich nicht – wie man gehofft
hatte – logisch aus gewissen Gedankensystemen (z. B. einem Ge-
setzeskodex, oder einem Bestand an wissenschaftlichen Theorien)
ergibt. Sie werden vor allem dann verwendet, wenn außerwissenschaftliche Glaubenssätze scheinbar aus der Wissenschaft »abgeleitet« sind: in Anbetracht des hohen Prestiges der Wissenschaft
geschieht dies vor allem in Fällen, wo es sich um moralische oder
religiöse Glaubenssätze handelt, die auf das Gemütsleben und
Verhalten ihres Trägers erheblichen Einfluß haben.

## 2. Zwei Freiheitsbegriffe

Theorien der Moral erheben auf zweierlei Weise einen Anspruch auf Wahrheit. Entweder beanspruchen sie, die moralischen Überzeugungen bestimmter Menschengruppen festzustellen und zu analysieren – Überzeugungen, die unabhängig von der Frage in Geltung sind, ob sie wahr oder falsch sind oder dies überhaupt sein können. Oder aber sie beanspruchen, moralische Überzeugungen zu begründen, die für jeden, der sie sich zu eigen macht, wahr sein würden. Man kann nicht immer eine deutliche Grenze zwischen diesen beiden Ansprüchen ziehen, und das ist auf eine methodische Eigentümlichkeit der Ethik zurückzuführen. In den Naturwissenschaften hofft man nicht, durch die Untersuchung von Überzeugungen zu wahren Überzeugungen zu kommen, sondern durch die Untersuchung der Natur. In der Ethik dagegen erwartet man traditionellerweise wahre Überzeugungen als das Resultat einer Untersuchung der moralischen Überzeugungen, die von einer oder mehreren Menschengruppen vertreten werden. Die traditionelle Methode besteht hier weitgehend im Vergleich moralischer Überzeugungen, im Suchen nach intuitiven oder strukturellen Merkmalen von Evidenz, im Vorbringen aller möglichen kritischen Einwände gegen Ansichten, die miteinander unverträglich sind, etc., und all dies unter der Voraussetzung, daß »die« wahren moralischen Überzeugungen sich unter den geprüften befinden und allein in der Lage sind, allen Einwänden zu widerstehen. Der unscharfe und kontroverse Charakter der ethischen Methodik hat dazu geführt, daß unter antiken wie modernen Moralphilosophen sogar schon über den logischen Status sogenannter moralischer Urteile viel gestritten worden ist, ob es sich bei ihnen um wahre oder falsche Aussagen handelt, oder um Regeln, die zwar zu anderen Regeln in logischen Beziehungen stehen, aber weder wahr noch falsch sein können, oder aber schließlich, ob wir sie nicht bloß als Ausdrücke für Einstellungen betrachten müssen, bei denen es nicht nur kein Wahr oder Falsch, sondern auch keine wechselseitigen Beziehungen gibt.

Diese radikalen Unstimmigkeiten haben jedoch kaum praktisches Gewicht. Die Ansichten, die jemand über die Todesstrafe, die Euthanasie, die Geburtenkontrolle, den Selbstmord oder die Ras-

sensegregation hat, werden sich kaum ändern, wenn er seine Ansicht über den logischen Status moralischer Urteile ändert. Und
auch seine Bereitschaft, nach seinen Überzeugungen zu handeln,
braucht sich nicht zu ändern. Es gibt jedoch eine andere alte ethische
Streitfrage, die von großer praktischer Bedeutung ist, nämlich die,
ob der Mensch frei oder unfrei ist. Jemand, der glaubt, daß er bis
zu einem gewissen Grade frei handeln kann, wird, wenn er sich
zur gegenteiligen Ansicht bekehrt, vielleicht in der Bereitschaft,
seinen Überzeugungen zu folgen, nachlassen – vorausgesetzt natürlich, daß seine erste Ansicht die richtige war. Denn die Meinung,
daß man nicht frei handeln kann, ist eine sehr bequeme Entschul-
digung, die man jedesmal gebrauchen kann, wenn man zwar nach
seinen Überzeugungen handeln könnte, dies aber schmerzhaft oder
vielleicht auch nur ein bißchen unangenehm wäre.

Bisher haben wir weder die Bedeutung noch die Möglichkeit der
menschlichen Freiheit in vollem Umfang diskutiert. Was die erstere
betrifft, haben wir den juristischen Unterschied zwischen »freien«
und »erzwungenen« Handlungen als im vorliegenden Kontext un-
interessant beiseitegeschoben. Darüber hinaus haben wir implizit
angedeutet, daß, wenn der Mensch – in einem nicht bloß juristischen Sinne – frei ist, es Handlungen geben muß, die $P$-effektiv
und unabhängig sind (wobei unter $P$ jede empirische Ereignisklasse
zu verstehen ist, die mit den theoretischen Ereignissen einer durch
eine wissenschaftliche Theorie $T$ definierten theoretischen Ereignisklasse $E$ identifizierbar ist).[4] Was die Möglichkeit der Freiheit
betrifft, ist nur gezeigt worden, daß aus keiner Theorie mit der
üblichen logisch-mathematischen Struktur folgt, daß solche Wahlen
nicht existieren oder daß sie existieren.

Nun sind aber die Deterministen verschiedener Färbung durchaus
im Recht, wenn sie uns daran erinnern, daß selbst dann, wenn sich
für jede vorliegende Theorie $P$-effektive und unabhängige Wahlen
aufweisen lassen, es immer noch möglich bleibt, daß es keine
schlechthin effektiven und unabhängigen Wahlen gibt. Der Determinist könnte noch hinzufügen, daß der beständig wachsende
Bereich der Wissenschaft und die zugleich mit ihm wachsende
Klasse der $P$-ineffektiven und abhängigen Wahlen guten Grund

4 Im Sinne des Schemas iv in Kapitel XII.

für die Vermutung geben, daß die Klasse der vermeintlich effektiven und unabhängigen Wahlen leer ist, oder daß nur ganz triviale Wahlakte in ihr vorkommen. Seine Strategie ist das vertraute *argumentum per analogiam,* und die Gegenstrategie des Indeterministen ist das ebenso vertraute *argumentum e contrario,* ein Entgegensetzen der Welt der Wissenschaft zur Welt der Erfahrung, oder der Welt der Erfahrung zur Welt. Keines der Argumente hilft uns, die Bedeutung von Freiheit zu klären – indem der Determinist die Existenz effektiver und unabhängiger Wahlen leugnet, läßt er jede weitere Suche als vergeblich erscheinen, und das Argumentieren des Indeterministen *e contrario* hüllt die Natur der Freiheit in das Geheimnis einer Erscheinung-*contra*-Wirklichkeit-Metaphysik ein.

Es gibt jedoch noch ein anderes deterministisches Argument, das uns weiterhilft. Es hat die Form und den Anschein des folgenden Dilemmas: Entweder sind unsere Wahlen ganz und gar durch die vorausgehenden Ereignisse bestimmt, oder aber einige von ihnen sind zum Teil undeterminiert und zu diesem Teil irrational. Ein Weg, diesem Dilemma zu entgehen, wäre das Eingeständnis, daß Wahlen – innerhalb der Peirceschen oder anderer Grenzen – undeterminiert sein können. Dies ist, wenn ich recht verstehe, die Position des Existentialisten. Sie ist u. a. durch die folgenden Argumente gestützt worden: durch metaphysische Argumente, die zeigen sollen, daß die Kategorien der menschlichen Existenz radikal von den auf andere Dinge anwendbaren Kategorien verschieden sind, und daß vor allem die Wahl durch nichts anderes als das Erlebnis des Wählens verstanden werden kann; zweitens dadurch, daß man demjenigen, der behauptet, daß alle Wahlen durch vorausgegangene Ereignisse determiniert sind, das *onus probandi* zuschiebt; und schließlich durch phänomenologische, Common sense- oder linguistische Analysen, die zeigen sollen, daß ungeachtet aller auftretenden linguistischen oder begrifflichen Verwirrungen jeder Mensch doch irgendwie glaubt, daß einige seiner Wahlen nicht determiniert sind.

Diese Verwirrungen lassen sich, so heißt es, auf ein Mißverstehen der wahren Aussage zurückführen, daß die Wahlen einer Person von den vorausgegangenen Ereignissen und ihrem Charakter bestimmt werden. Denn weil der Charakter einer Person durch alle, die meisten, oder wenigstens die wichtigsten seiner Wahlen bestimmt wird, kann man mit ebensoviel Recht sagen, daß sein Charakter seine Wahlen bestimmt, wie daß seine Wahlen seinen Charakter bestimmen. Man wählt also bei jeder Wahl seinen Charakter oder – dramatischer gesagt – sich selbst. Was immer man von diesen Argumenten hält, sie zeigen zumindest doch, daß man freie Wahlen als effektiv, unabhängig und unbestimmt denken kann.

Undeterminierte Wahlen brauchten nicht nur an kein Prinzip gebundene Wahlen bestimmter Handlungen zu sein, sie können auch Wahlen universeller Prinzipien des Handelns sein. Jemand könnte wählen, sich eine bestimmte Lebensweise aufzuerlegen. Eine solche Wahl eines Prinzips oder einer Lebensweise wäre jedoch stets widerrufbar und keiner Autorität – keinem Gesetz und keinem Gesetzgeber – unterworfen. Diese Auffassung der freien Wahl konzediert, daß man eine moralische Autorität erschafft, indem man sie akzeptiert, erkennt aber keine moralische Autorität an, die vor einem solchen Akt der Annahme existiert.

Ein anderer Weg, dem gestellten Dilemma zu entgehen und dabei einen Begriff von Freiheit zu konzipieren, wird von dem Hinweis, daß die Alternativen hier nur scheinbar einander ausschließen und gemeinsam alle Möglichkeiten erschöpfen, aufgezeigt. Abgesehen von den beiden Möglichkeiten, daß eine Wahl von voraufgegangenen Ereignissen determiniert wird, oder daß sie überhaupt nicht determiniert wird, gibt es noch eine dritte, nämlich die, daß die Wahl in gewissem Maße durch Nicht-Ereignisse bestimmt wird, etwa durch Überzeugungen – seien diese nun faktisch, logisch oder praktischer Natur. Wenigstens auf den ersten Blick sieht es so aus, als ob unter anderem meine Meinung, daß es regnet, mich dazu bestimmt, nicht auszugehen; meine Überzeugung, daß $p$ wahr ist, und daß $q$ aus $p$ folgt, kann mich auf ähnliche Weise bestimmen, die Wahrheit von $q$ zu behaupten; und meine Ansicht, daß eine bestimmte Politik wünschenswert ist, kann mich dazu bringen, für eine bestimmte Partei zu stimmen.

Aber wenn nun auch eine Überzeugung oder Meinung kein Ereignis ist: wird sie nicht doch immer von vorausgegangenen Ereignissen bestimmt, so daß wir uns letzten Endes doch wieder dem ursprünglichen Dilemma gegenübersehen? Man könnte hier entgegnen, daß wenigstens in einigen Fällen Überzeugungen nicht nur von vorausgegangenen Ereignissen abhängen, sondern auch von dem, was sie zu wahren Überzeugungen macht, wenn sie wahr sind, und zu falschen, wenn sie falsch sind. So wird z. B. meine Überzeugung, daß ich es vor meinem Fenster regnen sehe, durch Ereignisketten hervorgerufen, die im Falle ihrer Falschheit andere sind als im Falle ihrer Wahrheit. Das heißt, daß die Wahrheit oder Falschheit einer Überzeugung zu den Faktoren gehören, die die Überzeugung bestimmen. Nun ist aber wenigstens in diesem Falle das, was die Überzeugung wahr macht, selber wieder ein Ereignis. Solche Überzeugungen jedoch, die durch nichtzeitliche Wahrheitsbedingungen wahr gemacht werden, vor allem durch beständige Charakteristika der Welt, werden zumindest in dem Maße, in dem ihre Wahrheit durch diese Charakteristika bestimmt wird, nicht durch vorausgegangene Ereignisse bestimmt.

Es wird oft angenommen, daß einige der beständigen Charakteristika der Welt eine moralische Autorität konstituieren, die sich – vollständig oder zum Teil – in moralischen Aussagen, moralischen Vorschriften oder moralischen Einstellungen ausdrückt. Von dieser Autorität nimmt man an – in Analogie mit gesellschaftlichen Autoritäten verschiedener Art –, daß sie unsere Wahlen nicht auf die Weise determiniert, wie vorausgegangene Ereignisse sie determinieren können – indem sie sie ineffektiv und abhängig macht. Jemand, der diese Autorität akzeptiert, kann sich auch entschließen, sie nicht zu akzeptieren, und auch wenn er sie akzeptiert, kann er ihr manchmal oder auch ständig zuwiderhandeln. Was jedoch seine Freiheit, diese Autorität zu akzeptieren oder zu verwerfen, von der des Existentialisten unterscheidet, ist der Umstand, daß seine Entscheidung die Autorität nicht erst erschafft. Die Autorität ist ein beständiges Charakteristikum der Welt und existiert, bevor sie angenommen oder verworfen wird. Statt zu sagen, daß diese vorgängige moralische Autorität unsere effektiven und unabhängigen Wahlen determiniert, würde man deshalb besser sagen, daß unsere Wahlen ihr »unterworfen« sind, in einem Sinne, der dem analog ist, in dem ein Bürger dem Souverän »unterworfen« ist.

Im ersten Sinne von Freiheit sind unsere Wahlen, sofern sie frei sind, effektiv und unabhängig von vorausgegangenen Ereignissen, und im übrigen völlig undeterminiert. Im zweiten Sinne von Freiheit sind sie effektiv, unabhängig und einer moralischen Autorität unterworfen. Nach dieser Erklärung des Unterschieds zwischen den beiden Freiheitsbegriffen würde man noch auf viele Details und Schwierigkeiten einzugehen haben, die den Rahmen selbst einer philosophischen Betrachtung der Wissenschaft weit überschreiten. Unter ihrem Gesichtspunkt bleibt nur noch die Frage zu stellen, ob die Annahme, daß einer oder sogar beide dieser Begriffe nicht leer sind, mit den Theorien der Wissenschaft verträglich ist.

Beim gegenwärtigen Stand unserer Untersuchung ist diese Frage leicht zu beantworten. Wir haben bereits gezeigt, daß die Annahme effektiver und unabhängiger Wahlen innerhalb von Grenzen, die ihrerseits nicht wählbar sind, sich mit jeder wissenschaftlichen Theorie, die die von uns diskutierte logisch-mathematische Struktur besitzt, verträgt. Und weil sich aus wissenschaftlichen Theorien keine Folgerungen über das Vorhandensein oder Nichtvorhandensein außerwissenschaftlicher Grenzen ergeben, lassen sie Raum für undeterminierte Wahlen wie für Wahlen, die einer moralischen Autorität unterworfen sind.

### 3. Erfahrung in religiösen Kontexten

Weil es bei einem beträchtlichen Teil der Mathematik und der Theologie um Begriffe des Unendlichen geht, um das Einbetten endlicher Kontexte in unendliche und die Zulässigkeit von Extrapolationen aus endlichen in unendliche Kontexte, hat man Mathematik und Theologie oft miteinander verglichen. Solche Vergleiche brauchen weder müßig noch tendenziös zu sein und können sehr wohl dem Zweck philosophischer Analyse dienlich sein. Vor allem können sie uns deutlich machen, daß die Grundlagen gewisser mathematischer Annahmen nicht besser und nicht schlechter sind als die entsprechenden der Theologie. Es lohnt sich vielleicht, hier einmal eine – und möglicherweise die zentrale – Parallele zwischen einem mathematischen und einem theologischen Begriff zu ziehen.

Klassische und konstruktivistische Mathematiker machen die gleichen Annahmen über endliche Klassen; nach beiden läßt sich auf diese der Satz vom ausgeschlossenen Dritten anwenden. Beide stimmen darin überein, daß solche Klassen *existieren,* in dem

Sinne, daß die Elemente einer endlichen Klasse wenigstens im Prinzip aufgewiesen oder konstruiert werden können. Für diese Klassen ist mathematische »Existenz« gleichbedeutend mit Konstruierbarkeit. Klassiker und Konstruktivisten unterscheiden sich jedoch in ihrer Antwort auf die Frage, ob der Begriff der mathematischen Existenz so erweitert werden sollte, daß er auch aktual unendliche Klassen deckt. Sie unterscheiden sich hier, auch wenn sie vielleicht über den Zweck einig sind, für den der neue Begriff verwendet werden könnte, oder über die Tatsache, daß die infinitistische Mathematik bisher anfälliger gegen Antinomien gewesen ist als die konstruktivistische. Der klassische Mathematiker schreitet *per analogiam* von der Existenz endlicher zu der unendlicher Mengen fort, während der Konstruktivist sich weigert, ihm bei diesem Schritt zu folgen. Und es gibt noch eine dritte Position im Hinblick auf die aktual unendlichen Mengen, nämlich die der Neutralität bzw. des Agnostizismus. All dies ist wohlbekannt und braucht hier nicht weiter erläutert zu werden.

Worauf es ankommt, ist die Erkenntnis, daß der klassische, der konstruktivistische und der agnostische Mathematiker sehr wohl gleichermaßen mit den Strukturen und Operationen der betrachteten Systeme vertraut sein können und dennoch ganz unterschiedlichen Erwägungen den Vorrang geben. Überdies kann es vorkommen, daß sich jemand, ohne neue Informationen erhalten zu haben, von einem dieser Standpunkte zu einem neuen bekehrt, den er befriedigender als den alten findet.

Auf ähnliche Weise kann es hinsichtlich der allgemeinen Charakteristika der Erfahrung als Gegenstandsbereich wissenschaftlicher Theorien völlige Übereinstimmung zwischen Menschen geben, die an einen persönlichen, allmächtigen und guten Gott glauben, und anderen, die ungläubig oder theologische Agnostiker sind. Sie alle reagieren ganz verschieden von der gleichen Grundlage aus. Der Gläubige fühlt sich berechtigt, *per analogiam* von seinen Erfahrungen mit verschieden freundlichen und mächtigen Personen zur Annahme einer unendlich mächtigen und wohlwollenden Gottheit fortzuschreiten – auf Grund einer Analogie also, die in der Bibel mit den Worten angedeutet wird, daß Gott den Menschen nach seinem Bilde erschuf. Der Ungläubige fühlt sich berechtigt, *e contrario* anzunehmen, daß es keine Person von unbeschränkter

Macht und Güte gibt, während der theologische Agnostiker sich
des Urteils enthält. Bekehrungen sind in diesem Bereich ganz geläufig. Man könnte hier z. B. an die Bekehrung des Vaters Zosima
in den *Brüdern Karamasow* denken, der die Welt der Erfahrung
plötzlich in einem umfassenderen religiösen Kontext erblickt.

Es ist natürlich auch möglich, von der Erfahrung der begrenzten
Bosheit und Macht menschlicher Wesen zur Annahme einer sata-
nischen Gottheit fortzuschreiten, zur genau gegenteiligen Annahme
zu kommen, oder sich des Urteils zu enthalten; und ebenso könnte
man zur Annahme einer guten und einer bösen Gottheit kommen,
von denen dann keine allmächtig sein könnte, zur gegenteiligen
Annahme, oder auch hier wieder zur Urteilsenthaltung. Es gibt
noch weitere Möglichkeiten, die wir hier außer acht lassen können.
Die Differenzen zwischen theologisch Gläubigen, Ungläubigen und
Agnostikern sind ohne Zweifel komplexer als die Differenzen
zwischen Mathematikern im Hinblick auf die mathematische Un-
endlichkeit. So muß z. B. die Annahme einer unendlich mächtigen
und wohlwollenden Gottheit durch ein *e-contrario*-Argument mit
unseren Erfahrungen von begrenzter Bosheit und Macht in Übereinstimmung gebracht werden. Und die Erweiterung der Begriffe
von unendlicher Macht und Güte, bis sie die »vollkommene« oder
endliche Macht und Güte decken, ist wenigstens *prima facie* un-
durchsichtiger als die Erweiterung des Begriffs der Klassenexistenz
von endlichen auf unendliche Klassen.

Nehmen wir an, »*P*« sei entweder ein empirisches Prädikat, dessen
Einsetzungen wertgeschätzt werden, oder aber ein Wertprädikat,
das nur auf empirische Individuen angewendet werden kann. Nehmen wir weiterhin an, daß wir verstehen, was der Übergang von »*P*«
zu »unendlich *P*« involviert. Wir könnten dann – wobei wir uns
in einer gewissen Übereinstimmung mit der Tradition befinden
würden – das Prädikat, das sich bei diesem Übergang ergibt, eine
»Vollkommenheit« nennen, und jedes Individuum, das nur vollkommene Eigenschaften besitzt, ein »vollkommenes Individuum«.
Insoweit die Theologie vollkommenen Individuen Vollkommenheiten zuschreibt, sind ihre Aussagen, genau wie die Aussagen der
Mathematik und wissenschaftlicher Theorien, mit der Erfahrung
logisch unverbunden. Diese logische Unverbundenheit liegt auf der
Hand, auch wenn sie nichts mit dem logischen Gerüst theologischer

Theorien zu tun hat. Es stellt sich dabei die interessante Frage, ob und wie diese logische Lücke überbrückt werden könnte, etwa durch »Identifizierung« empirischer Prädikate mit Vollkommenheiten. Jeder Versuch, eine Antwort zu finden, würde uns jedoch hier zu weit führen. Was uns im Augenblick interessiert, ist die Verträglichkeit wissenschaftlicher Theorien als solcher und in ihrer Anwendung auf die Erfahrung mit verschiedenen theologischen Lehren. Ich werde hierzu nur zwei wichtige Beispiele betrachten, nämlich den theologischen Optimismus und die theologische Kosmologie, wie ich diese beiden Lehren nennen möchte.

Unter theologischem Optimismus verstehe ich den Glauben an die Existenz vollkommener Individuen, insbesondere an die Existenz eines Wesens, das alle Vollkommenheiten in sich vereinigt. Die Verträglichkeit dieses Glaubens mit wissenschaftlichen Theorien als solchen und in ihrer Anwendung auf die Erfahrung ist trivial. Weil jede Klasse vollkommener Individuen, jede Klasse empirischer Individuen und jede Klasse theoretischer Individuen sich wechselseitig ausschließen, folgt aus der Annahme, daß irgendeine Klasse vollkommener Individuen nicht leer ist, keine Aussage darüber, ob ein empirisches Prädikat auf ein empirisches Individuum anwendbar ist oder nicht, oder ob ein theoretisches Prädikat auf ein theoretisches Individuum anwendbar ist oder nicht. Aus ähnlichen Gründen ist die Wissenschaft auch mit dem theologischen Pessimismus und dem Agnostizismus verträglich.

Unter theologischer Kosmologie verstehe ich die Lehre, daß das Universum von einer Gottheit erschaffen worden ist, die ihm nicht als Teil angehört, und auch die Lehre, daß eine solche Gottheit durch Wunder in den Gang der Ereignisse eingreifen kann. Diese beiden Lehren müssen je für sich betrachtet werden. »Schöpfung« kann als eine Vollkommenheit betrachtet werden, die aus der »Umwandlung von etwas Gegebenem in etwas Neues« hergeleitet ist. Der letztere Begriff ist empirisch; er wird in geringem Grade durch das Kochen und andere mehr oder weniger technisch anspruchsvolle Tätigkeiten exemplifiziert, und in höherem Grade durch das Hervorbringen von Kunstwerken. Der Unterschied des Grades hängt von dem Verhältnis des Neuen zum nicht Neuen in dem erzeugten Gegenstand ab, einem Verhältnis, das nur schwer – wenn überhaupt – charakterisiert werden kann. »Schöpfung«,

oder wenn man so will »absolute Schöpfung« ist dann eine Vollkommenheit von »Umwandlung von etwas Gegebenem in etwas
Neues« in dem Sinne, daß bei ihr etwas – und letzten Endes das
gesamte Universum – aus nichts erzeugt wird. Die Wissenschaft,
die es mit einem Universum zu tun hat, das vor der Formulierung
und Anwendung ihrer Theorien gegeben ist, impliziert weder die
Annahme einer Schöpfung des Universums durch eine Gottheit
noch deren Gegenteil. Das folgt natürlich schon aus weit gröberen
Analysen als denen, die wir in den voraufgegangenen Kapiteln gegeben haben.

Der Begriff des Wunders kann auch als eine Vollkommenheit verstanden werden, nämlich eine, die sich aus einer unendlichen Erweiterung des Begriffs der effektiven und unabhängigen Wahl
ergibt. Ich habe im Kapitel XIV gezeigt, daß wissenschaftliche
Theorien mit der Annahme effektiver und unabhängiger Wahlen
innerhalb der von deterministischen wie probabilistischen Naturgesetzen gezogenen Grenzen verträglich sind, dagegen nicht mit der
Annahme, daß die Grenzen, innerhalb derer man solche Wahlen
treffen kann oder könnte, selber gewählt werden können. *Unbegrenzt* effektive und unabhängige Wahlen sind somit unverträglich
mit der vorausgegangenen Analyse wissenschaftlicher Theorien
und ihrer Anwendung auf die Erfahrung. Weil Wunder als das
Resultat einer solchen unbegrenzt effektiven und unabhängigen
Wahl durch eine Gottheit – als eine sich aus begrenzt effektiven
und unabhängigen Wahlen herleitende Vollkommenheit – verstanden werden, ist die Annahme ihrer Existenz mit der Wissenschaft nicht verträglich.

### 4. Kurzer Rückblick

Am Ende dieser Untersuchung möchte ich noch einmal einige der
Hauptthesen herausstellen, die sich ergeben haben. Sie hat das
Bedürfnis und die Gründe für eine Unterscheidung zwischen zwei
Typen des Denkens gezeigt, dem empirischen und dem theoreti-
schen. Diese Unterscheidung beruht auf Unterschieden ihrer logi-
schen Struktur. Das empirische Denken differenziert die Welt der
Erfahrung nach Individuen, Klassen und Beziehungen zwischen
Klassen solcher Individuen und unterscheidet zwischen dem em-

pirisch Kontinuierlichen und Diskreten. Es gibt verschiedene Schemata des empirischen Differenzierens, zumindest sind sie vorstellbar, auch wenn das empirische Denken bisher im großen und ganzen vor allem ein Schema bevorzugt zu haben scheint, nämlich das von Körpern, die sich in Raum und Zeit bewegen. Allen diesen Schemata liegt eine Logik zugrunde, in der mit inexakten Prädikaten und neutralen Aussagen operiert werden kann. Mit ihrer Hilfe kann die logische Struktur von Ähnlichkeitsklassen und -beziehungen und – allgemeiner – von empirischen Prädikaten, Kontinua und – wenn ich einmal so sagen darf – Diskreta formuliert oder doch zumindest adäquater formuliert werden, als dies in der klassischen Logik und ihren Varianten möglich ist.

Das theoretische Denken ist faktisch in die klassische elementare Logik eingebettet, die durch Einschränkungen und Modifikationen des empirischen Denkens bedeutende Vorteile für die deduktive Vereinheitlichung, das Ziehen von Schlüssen und Anstellen von Berechnungen mit sich bringt. Es gibt ohne jeden Zweifel eine beträchtliche Vielfalt von Theorien, sowohl bereits entwickelten als auch bloß möglichen. Dies gilt nicht nur für inhaltliche, sondern auch für viele mathematische Theorien, die der Einfachheit halber als Erweiterungen der klassischen elementaren Logik betrachtet werden können. Der Prozeß der Idealisierung durch deduktive Vereinheitlichung und deduktive Abstraktion, der, von empirischen Prädikaten, Individuen und Aussagen ausgehend, zur deduktiven Unverbundenheit zwischen Erfahrung und Theorie führt, stellt uns vor die Frage, wodurch ein Zusammenhang zwischen empirischem und theoretischem Denken hergestellt wird.

Dieser Zusammenhang wird durch die Identifizierung empirischer Aussagen, deren inhaltliche Komponenten empirische Prädikate und Individuen sind, mit theoretischen Basisaussagen, deren inhaltliche Komponenten theoretische Prädikate und nichtempirische Individuen sind, hergestellt, wobei die Identifizierung Bedingungen genügen muß, die einerseits von den Forderungen der Theorie nach passenden empirischen Gegenstücken für einige ihrer theoretischen Komponenten abhängig sind, und andererseits vom Kontext, in dem Sinne, daß das, was wissentlich oder unwissentlich vernachlässigt wird, auch in der Tat vernachlässigt werden darf. In Anbetracht dieser Bedingungen müssen die rein deduktivistischen oder

auf einem Falsifizierbarkeitskriterium beruhenden Auffassungen
von der Übereinstimmung zwischen Theorie und Erfahrung durch
etwas kompliziertere Erklärungen ersetzt werden.

Bis hierhin hat eine rein extensionale Betrachtung der Struktur
des empirischen wie des theoretischen Denkens für unseren Vergleich genügt. Wenn man jedoch das Auftreten seelisch-geistiger
Prädikate im empirischen Sprechen und ihr Fehlen im theoretischen
in die Betrachtung einbezieht, muß man seine Aufmerksamkeit den
intentionalen – und folglich intensionalen – Aspekten des empirischen Sprechens zuwenden. Man bemerkt, daß sich die logische
Unverbundenheit zwischen Erfahrung und Theorie noch um einen
Schritt vergrößert, wenn man intentionale empirische Prädikate
mit extensionalen theoretischen vergleicht. Es läßt sich zeigen, daß
die »Entgeistigung« der Erfahrung durch die Naturwissenschaften
hauptsächlich von der ihnen zugrundeliegenden extensionalen
Logik erzwungen wird.

Dies wird relevant, wenn man die logischen Beziehungen zwischen
wissenschaftlichen Theorien in ihrer Anwendung auf die Erfahrung einerseits und der Annahme effektiver, unabhängiger und
freier Wahlen und den Auffassungen des theologischen Optimismus, Pessimismus und Agnostizismus sowie den Annahmen der
theologischen Kosmologie andererseits betrachtet. Die Wissenschaft
ist mit all diesen Auffassungen verträglich – ausgenommen die
Annahme der Möglichkeit von Wundern.

Mit dieser einzigen Ausnahme sind die Thesen, die ich in dieser
Arbeit entwickelt und verteidigt habe, gleichsam bekehrungssicher.
Bekehrungen vom einen zum anderen der verschiedenen eben erwähnten moralischen und religiösen Standpunkte berühren sie
nicht. Insbesondere stimmen sie gut mit einem Humanismus überein, der den Glauben an die moralische Freiheit mit religiösem
Agnostizismus verbindet. Ein solcher Humanismus kann nur
Fanatiker schockieren. Ich glaube nicht, daß er einen im religiösen
Sinne Gläubigen abstoßen kann. Denn wenn es seinen Gott gibt,
und wenn er alle Vollkommenheiten besitzt, die ihm zugeschrieben
werden, muß es ihm sicher viel mehr darum gehen, daß der Mensch
seine moralische Pflicht erfüllt und würdigen Idealen nachstrebt,
als um die Frage, ob er ein Gläubiger, ein Ungläubiger oder ein
Agnostiker ist.

# Index

stw 102/stw 103 *Seminar: Familie und Familienrecht*
Band 1 und Band 2
Herausgegeben von Spiros Simitis und Gisela Zenz
352 Seiten
Familienrechtliche Entscheidungen, die sich vordergründig
noch immer in einem scheinbar rein juristischen Rahmen
abspielen, lassen sich in Wirklichkeit nur dann überzeugend begründen, wenn auch die Erkenntnisse all der anderen Disziplinen erarbeitet werden, die sich ebenfalls mit
Funktion und Bedeutung der Familie auseinandersetzen.
Umgekehrt kann kein Sozialwissenschaftler, der sich mit
der gegenwärtigen Situation der Familie beschäftigt, Existenz und Auswirkung der rechtlichen Bestimmungen
ignorieren. Die Notwendigkeit neuer, von Anfang an
interdisziplinär angelegter Perspektiven bedarf insofern
fast keiner Begründung, und zwar ohne Rücksicht darauf,
ob eine mehr theoretisch orientierte innerwissenschaftliche
Diskussion, die Alltagspraxis der Gerichte, Jugendämter
und Sozialarbeit überhaupt oder die Reform des geltenden Rechts im Vordergrund steht.

stw 105 Maurice Merleau-Ponty
*Die Abenteuer der Dialektik*
Aus dem Französischen von Alfred Schmidt und Herbert
Schmitt
281 Seiten
In den *Abenteuern der Dialektik* legt Merleau-Ponty seine
persönliche und sehr differenzierte Abrechnung mit zeitgenössischen Versionen des Marxismus vor: einmal mit dem
objektivistisch erstarrten Stalinismus, der den historischen
Prozeß zum Naturprozeß uminterpretiert, zum anderen
mit dem »Ultra-Bolschewismus« Sartres, für den die Kom-
munistische Partei zur Zentrale des Weltgeists wurde.

stw 107 Pierre Bourdieu
*Zur Soziologie der symbolischen Formen*
Aus dem Französischen von Wolfgang Fietkau
201 Seiten
Anders als der »harte Kern« des französischen Struktura-
lismus demonstriert Bourdieu, daß diese Methode zu

Ergebnissen von entschieden politischer Relevanz führen kann.
Die in diesem Band zusammengestellten Aufsätze diskutieren die erkenntnistheoretischen Implikationen und Voraussetzungen der strukturalen Methode auf dem Gebiet der Soziologie, indem sie im konkreten Fall die Relevanz dieser Methode für soziologische Probleme aufzeigen

stw 108 J.-B. Pontalis
*Nach Freud*
Aus dem Französischen von Peter Assion, Hermann Lang, Eva Moldenhauer, Anette und Georg Roellenbleck
332 Seiten
Pontalis verfolgt die Absicht, Freuds theoretische Positionen zu überprüfen und sie dort, wo es notwendig erscheint, kritisch fortzuentwickeln, um die Psychoanalyse als wissenschaftliche Theorie für die Gegenwart handhabbar zu machen. Ausgangspunkt von Pontalis' Untersuchung ist die These, daß sich für die Psychoanalyse »nach Freud« neuartige Probleme stellen, die es erst einmal zu formulieren gilt. Das betrifft insbesondere die Rolle der Sprache als Brücke zwischen Analytiker und Patient, als Mittel und Ziel des therapeutischen Prozesses, schließlich als Medium, in dem die Heilpraxis zur Theorie gerinnt.

stw 110 Theodor W. Adorno
*Drei Studien zu Hegel*
144 Seiten
Adornos Arbeiten über Hegel – Konzentrat einer lebenslangen Beschäftigung mit dessen Philosophie – können als Propädeutik zu einer intensiveren Hegellektüre verstanden werden. Freilich macht es Adorno dem Leser nicht leicht, sich mit der Hegelschen Philosophie und ihren terminologischen Eigenheiten anzufreunden. Die unbestreitbaren Schwierigkeiten und Rätsel, die Hegel seinen Rezipienten aufgibt, werden von Adorno nicht im Sinne klassifikatorischer Zuordnungen und vorschneller Identifizierungen aufgelöst – sie werden zuallererst einmal benannt und damit zu Bewußtsein gebracht. Freilich zeigen Adornos Analysen auch, daß der Leser nicht vor Hegel kapitulieren muß. Adornos Empfehlung an den potentiellen Hegelleser lautet: »Der war nie der schlechteste Leser, welcher das Buch mit despektierlichen Randglossen versah.«

stw 117 Erik H. Erikson
*Der junge Mann Luther*
Eine psychoanalytische und historische Studie
Übersetzt von Johanna Schiche
320 Seiten
Eriksons berühmtes Buch *Kindheit und Gesellschaft* behandelt das Ineinandergreifen von individuellen Lebensstufen und grundlegenden menschlichen Institutionen. Sein Buch über den jungen Luther schildert den inneren Zusammenhang einer dieser Stufen – der Identitätskrise – mit dem Prozeß ideologischer Erneuerung in einer Geschichtsperiode, in der organisierte Religion die ideologische Vorherrschaft ausübte.

stw 119 Serge Leclaire
*Der psychoanalytische Prozeß*
Versuch über das Unbewußte und den Aufbau einer buchstäblichen Ordnung
Aus dem Französischen von Norbert Haas
176 Seiten
Leclaires Buch über den psychoanalytischen Prozeß enthält den Entwurf einer Theorie der Psychoanalyse, die – einerseits – ein notwendig allgemeines Bezugssystem zur Verfügung stellen muß, mit dessen Hilfe sich die Fülle des in einer Analyse produzierten Materials erfassen läßt, ohne dadurch – andererseits – den Zugang zum je Spezifischen, Individuellen, Besonderen zu verstellen. Leclaire diskutiert dieses Grundproblem an den zentralen Kategorien der Psychoanalyse, die ihrerseits auf zwei Analysen zurückbezogen werden, an deren Verlauf illustriert wird, wie das Besondere materielle Gestalt gewinnt in der Form von »Buchstaben«, die in ein »Buch« eingeschrieben sind, das nichts anderes ist als der Körper. – Die Psychoanalyse versucht, den Sinn jener »Buchstaben« zu entziffern.

stw 123 *Sprachanalyse und Soziologie*
Die sozialwissenschaftliche Relevanz von Wittgensteins Sprachphilosophie
Herausgegeben von Rolf Wiggershaus
352 Seiten
Die Auswahl der in diesem Band enthaltenen Beiträge zu einer linguistisch, einer phänomenologisch und einer kom-

munikationstheoretisch orientierten Soziologie versucht deutlich zu machen, daß die von Wittgenstein bereitgestellten Elemente einer Analyse des Alltagshandelns nur von einer sozialwissenschaftlichen Position stimmig weitergedacht werden können, die nicht bei der theoretischen Anerkennung kontingenter existierender Lebensformen stehenbleibt, sondern über Wittgensteins eigene sozialwissenschaftlichen Konsequenzen seiner späten Sprachphilosophie hinausgeht.

stw 125 Heinz Kohut
*Die Zukunft der Psychoanalyse*
Aufsätze zu allgemeinen Themen und zur Psychologie des Selbst
304 Seiten
Nach Kohuts Ansicht stellt die Ausbildung der Psychoanalyse einen bedeutsamen Schritt in der Geschichte der Wissenschaft und möglicherweise sogar einen entscheidenden Wendepunkt in der Entwicklung der Kultur dar: Mit der Ausbildung der Psychoanalyse ist es dem Menschen gelungen, Introspektion und Empathie in Werkzeuge einer empirischen Wissenschaft zu verwandeln.

stw 131 Vladimir Propp
*Morphologie des Märchens*
Herausgegeben von Karl Eimermacher
304 Seiten
Propp geht nicht vom Stoff aus, sondern von Formen und Strukturen des Märchens, um zu zeigen, daß die verschiedenen Elemente eines Märchentextes, seien sie inhaltlich auch noch so heterogen, nach einer spezifischen Logik einander zugeordnet sind und sich auf ein strukturelles Grundprinzip reduzieren lassen. Zur Erklärung der Morphologie des Zaubermärchens ist es gleichgültig, ob der Drache die Zarentochter oder der Teufel die Bauerntochter entführt – wichtig ist allein, daß sich beide Varianten einem Strukturprinzip verdanken, das sie hervorbringt.
Die Nähe dieses Verfahrens zu dem des Strukturalismus ist unübersehbar. Deshalb bringt der Anhang unter anderem einen Diskussionsbeitrag des französischen Ethnologen Claude Lévi-Strauss unter dem Titel »Die Struktur und die Form. Reflexionen über ein Werk von Vladimir Propp«.

stw 135 Johann Jakob Bachofen
*Das Mutterrecht*
472 Seiten
Eine Untersuchung über die Gynaikokratie der Alten Welt
nach ihrer religiösen und rechtlichen Natur
Eine Auswahl. Herausgegeben von Hans-Jürgen Heinrichs

stw 136 *Materialien zu Bachofens ›Das Mutterrecht‹*
Herausgegeben von Hans-Jürgen Heinrichs
464 Seiten
»Die Erscheinung dieses Mannes ist faszinierend«, sagte
Benjamin über ihn, und ein andermal: sein Name werde
immer dort genannt, »wo die Soziologie, die Anthropologie, die Philosophie unbetretene Wege einzuschlagen sich
anschickten«.

stw 137 Jacques Lacan
*Schriften I*
Ausgewählt und herausgegeben von Norbert Haas
256 Seiten
In der neueren wissenschaftlichen Diskussion über die
Psychoanalyse vertritt Jacques Lacan einer der bedeutsam-
sten Positionen. Sein Werk hat Horizonte eröffnet, die
die Arbeiten von Psychoanalytikern wie Pontalis, Laplan-
che, Leclaire und Mannonis, aber auch von Autoren wie
Ricœur, Foucault, Derrida und Althusser ermöglicht haben.

stw 138 F. W. J. Schelling
*Philosophische Untersuchungen über das Wesen
der menschlichen Freiheit
und die damit zusammenhängenden Gegenstände*
Mit einem Essay von Walter Schulz:
Freiheit und Geschichte
in Schellings Philosophie
128 Seiten
Schellings Philosophie, zumal seine Spätphilosophie, die er
zuerst in der Schrift *Philosophische Untersuchungen über
das Wesen der menschlichen Freiheit und die damit zusammenhängenden Gegenstände* (1809) entfaltet hat, hebt die
klassische Metaphysik des Geistes auf. Sie weist auf die
philosophischen Systeme Schopenhauers und Nietzsches sowie auf deren wissenschaftliche Fortbildung in der modernen Anthropologie und Psychoanalyse voraus. Ebendies

arbeitet Walter Schulz in seinem Essay *Freiheit und Geschichte in Schellings Philosophie* heraus.

stw 139 *Materialien zu*
*Schellings philosophischen Anfängen*
Herausgegeben von
Manfred Frank und Gerhard Kurz
480 Seiten
Schellings philosophische Anfänge sind noch weitgehend unaufgeklärt. Der vorliegende Materialienband macht daher in erster Linie auf ein Desiderat der Forschung aufmerksam: Welche Bedeutung hat Schellings Philosophie für die Entwicklung des Deutschen Idealismus? Welche politischen Implikationen hat seine Philosophie? – Der Band bietet unter zugleich chronologischen und systematischen Gesichtspunkten Quellen und Abhandlungen zu wesentlichen Aspekten der Frühphilosophie Schellings.

stw 141 Karl-Otto Apel
*Der Denkweg von Charles Sanders Peirce*
Eine Einführung in den amerikanischen Pragmatismus
384 Seiten
Apels Darstellung des philosophischen Hintergrundes der Entstehung des Pragmatismus bei Charles Sanders Peirce und von Peirces Denkweg vom Pragmatismus zum Pragmatizismus ist eine umfassende Auseinandersetzung mit dem Werk von Peirce, die den historischen Ort dieses Werkes bestimmt und seine vielfältigen fruchtbaren Wirkungen für das philosophische und wissenschaftstheoretische Denken der letzten Jahrzehnte aufweist. Sie ist zugleich eine Einführung in den Pragmatismus, den Apel – neben dem Marxismus und dem Existentialismus – als eine der heute wirklich funktionierenden Philosophien begreift, das heißt: als eine Philosophie, die Theorie und Praxis des Lebens faktisch vermittelt.

stw 144 *Seminar: Philosophische Hermeneutik*
Herausgegeben von Hans-Georg Gadamer und Gottfried Boehm
352 Seiten
Die philosophische Hermeneutik lehrt keine bestimmte Wahrheit, vielmehr repräsentiert sie ein kritisches Reflexionswissen, dem es darum geht, Erkenntnischancen offenzulegen, die ohne sie nicht wahrgenommen würden.

stw 145 G. W. F. Hegel
*Grundlinien der Philosophie des Rechts oder Naturrecht und Staatswissenschaft im Grundrisse*
Mit Hegels eigenhändigen Notizen und den mündlichen Zusätzen
544 Seiten
Hegels »Rechtsphilosophie – darin liegt das Geheimnis ihrer gedanklichen Provokationen und ein Schlüssel zu ihrer wechselvollen Wirkungsgeschichte – ist philosophisches Lehrbuch und politische Publizistik, gelehrter Traktat und aktuelle Kampfschrift in einem.« (Manfred Riedel)


stw 146 Shlomo Avineri
*Hegels Theorie des modernen Staats*
Übersetzt von R. und R. Wiggershaus
336 Seiten
Avineris Studie rekonstruiert die politische Philosophie Hegels. Sie macht deren Stellenwert – insbesondere den der Rechtsphilosophie – einerseits in Hegels philosophischem System, andererseits in den politischen Auseinandersetzungen seiner Zeit klar. Hegels politische Philosophie erscheint als der erste große Versuch, den ökonomischen und gesellschaftlichen Gegebenheiten der Moderne gerecht zu werden.


stw 147 Sören Kierkegaard
*Philosophische Brocken*
De omnibus dubitandum est
Übersetzt von Emanuel Hirsch
208 Seiten
Das zentrale Thema der Schrift *Philosophische Brocken* ist das Verhältnis von Wissen und Glauben. Ein vorläufiger Titel Kierkegaards lautete: »Die apologetischen Voraussetzungen der Dogmatik oder Annäherungen des Gedankens an den Glauben«. Der Titel *Philosophische Brocken* wendet sich ironisch gegen den Totalitätsanspruch der idealistischen (insbesondere der Hegelschen) Systemphilosophie.


stw 148 Fredrick C. Redlich/Daniel X. Freedman
*Theorie und Praxis der Psychiatrie*
Aus dem Amerikanischen von Hermann Schultz und Hilde Weller
1216 Seiten. 2 Bände

Dieses Lehrbuch wendet sich an Studenten und Ärzte, insbesondere Nervenärzte, an Psychologen, Soziologen und Sonderschulpädagogen, an Sozialarbeiter, medizinisches Pflegepersonal und interessierte Laien – kurz: an alle, die in ihrer Ausbildung oder in ihrer beruflichen Praxis mit den Problemen psychischer Gesundheit und Krankheit zu tun haben. Psychiatrie wird von den Verfassern als eine *angewandte Humanwissenschaft* verstanden, die sich mit Erforschung, Diagnose, Vorbeugung und Behandlung gestörten oder von der Norm abweichenden Verhaltens befaßt.

stw 149 Urs Jaeggi
*Theoretische Praxis*
224 Seiten
In der deutschen Strukturalismus-Debatte ist der strukturale Marxismus in die sozialphilosophische Fragestellung aufgesogen worden. Als Kritiker am Hyper-Empirismus, als Gegner der »Rhapsodie von Fakten«, steht er andererseits quer sowohl zu einem Spät- oder Neohegelianismus wie auch zu den Exerzitien einer wortgetreuen Marx/Engels-Exegese. Jaeggi versucht herauszuarbeiten, weshalb der strukturale Ansatz dabei nicht gegen die historisch-materialistische Methode ausgespielt werden kann, sondern im Rahmen des historischen Materialismus richtige Fragen formuliert und reformuliert.

stw 151 Clemens Lugowski
*Die Form der Individualität im Roman*
Mit einer Einleitung von Heinz Schlaffer
240 Seiten
Seit ihrem ersten Erscheinen (1932) ist Lugowskis Abhandlung nur wenigen Fachgelehrten bekanntgeworden: einer der bedeutendsten Beiträge zur Literaturwissenschaft ist noch zu entdecken. Seine Parallelen liegen außerhalb der zünftigen Germanistik: in Cassirers *Philosophie der symbolischen Formen,* in den kunsttheoretischen Arbeiten der Warburg-Schule, im russischen Formalismus.
In der gegenwärtigen Situation der Literaturwissenschaft, die sich in textlinguistische und sozialgeschichtliche Schulen getrennt hat, kann dieses Buch an vergessene Vermittlungen erinnern: an ästhetische Sinnformen, an die besondere Weise der Dichtung, Leben und Welt deutend darzustellen.

stw 154 Jürgen Habermas
*Zur Rekonstruktion des Historischen Materialismus*
352 Seiten
Die in diesem Band zusammengefaßten Arbeiten zielen
alle auf die Rekonstruktion des Historischen Materialismus ab. Rekonstruktion heißt hier: eine Theorie ausein-
andernehmen und in neuer Form wieder zusammensetzen,
um das Ziel, das sie sich gesetzt hat, besser zu erreichen.

stw 155 Peter Weingart
*Wissensproduktion und soziale Struktur*
256 Seiten
Die in diesem Band zusammengefaßten Arbeiten zielen
alle auf die Begründung und Explikation eines neuen An-
satzes in der Wissenschaftssoziologie. Ihr systematischer
Zusammenhang ergibt sich aus dem Versuch, Wissen als
»soziale Kategorie« zu fassen. Damit eröffnet sich die
Möglichkeit, die historische und aktuelle Analyse der Wis-
senschaftsentwicklung und -politik über die Beschränkungen der in diesem Feld vorherrschenden Begriffsraster hin-
auszutreiben.

stw 156 *Seminar: Kommunikation, Interaktion, Identität*
Herausgegeben von Manfred Auwärter, Edit Kirsch
und Klaus Schröter
Der Band enthält Arbeiten aus der Interaktions- und Kom-
munikationsforschung, die u. a. als Beiträge zur Klärung
folgender Fragen gesehen werden können: Wie interpretieren Individuen wechselseitig ihre Äußerungen und Handlungen? Wie stimmen sie Erwartungen aufeinander ab?
Wie verhalten sie sich im Fall der Enttäuschung von Erwartungen? Was folgt daraus für den Prozeß, in dem
grundlegende interaktive und kommunikative Fähigkeiten
erworben werden und Identitäten aufgebaut und bewahrt
werden?

stw 157 Heinz Kohut
*Narzißmus*
Eine Theorie der psychoanalytischen Behandlung
narzißtistischer Persönlichkeitsstörungen
Aus dem Amerikanischen von Lutz Rosenkötter
400 Seiten

»Ohne Frage ist dieses Buch ein Meilenstein, nicht nur in der Fortentwicklung der Psychoanalyse über Freuds ursprüngliche Ansätze hinaus, sondern auch im so langsam und zäh fortschreitenden Erkenntnisprozeß des Menschen über seine eigene Natur.« *Jürgen vom Scheidt*

stw 158 Norbert Elias
*Über den Prozeß der Zivilisation*
Soziogenetische und psychogenetische Untersuchungen
Erster Band: Wandlungen des Verhaltens in den weltlichen Oberschichten des Abendlandes
350 Seiten

stw 159 Norbert Elias
*Über den Prozeß der Zivilisation*
Soziogenetische und psychogenetische Untersuchungen
Zweiter Band: Wandlungen der Gesellschaft. Entwurf zu einer Theorie der Zivilisation
508 Seiten
Die Soziologie des 20. Jahrhunderts konzentriert sich vor allem auf Zustände. Die langfristigen Transformationen der Gesellschaft und Persönlichkeitsstrukturen hat sie weitgehend aus den Augen verloren. Im Werk von Norbert Elias bilden diese langfristigen Prozesse das zentrale Interesse: Wie ging eigentlich die »Zivilisation« im Abendlande vor sich? Worin bestand sie? Und welches waren ihre Antriebe, ihre Ursachen oder Motoren?
Bei Elias' Arbeit handelt es sich weder um eine Untersuchung über eine »Evolution« im Sinne des 19. Jahrhunderts noch um eine Untersuchung über einen unspezifischen »sozialen Wandel« im Sinne des 20.; seine Arbeit ist grundlegend für eine undogmatische, empirisch fundierte soziologische Theorie der sozialen Prozesse im allgemeinen und der sozialen Entwicklung im besonderen.

stw 160 Hans G. Furth
*Intelligenz und Erkennen*
Die Grundlagen der genetischen Erkenntnistheorie Piagets
Übersetzt von Friedhelm Herborth
384 Seiten
Hans G. Furth hat den ersten Versuch einer systematischen Darstellung der Theorie Piagets unternommen, und er hat,

wie Piaget selbst es formuliert, »diese Aufgabe außerordentlich erfolgreich gelöst«. Piaget zwingt zu einer Revolution unserer Anschauungen, wie es außer ihm in der Neuzeit nur Kopernikus, Darwin und Freud getan haben.

stw 164 Karl-Otto Apel
*Transformation der Philosophie*
Band 1: Sprachanalytik, Semiotik, Hermeneutik
384 Seiten

stw 165 Karl-Otto Apel
*Transformation der Philosophie*
Band 2: Das Apriori der Kommunikationsgemeinschaft
464 Seiten
*Transformation der Philosophie* meint die Transformation der Transzendentalphilosophie des Privat-Subjekts in eine Transzendentalphilosophie der Intersubjektivität.

stw 166 *Seminar: Theorien der künstlerischen Produktivität*
Entwürfe mit Beiträgen aus Literaturwissenschaft, Psychoanalyse und Marxismus
Herausgegeben von Mechthild Curtius unter Mitarbeit von Ursula Böhmer
464 Seiten
Die in diesem Band versammelten Beiträge aus westlichen und östlichen Ländern geben einen Überblick über den gegenwärtigen Stand der »Theorie« künstlerischer Produktivität und einen Ausblick auf mögliche Weiterentwicklungen dieser Theorie.

stw 176 Emile Durkheim
*Soziologie und Philosophie*
Mit einer Einleitung·von Theodor W. Adorno
Übersetzt von Eva Moldenhauer
160 Seiten
Die Aufsätze und Diskussionsbeiträge, die unter dem Titel *Soziologie und Philosophie* zusammengestellt und zuerst 1924 veröffentlicht wurden, führen in ein für Durkheims Denken zentrales Gebiet: in die von ihm intendierte Wissenschaft der Moral, die sowohl individuelle als auch kollektive moralische – und das heißt zugleich anthropologische, psychologische und soziologische – Phänomene erfassen will.

## Alphabetisches Verzeichnis der
## suhrkamp taschenbücher wissenschaft